21世纪高等学校计算机规划教材

21st Century University Planned Textbooks of Computer Science

计算机实用基础

（第2版）

Introduction to Computer Application (2nd Edition)

张世龙　刘政宇　主编

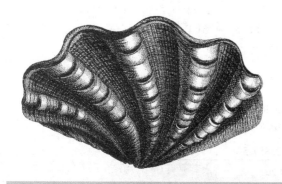

高校系列

人民邮电出版社

北　京

图书在版编目（ＣＩＰ）数据

计算机实用基础 / 张世龙，刘政宇主编. -- 2版
. -- 北京：人民邮电出版社，2012.9（2016.1 重印）
21世纪高等学校计算机规划教材
ISBN 978-7-115-28887-5

Ⅰ. ①计… Ⅱ. ①张… ②刘… Ⅲ. ①电子计算机—
高等学校—教材 Ⅳ. ①TP3

中国版本图书馆CIP数据核字（2012）第194565号

内 容 提 要

本书主要介绍了计算机基础知识及其应用，主要内容包括计算机基础知识、Windows 操作系统基础、Office 现代办公软件的应用、计算机网络与互联网入门、计算机系统维护与安全、多媒体技术以及一些常用工具。

本书从应用角度出发，注重理论联系实际，突出实践技术，全书简明扼要，选材恰当，结构合理，资料翔实，由浅入深，循序渐进，通俗易懂，便于教学与自学。每章配以适当的习题，以便读者巩固所学知识。

本书不但适合高等院校学生初步学习计算机知识时使用，同时也可作为在职人员补充计算机知识的良好自学教材和参考书。

21 世纪高等学校计算机规划教材

计算机实用基础（第 2 版）

◆ 主　编　张世龙　刘政宇

　　责任编辑　武恩玉

◆ 人民邮电出版社出版发行　　北京市丰台区成寿寺路 11 号
　　邮编　100164　　电子邮件　315@ptpress.com.cn
　　网址　http://www.ptpress.com.cn
　　北京隆昌伟业印刷有限公司印刷

◆ 开本：787×1092　1/16
　　印张：20.5　　　　　　　　　2012 年 9 月第 2 版
　　字数：538 千字　　　　　　2016 年 1 月北京第 5 次印刷

ISBN 978-7-115-28887-5

定价：39.00 元

读者服务热线：(010) 81055256　印装质量热线：(010) 81055316
反盗版热线：(010) 81055315

前　言

计算机的应用已经渗透到各个领域，掌握计算机的基础知识和基本操作技能已经成为现代人必备的基本条件。大学计算机基础高等教育的公共必修课程是学习其他计算机相关技术课程的基础课程和前导。各专业对学生的计算机应用能力提出了更高的要求。本书编写的宗旨是使读者较全面、系统地了解计算机基础知识，具备计算机实际应用能力，并能在各自的专业领域自觉地应用计算机进行学习与研究。本书在第 1 版的基础上进行了大量的修改，适应了不同专业、不同层次学生的需要，加强了计算机基础及网络技术和多媒体技术等方面的基本内容，使读者在这些基本应用和多媒体信息处理等方面的知识得到了扩展。

读者通过对本教材的学习，可以迅速掌握利用计算机完成各种任务的基本方法，掌握现代化办公文档的基本建立过程，如编辑出图文并茂的文章；制作出各式各样的表格和相应的统计图；掌握因特网的基础知识以及使用因特网；掌握保证计算机系统及数据安全等的各种基本方法，为今后进一步深入学习、应用计算机打下良好的基础。

全书共分为 9 章，重点以办公应用为主，由浅入深。第 1 章、第 2 章介绍了计算机的发展概况，并对目前流行的操作系统 Windows 7 的使用及管理加以阐述，使初学者具有初步设置系统及解决问题的能力。第 3 章、第 4 章、第 5 章围绕现代化办公需求，以 Office 2007 办公软件为背景，引入了部分典型案例，将应用实例引入到 Word、PowerPoint 和 Excel 的各章中。将日常在办公文档的编辑中所遇到的操作问题及应用技巧以实例的形式加以演示。第 6 章讲解了计算机网络及 Internet 基础，对目前流行的网络、Internet 网络资源的利用进行了详细的介绍。第 7 章为读者列举了在工作中经常遇到的计算机硬件、软件问题及安全威胁，针对常见的软硬件问题及病毒、木马、黑客破坏提出了基本的解决方案。第 8 章针对目前流行的多媒体技术进行简明扼要的阐述，能够让读者更好地对无处不在的多媒体技术做一个更深入的了解。第 9 章给读者提供了目前常见的系统维护及网络安全工具软件，有了这些常用工具软件，在解决工作中遇到的系统的各类问题时就会迎刃而解，使计算机系统能够更加稳定、高效地工作。每一章后都配有习题，书后附有 4 套模拟题，习题及模拟题紧扣该章介绍的内容。配套的实验内容可以使读者更好地掌握本章介绍的基本概念，培养读者的实际动手能力，增加对基本要领的理解，提高实际应用能力。

本书内容丰富实用，文字简练流畅，语言通俗易懂，结合当前计算机发展的需要编写而成。基础性强，适用面广，原理与应用并重；内容全面，结构清晰，重点突出，便于课堂讲授和自学。参加本书编写的作者是多年从事一线教学的教师，具有较为丰富的教学经验。在编写时，注重原理与实践紧密结合，遵循"用以致学，学以致用"的原则，相信本书能够成为读者学习和工作中的好助手。

本书由张世龙、刘政宇任主编，高辉、巩萃萃任副主编。翟霞、孙海龙、黄磊、于剑光、孙晓玮、王家宁、齐琳、张振蕊、王书瑞、冯占伟、范美娟等参加编写。对责任编辑武恩玉在此书的编审过程中所提供的建议和支持表示衷心的感谢。此外，在本书编写过程中还参阅借鉴了一些相关教材和文献，在此向其编著者表示感谢。

本书不但适合高等院校学生在初步学习计算机知识时使用，同时也可作为在职人员补充计算机知识的良好教材。由于编者水平有限，书中疏漏和不足之处在所难免，恳请广大读者批评指正。如果读者在学习本书的过程中遇到疑难问题或觉得有不妥之处，可与 hithdjsj@126.com 信箱取得联系来进行探讨。

本书电子教案和习题参考答案可在人民邮电出版社教学服务与资源网（http://www.ptpedu.com.cn）上免费下载，此外，该网站还有一些其他相关书籍的介绍，方便读者选购参考。

编　者
2012 年 6 月于哈尔滨

目　录

1

第1章
计算机概述

计算机是 20 世纪最伟大的科技发明之一，它对人类的生产和生活产生了巨大的影响。正是由于计算机成为信息处理的工具，人类社会才能够在 20 世纪末进入信息社会。随着信息时代的到来，人们越来越深刻地认识到计算机强大的信息处理能力。计算机应该被看成是能自动完成信息处理的机器，是人脑的延伸，因此它又被称为"电脑"。

1.1 计算机基础知识

1.1.1 计算机的概念

电子计算机（Electronic Computer）是一种能够自动、高速、精确地进行信息处理的现代化电子设备，它能够按照程序引导的确定步骤，对输入的数据进行加工处理、存储或者传输，以便获得所期望的输出结果，从而利用这些信息来提高社会生产率和改善人民生活。

根据所处理的信息是数字量还是模拟量，电子计算机可分为模拟计算机、数字计算机和两者功能皆有的混合计算机。模拟计算机是一种对连续的、变化的模拟量直接进行运算的计算机，主要由运算放大器、积分器、函数发生器、控制器、绘图仪等部件组成，专用于过程控制和模拟。数字计算机是一种对离散的、断续的数字量进行运算的计算机，主要由运算加法器、触发器等部件组成。由于当前广泛使用的是数字计算机，习惯上把电子数字计算机（Electronic Digital Computer）简称为电子计算机或者计算机。

1.1.2 计算机的特点与分类

1. 计算机的特点

（1）运算速度快。计算机采用高速的电子器件和线路，并利用先进的计算机技术，使得计算机可以具有很高的运算速度。运算速度是指计算机每秒钟能执行多少条指令，常用单位是 MIPS，1 MIPS 即每秒执行 100 万条指令。目前，一般的计算机，如酷睿系列运算速度每秒可达几百亿次。2012 年，主流计算机处理器 Intel Core 3（英特尔酷睿三代）i7-2600 的主频为 3.4GHz，运算速度为每秒 1 124 亿次，即 112 400MIPS。

（2）计算精度高。由于计算机采用二进制数表示信息和运算，因此计算的精度随着表示数字设备的增加和算法的改进而获得提高，从而使数值计算可根据需要精确到几千分之一到几百万分之一。一般的计算机均能达到 15 位有效数字。从理论上说，计算机的精度不受任何限制，可以实现任何精度要求。例如，圆周率 π 的计算，科学家们采用人工计算只能算出小数点后 500 位，1981年，日本人利用计算机算到小数点后 200 万位，而目前已达到小数点后上万亿位。

（3）存储和记忆功能。计算机中的存储器能够存储大量信息。当计算机工作时，要处理的数据的中间结果和最终结果都可存入存储器中，当需要时又能准确无误地取出来。更为关键的是，计算机可以把人们事先为计算机编制的工作步骤也存储起来。正是由于计算机具有如此巨大的存储和记忆能力，才使得许多需要对大量数据进行加工处理的工作可由计算机来完成。如卫星图像处理、情报检索等都需要数十万、数百万数据，不借助于计算机是无法进行处理的。

（4）逻辑判断能力。计算机的内部结构使计算机还能进行逻辑运算、逻辑判断，并且根据判断的结果自动决定下一步该做什么。有了这种能力，计算机才能求解各种复杂的计算任务，进行各种过程控制和完成各类数据处理任务。计算机的这个特点使得它能模仿人的一部分思维活动，具有计算、分析等能力，可以代替人的部分脑力劳动。

（5）自动化程度高。计算机能实现连续自动运算，只要在计算机的存储装置中存入不同的程序，就能够自动完成不同的任务。程序是经过事先周密设计好的，并将其输入计算机中，向计算机发出执行命令，计算机便会不知疲劳地工作。用户可以利用计算机的这个特点去完成那些枯燥乏味的重复性劳动，也可让计算机控制机器深入到人类难以胜任的、有毒的、有害的作业场所。所谓的机器人、自动化机床、无人驾驶飞机等都是利用计算机的自动控制功能来实现的。

2. 计算机的分类

根据功能和用途，计算机分为通用计算机和专用计算机。通用计算机是为解决诸如科学计算、数据处理、自动控制、辅助设计等多方面问题而设计的，其功能多，用途广，结构复杂，因而价格也偏高。专用计算机是为解决专门问题而设计的计算机，其功能专一，结构简单，价格较低。当前，用于弹道控制、地震监测等方面的计算机多为专用计算机。

根据计算机硬件和软件的配套规模大小及功能等综合指标的不同，可将计算机划分为巨型机、小巨型机、大型机、小型机、工作站和微型机。它们因存储容量、运算速度的不同而用途各异。

（1）巨型机。巨型机（Super computer）又称为超级计算机或超级电脑。人们通常把最大、最快、最贵的主机称为巨型机。这些超级计算机多用于高科技领域和国防尖端技术的研究，如核武器设计、核爆炸模拟、反导弹武器系统、空间技术、空气动力学、大范围气象预报、石油地质勘探等。世界上只有少数几个公司能生产巨型机，具有代表性的产品有 2002 年日本（NEC 公司）研制出的超级计算机"地球模拟器"，运算速度高达每秒 40 万亿次浮点运算；美国 IBM 公司研制的"蓝色基因/L"超级计算机，从 2004 年起占据世界最快计算机榜首，并不断升级；2007 年，其第二代产品"蓝色基因/L"的运算速度已经超过千万亿次。我国研制的银河Ⅰ型亿次机、银河Ⅱ型十亿次机以及银河Ⅲ型百亿次机都是巨型机，2010 年 11 月 14 日，千万亿次超级计算机"天河一号"研制成功，是目前国内速度最快的商用高性能计算机系统。

（2）小巨型机。这是新发展起来的小型超级计算机，或称桌上型超级计算机。小巨型机（Minisuper computer）对巨型机的高价格发起了挑战，发展非常迅速。

（3）大型机。大型主机或称大型计算机包括通常所说的大型机（Mainframe）和中型机。其主要特点是大型、通用，具有较快的处理速度和较强的处理能力，如 IBM 的 4300、9000 系列机都属于大型机。一般只有大中型企事业单位才有必要的财力和人员去配置和管理大型主机，并以这台大型主机及其外部设备为基础，组成一个计算机中心，统一安排对主机资源的使用。

（4）小型机。小型机（Minicomputer）又称小型电脑，规模小，结构简单，设计试制周期短，通常可用于自动控制、中小企业和事业单位的数据处理，如美国 DEC 公司的 VAX 系列，以及我国太极集团的太极系列小型机等。

（5）工作站。工作站（Workstation）与高档微型机之间的界限并不十分明确，而且高档工作站的性能也有可能接近小型机，甚至接近低档大型主机。如果按字面意义来说，任何一台个人计算机或终端都可称为工作站。然而，事实上工作站都有自己鲜明的特点，它的运算速度通常比微型机要快，要配备大屏幕显示器和大容量的存储器，而且要有比较强的网络通信功能。它主要应用于特殊的专业领域，如图像处理、计算机辅助设计等。工作站又分为初级工作站、工程工作站、超级工作站以及超级绘图工作站等，著名的工作站有 HP-Apollo 工作站、Sun 工作站等。

（6）微型机。微型机（Microcomputer）又称为个人计算机（PC）。这种计算机体积小，价格低，功能全，操作方便，主要面向个人或家庭的用户，已逐渐普及。这一类计算机包含了台式机、笔记本电脑、掌上电脑等。

随着计算机向微型化发展，计算机并不以单一的形态存在，而是与生产生活中使用的设备紧密地结合在一起。在微型计算机的分类中，除了 PC 外，还有一种叫做嵌入式计算机，也称微控制器，它们是体积很小的专用计算机，被安装到智能设备和仪器的内部，广泛应用于工业控制系统、仿真系统、医疗仪器、信息家电、通信设备等众多领域中。使用了嵌入式计算机的产品有数码相机、电视机顶盒等。

1.1.3　计算机的用途

计算机作为一种信息处理工具，具有很高的运算速度和计算精度，具有很强的“记忆”功能和逻辑判断功能，具有连续自动运行的能力。计算机用途广泛，归纳起来主要有以下几个方面。

（1）数值计算。数值计算即科学计算，是指应用计算机处理科学研究和工程技术中所遇到的数学计算。如卫星运行轨迹、水坝应力、气象预报、油田布局、潮汐规律等，可为问题求解带来质的提升，往往需要几百名专家几周、几个月甚至几年才能完成的计算，利用计算机只要几分钟就可得到正确的结果。

（2）信息处理。信息处理是对原始数据进行收集、整理、分类、选择、存储、制表、检索、输出等的加工过程。信息处理是计算机应用的一个重要方面，涉及的范围和内容最为广泛，如自动阅卷、图书检索、财务管理、生产管理、医疗诊断、编辑排版、情报分析等。

（3）实时控制。实时控制是指利用计算机及时搜集检测数据，按最佳要求对事物的进程进行调节控制，如工业生产的自动控制。利用计算机进行实时控制，既可提高自动化水平，保证产品质量，又可降低成本，减轻劳动强度。

（4）辅助设计。计算机辅助设计为设计工作自动化提供了广阔的前景，受到了普遍的重视。利用计算机的制图功能可实现各种工程的设计工作，如桥梁设计、船舶设计、飞机设计、集成电路设计、计算机设计、服装设计等，统称为计算机辅助设计，即 CAD。当前，人们已经把计算机辅助设计（CAD）、计算机辅助制造（CAM）和计算机辅助测试（CAT）联系在一起，组成了设计、制造、测试的集成系统，形成了高度自动化的“无人”生产系统。

（5）智能模拟。智能模拟亦称人工智能。利用计算机模拟人类智力活动，以替代人类部分脑力劳动，这是一个很有发展前途的学科方向。第五代计算机的开发将成为智能模拟研究成果的集中体现；具有一定“学习、推理和联想”能力的机器人的不断出现，正是智能模拟研究工作取得进展的标志。智能计算机作为人类智能的辅助工具，将被越来越多地用到人类社会的各个领域。

1.2　计算机的发展

1.2.1　计算机的历史

1642 年，年仅 19 岁的法国科学家帕斯卡（Blaise Pascal，1623—1662 年）发明了第一台能够工作的机械计算机。为了纪念帕斯卡在发展计算机器方面的杰出贡献，著名的程序设计语言 Pascal 就是以他的名字命名的。

30 年后，德国的数学家和哲学家莱布尼茨（Baron Gottfried Wilhelm von Leibnitz，1646—1716 年）改进了这种机械计算器，于 1673 年研制出具有加、减、乘、除功能的机械计算器，并提出了"可以用机械代替人进行烦琐重复的计算工作"这一重要思想。

计算工程中频繁的人工干预极大地限制了计算速度的提高，并将人束缚于机器之上。人们期待着一种革命性的、能够实现自动运算的计算工具，来将人从计算过程中解放出来。最早研究自动计算工具的是英国剑桥大学的数学教授巴贝奇（Charies Babbage，1792—1871 年）。他首先设计制造出一台"差分机"。这台机械计算机是为计算航海数据表而设计的，只能运行一个算法，即用多项式计算有限差分。1812 年，巴贝奇开始了研制"差分机"的更新换代产品，并将其命名为"分析机"。按照巴贝奇的设计，"分析机"在宏观上由"存储部分"、"计算部分"、"输入部分"和"输出部分" 4 部分组成。"分析机"的最大进步在于它的通用性。"分析机"基本上具有了现代计算机的主要功能，而且奠定了现代计算机的基本组成结构，因此巴贝奇被誉为"现代计算机之父"。

19 世纪末 20 世纪初，一批基于上述研究成果的手摇计算机、电动计算机和卡片式计算机被发明出来。这些辅助计算工具为当时的科学家解决科学研究与实验中的问题提供了有利的帮助。这些辅助计算工具由于存在诸多不足，所以难以满足近代科学技术发展对计算能力的需求。

1937 年，致力于研究数学机械化的英国数学家图灵（Alan Turing）在"关于可计算的数及其对判定问题的应用"学术论文中提出了一个被后人称为"图灵机"的计算模型，这就是现代计算机的理论模型。大约 10 年后，即 1946 年，世界上第一台通用电子计算机诞生了。理论和实践都证明，图灵机能够解决一切可以计算的问题。因此，图灵被称为"计算机科学之父"。

1938 年，德国科学家朱斯（Zuse）成功制造出第一台二进制计算机 Z-1，此后他又继续研制 Z 系列计算机，其中 Z-3 型计算机是世界上第一台通用程序控制机电式计算机，它的开关元件为继电器，采用浮点记数法，使用带数字存储地址的指令形式。

1944 年，美国麻省理工学院的科学家艾肯（Aiken）研制成功一台机电式计算机 Mark-I。

至此，计算机技术的发展出现了两条道路：一条是基于机械的计算机；一条是基于继电器的计算机。后来建立在电子管或晶体管的电子元件上的计算机都从这两条道路上采纳了很多思想。

1946 年 2 月 14 日，世界上第一台通用电子计算机 ENIAC（Electronic Numerical Integrator And Computer）诞生，这是人类文明史上的一个重要里程碑。从此，电子计算机把人类从繁重的脑力计算和烦琐的数据处理工作中彻底解放出来，使人们能够将更多的时间和精力投入到具有创造性的工作中去。

1.2.2　电子计算机的发展

从 1946 年 ENIAC 诞生到现在 60 多年的时间里，按照构成电子计算机的基本逻辑元件的不同，它的发展过程大致可分为电子管、晶体管、中小规模集成电路和大规模集成电路 4 个阶段。目前计算机正在向第五代过渡。

（1）第一代（1946—1958 年）：电子管计算机时代。这一代计算机的主要特点是：逻辑元件采用电子管，内存储器采用磁鼓、磁芯，外存储器采用磁带；软件使用机器语言、汇编语言，运算速度（定点加法）每秒几千次，内存容量仅几 KB，主要应用领域为科学计算。其特点是体积大，耗电大，可靠性差，价格昂贵，维修复杂，但它却奠定了计算机发展的基础，其代表机型有 ENIAC、IBM-650、IBM-701。

第一台电子计算机 ENIAC 是由美国宾夕法尼亚大学的物理学家莫克利（J. W. Mauchley）和工程师埃克特（J. P. Eckert）领导的科研小组研制成功的，它使用了约 18 800 只电子管和 1 500 个继电器，几十万枚电阻和电容，体积 460m³，自重 30t，功耗为 140kW，占地面积约 170m²，计算速度只有大约 5 000 次/秒加减运算。ENIAC 本质上是一台通用计算机。

（2）第二代（1958—1964 年）：晶体管数字计算机。第二代计算机主要的逻辑元件采用晶体管，晶体管比电子管的平均寿命高 100～1 000 倍，耗电却只是电子管的十分之一，运算速度明显提高，每秒可达几十万次。内存储器以磁芯为主，外存储器已开始使用更先进的磁盘。软件也有了很大的发展，出现了各种各样的高级语言及其编译程序（如 COBOL、FORTRAN 等），还出现了管理程序。应用以科学计算和各种事物处理为主，并开始用于工业控制，代表机型有 IBM-7090、IBM-7094。

（3）第三代（1965—1970 年）：集成电路数字计算机。第三代电子计算机的主要标志是逻辑元件采用了集成电路，这种电路器件就是把几十个或几百个分开的电子元件集成在一块几平方毫米的芯片上（一般称为集成电路板），提高了速度，实现了小型化，且性能稳定、造价低廉。内存储器采用了半导体存储器，计算机的运算速度可达每秒几十万到几百万次。软件方面，计算机操作系统日益成熟，功能逐渐强化，多道程序、并行处理技术、虚拟存储系统以及面向用户的软件的发展，大大丰富了计算机软件资源。应用以系统模拟、系统设计、智能模拟为主，并逐渐普及到信息处理领域，代表机型有 DEC 公司研制的 PDP11 系列和 VAX11 系列等，还有 IBM-360（中型机）、IBM-370（大机型）。

（4）第四代（1971 年以后）：大规模集成电路计算机。计算机的逻辑元件和主存储器都采用大规模集成电路（Large Scale Integration，LSI）。所谓大规模集成电路是指在单片硅片上集成了 2 000～6 400 个晶体管的集成电路，内存储器采用了半导体存储器。这时期计算机发展到了一个微型化、耗电极少、可靠性很高的阶段，其运算速度可达每秒几亿次，应用领域扩展到各个领域，代表机型有 ILL-IACIV（巨型机）、PEPE（巨型机）。

在这一时代，计算机的性能有了迅猛提高，美国克雷（CRAY）公司于 1976 年推出了世界上首台计算速度超过 1 亿次/秒的超级计算机 Cray-1，它的总设计师西蒙·克雷（Seymour Cray）因此被誉为"超级计算机之父"。

从第四代开始，计算机向着"巨型化"和"微型化"两大方向发展。在"微型化"的技术中，最重要的是微处理器（Microprocessor）与微型计算机（Microcomputer）技术的发展，这致使计算机技术迅速普及。

（5）第五代：人工智能计算机。沿用按集成度划分的思路，有人提出在超大规模集成电路（VLSI）量纲中，进一步将由集成度为 1～100 万个等效逻辑门的超大规模集成电路（VLSI）构成的计算机称为第四代计算机；将集成度为 100 万～1 亿个等效逻辑门的集成电路定义为巨大规模集成电路（Ultra Large Scale Integration，ULSI），由巨大规模集成电路构成的计算机称为第五代计算机。

　　这种"第五代计算机"的定义并没有得到广泛的响应，更多人认同的是将第五代计算机定义为具有广泛知识、能推理、会学习的智能计算机。同时，多媒体技术得到广泛应用，它能理解人的语言、文字和图形，人无需编写程序，靠讲话就能对计算机下达命令，驱使它工作，使人们能用语音、图像、视频等更自然的方式与计算机进行信息交互。它能将一种知识信息与有关的知识信息连贯起来，作为对某一知识领域具有渊博知识的专家系统成为人们从事某方面工作的得力助手和参谋。第五代计算机还是能"思考"的计算机，能帮助人进行推理、判断，具有逻辑思维能力，其硬件系统支持高度并行和快速推理，其软件系统能够处理知识信息。神经网络计算机（也称神经计算机）是智能计算机的重要代表。

　　1965 年，Intel 公司的创始人之一戈登·摩尔曾预言，集成电路中的晶体管数约每隔 18 个月便会增加一倍，性能也将提升一倍。这一预言被计算机界称为"摩尔（Moore）定律"。近代计算机的发展历史充分证实了这一定律。

1.2.3　微型计算机的发展

　　微处理器（Micro-Processor Unit，MPU）是指由一片或几片大规模集成电路组成的具有运算器和控制器功能的中央处理机（Central Processing Unit，CPU）。其实，微处理器本身并不等于微型计算机，它仅仅是微型计算机的中央处理器。有时，为了区别于大中小型机的中央处理器(CPU)，将微型计算机中的 CPU 称为 MPU。

　　微型计算机（Micro Computer，MC）是以微处理器为核心，配上由大规模集成电路制作的存储器、输入/输出接口电路及系统总线所组成的计算机，又简称微机。在有的微机上，把 CPU、存储器及输入/输出接口电路等集成在一块单片的芯片上，称为单片微型计算机，简称单片机。

　　微型计算机系统（Micro Computer System，MCS）是指以微型计算机为核心，并配以相应的外围设备、电源、辅助电路（统称硬件）以及控制微型计算机进行工作的系统软件所构成的计算机系统。

　　微处理器的发展至今为止还是被美国英特尔（Intel）公司所主导。Intel 公司是 1968 年 7 月 18 日由戈登·摩尔（Gordon Moore）、集成电路的发明人鲍勃·诺伊斯（Bob Noyce）和旧金山风险投资人洛克（Arthur Rock）共同创立的。Intel 公司创立不久，安迪·格鲁夫（Andy Grove）也加入到创业者的行列中来。Intel 公司开始只生产半导体存储芯片，这种存储芯片是当时流行的磁芯存储器的替代产品。

　　真正成就 Intel 公司的产品开发始于 1969 年，当时一家名为 Busicom 的日本公司要求 Intel 公司为一款新型袖珍计算器设计生产一个简单的专用处理芯片，由工程师霍夫（Marcian Hoff）设计出来的产品不仅应用于袖珍计算器，还可以用来控制交通信号灯以及家用电器设备。

　　1971 年 4 月，Intel 公司推出了编号为 4004 的处理芯片，它含有 2 300 个晶体管，时钟频率为 108kHz，寻址空间为 640 字节（Byte，B），这就是世界上第一个微处理器。同时，Intel 公司还开发出另外 3 款芯片：4001、4002、4003，分别是随机存储器（Random Access Memory，RAM）、只读存储器（Read Only Memory，ROM）和寄存器（Register）。这 4 款芯片组合起来就可以构成一台微型计算机。由于微处理器采用的是大规模集成电路技术，所以微型计算机属于第四代计算机。微型计算机的换代通常是按 CPU 的字长位数和功能来划分的。

　　（1）第一代（1971—1973 年）4 位或 8 位低档微处理器。第一个微处理器是 1971 年美国 Intel 公司生产通用的 4 位微处理器 4004，随后 Intel 又推出了 4004 的升级产品 4040，它以体积小、价格低等特点引起了许多部门和机构的兴趣。1972 年，Intel 公司又生产了 8 位的微处理器 8008。通常，人们将 Intel 4004、4040、8008 称为第一代微处理器。这些微处理器的字长为 4 位或 8 位，集成度大约为 2 000 管/片，时钟频率为 1MHz，平均指令执行时间约为 20μs。

（2）第二代（1974—1978 年）8 位中档微处理器。其间又分为两个阶段：1973—1975 年为典型的第二代，如美国 Intel 公司的 8080 和 Motorola 公司的 MC 68000，集成度提高 1～2 倍，运算速度提高了一个数量级；1976—1978 年为高档的 8 位微型机和 8 位单片微机阶段，称之为二代半，如美国 Zilog 公司的 Z80 和 Intel 公司的 8085（集成度为 9 000 管/片）等，其集成度、运算速度都比典型的第二代提高一倍以上。

（3）第三代（1978—1983 年）16 位微处理器。代表产品有 Intel 8086（集成度为 29 000 管/片）、Z8000（集成度为 17 500 管/片）和 MC 68000（集成度为 68 000 管/片）。这些 CPU 的特点是采用 HMOS 工艺，基本指令时间约为 0.5μs，已经达到并超过中、低档小型机（如 PDP11/45）的水平。16 位微型机通常都具有丰富的指令系统，采用多级中断系统、多重寻址方式、多种数据处理方式、段寄存器结构、乘除运算硬件化，电路功能大为增强，并配有强大的系统软件。20 世纪 70～80 年代，Intel 公司制成 80286 等性能优越的 16 位微机，其特点是从单元集成过渡到系统集成，其内部为 16 位 CPU，而外部的数据总线为 8 位，从而使其比其他高档的 8 位微机具有更优异的性能。

（4）第四代（1984—1992 年）32 位微处理器。1984 年，Motorola 公司率先推出了首个 32 位的微处理器 M68020。1985 年，Intel 公司发布了它的第一个 32 位微处理器 80386。80386 的工作主频达到 25MHz，有 32 位数据线和 24 位地址线，内存的容量由原来的每片 16KB 发展到每片 256KB，容量为 1MB 和 4MB 的内存芯片也开始进入市场，硬盘的容量不断增大。微型机已经成为超级小型机，微型机在技术上一方面保留了原来通用的 8 位和 16 位工业总线，同时又发展了由内部 32 位和高缓冲内存组成的总线结构。1989 年，Intel 公司在 80386 的基础上又研制出了 80486。

1993 年以后，Intel 又陆续推出了 Pentium、Pentium Pro、Pentium MMX、Pentium 2、Pentium 3 和 Pentium 4，这些 CPU 的内部都是 32 位数据宽度，所以都属于 32 位微处理器。在此过程中，CPU 的集成度和主频不断提高。

（5）第五代（1993 年及以后）64 位及高档微处理器。1992 年，美国的数据设备公司（Data Equipment Company，DEC）率先推出了首个 64 位的微处理器 Alpha 21064。其后，美国的 MIPS 公司也推出了一款 64 位的微处理器 MIPS R4000。Intel 公司也推出了基于 IA-64 体系结构的 64 位微处理器——安腾（Itanium）。

目前，微处理器已经进入多核芯处理器（Multi-core Processor）时代。酷睿（Core）是 Intel 处理器的名称，比 "奔腾" 处理器性能更加优越。它已发展了酷睿 1、酷睿 2 和酷睿 3 三代，又可以按 CPU 核心的数量分为单核（Solo）、双核（Duo）、四核（Quad）等。

迅驰（Centrino），Intel 迅驰移动计算技术。Intel 公司为笔记本电脑专门设计开发的一种芯片组的名称为 "迅驰"。它不仅仅是处理器，同时也是一种计算功能强、电池寿命长、具有移动性、无线连接上网等功能的 CPU、芯片组、无线网卡结合的名称。先后上市了一代迅驰平台（Carmel）、二代迅驰平台（Sonoma）、三代迅驰平台（Napa）、四代迅驰平台（Santa Rosa）、迅驰 2（Montevina），最新一代的迅驰技术被称为 "迅驰 3"（Centrino）。

1.2.4　我国电子计算机的发展

1956 年，我国电子计算机的研制工作开始起步，并于当年建立起了计算机技术的研究单位（中国科学院计算技术研究所）。一些高等院校也建立了计算机的教学与研究机构。

1957年，哈尔滨工业大学研制成功了中国第一台模拟式电子计算机。

1958年，我国研制成功了第一台数字式电子计算机DJS-1，即103机，其主要元件是电子管。此后，于1959年9月又研制成功了DJS-2，即104机，运算速度达到了每秒一万次。

1965年5月，我国研制成功了第一台大型通用晶体管计算机，之后，又有不少型号的晶体管电子计算机试制成功，如DJS-6、DTS-8、DTS-21和DTS-411B等。

1971年，我国试制成功了第一台集成电路计算机TQ-16，即709机；1973年研制成功了每秒可执行100万条指令的大型通用数字计算机DJS-11和DJS-130，并开始了我国第一批系列化计算机的研制工作；1974年研制成功了小型系列化计算机DJS-100；1977年研制成功了小型多功能电子计算机DJS-183；1979年研制成功了中规模集成电路的电子计算机DJS-140。

1983年是我国计算机发展史上获得辉煌成果的一年，先后研制成功了757大型电子计算机（中科院计算所）和"银河"巨型计算机（国防科技大学）。757机运算速度达1MIPS，银河机运算速度达每秒一亿次（1997年研制成功了银河3，运算速度已达百亿次/秒），从而进入了世界上少数能研制巨型机国家的行列。

2000年，我国自行研制成功高性能计算机"神威1"，成为继美国、日本之后，世界上第3个具备研制高性能计算机能力的国家；2004年，由中科院计算所、曙光公司和上海超级计算中心联合研制"曙光4000A"，标志着中国已成为世界上继美、日之后第3个能制造10万亿次商品化高性能计算机的国家；2008年，我国百万亿次超级计算机"曙光5000"问世，它标志着中国成为继美国之后第2个能制造和应用超百万亿次商用高性能计算机的国家。

2010年11月14日，我国生产的第一台千万亿次超级计算机"天河一号"创造了"世界最快的计算机"的世界纪录。

1.2.5 计算机的未来发展

计算机科学从诞生的那一天起，就和其他学科有着密不可分的关系，计算机技术有力地促进其他学科的发展，同时也使自己迅速成长。

1. 计算机技术的发展趋势

今后计算机的发展将有如下几种趋势。

（1）巨型化。目前一些技术部门要求计算机比现有的巨型机有更高的速度（如几千万亿次以上）、更大的存储容量和更强大的功能，用以解决更先进的国防及其他尖端技术、中长期天气预报、资源勘探等领域的问题。

（2）微型化。今后的微型机体积更小，价格更便宜。这些特点不仅体现在个人计算机和便携式计算机上，更重要的是要将运算速度快、存储容量大且体积小的微型计算机嵌入到智能自动设备和仪表中，在更广泛的领域来为人类服务。

（3）网络化。把计算机连成网络，可以实现计算机之间的通信和网上资源共享，使计算机具有更强大的系统功能。在信息化社会里，计算机网络将是不可缺少的社会环境。

（4）多媒体化。计算机将集图形、图像、声音、文字处理为一体，使人们面对有声有色、图文并茂的信息。

（5）智能化。智能化是新一代计算机追求的目标，即让计算机模拟人的感觉、推理、思维过程，使计算机真正突破"计算"这一含义，具有"视觉"、"语言"、"思维"、"逻辑推理"等能力，可以越来越多地代替或超越人类在某些方面的局限性。

计算机的发展必然要经历很多新的突破，未来的计算机将是微电子技术、光学技术、超导技术和电子仿生技术相结合的产物。所以说，未来的计算机技术可能会有人工智能计算机、多处理机、超导计算机、纳米计算机、光计算机、生物计算机和量子计算机等。

2．计算机技术新热点

从计算机技术的发展历史中可以看出，技术革命一直是整个 IT 产业发展的驱动力。目前在新技术、新思想和新应用的驱动下，移动互联网、云计算和物联网等产业呈现出迅猛发展的态势，全球的 IT 产业正经历着一场深刻的变革。

（1）移动互联网。移动互联网，简单来说就是把移动通信和互联网结合起来成为一体。这是历史的必然现象，因为越来越多的人希望能在移动的过程中高速地接入互联网。近年来，移动通信和互联网已经成为当今世界发展最快、市场潜力最大的两大产业，据统计，目前全球移动通信用户已经超过 15 亿，互联网用户也已经接近 7 亿。中国移动通信用户总数超过 3.6 亿，互联网用户总数则超过 1 亿。

移动互联网的特点是"轻便小巧"和"通信便捷"，它正逐渐渗透到人们的生活、工作和学习的各个领域。移动环境使得网页浏览、位置服务、文件下载、在线游戏和电子商务等丰富多彩的移动互联网应用在迅猛发展，同时也在深刻改变着信息时代的社会生活。

（2）云计算。云计算（Cloud Computing）是由 Google 在 2006 年首次提出来的，不仅是信息技术的一个新热点，更是一种新的思想方法。它是指将计算任务分布在大量计算机构成的资源池上，使得各种应用系统能够根据需要获取更强的计算能力、更大的存储空间和更好的信息服务。

云计算中的"云"是一个比较形象的比喻，用云可大可小、可以移动的这些特点来形容云计算中服务能力和信息资源的伸缩性，以及后台服务设施位置的透明性。

云计算有很多优点，对于个人用户而言，它能提供最可靠、最安全的数据存储，不必担心数据丢失和病毒入侵等问题；对用户端的终端设备要求比较低，可以轻松实现不同设备之间的数据与应用的共享；对中小型企业来说，"云"为他们送来了大企业级的技术，升级方便，大大降低了商业成本。"云"让每个普通人都能够以极低的成本接触到顶尖的 IT 技术。

（3）物联网。物联网被称为继计算机和互联网之后，世界信息产业的第三次浪潮，代表着当前和今后较长一段时间内信息网络的发展方向。从一般的计算机网络到互联网，再从互联网到物联网，信息网络已经从人与人之间的沟通发展到人与物、物与物之间的沟通，功能和作用日益强大，对社会的影响也越发深远。

物联网的概念是在 1999 年由美国 MIT Auto-ID 中心提出的，原指在计算机互联网的基础上，利用射频识别技术、无线数据通信技术等构造一个实现全球物品信息实时共享的实物互联网，当时称为"传感器网"。物联网英文叫做"The Internet of things"，顾名思义，物联网就是"物物相连的互联网"，物连网是一个基于互联网、传统电信网等信息载体，让所有能够被独立寻址的普通物理对象实现互连互通的网络，可以实现对物品的智能化识别、定位、跟踪、监控和管理。

应用创新是物联网发展的核心，以用户体验为核心的创新是物联网发展的灵魂，现在的物联网应用领域已经扩展到了智能交通、仓储物流、环境保护、智能家居、个人健康等多个领域。2009年，物联网被正式列为国家五大新兴战略性产业之一，写入"政府工作报告"，在中国受到了全社会极大的关注。

1.3 微型计算机系统

计算机的种类很多，尽管它们在规模、性能等方面存在很大的差别，但它们的基本结构和工作原理是相同的。下面的内容主要以微型机为背景。

1.3.1 基本组成和工作原理

1. 基本组成

计算机系统包括硬件系统和软件系统两大部分。硬件是计算机的躯体，软件是计算机的灵魂，两者缺一不可。硬件系统是指所有构成计算机的物理实体，它包括计算机系统中一切电子、机械、光电等设备。软件系统是指计算机运行时所需的各种程序、数据及其有关资料。微型计算机又称个人计算机（或 PC），其系统的主要组成如图 1-1 所示。

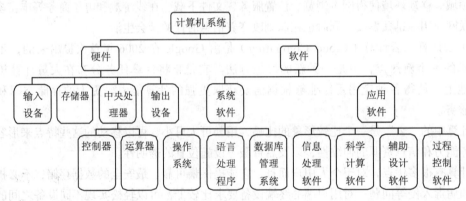

图 1-1　计算机系统的主要组成

（1）硬件系统。组成计算机的具有物理属性的部件统称为计算机硬件（Hardware），即是由电子器件和机电装置等组成的机器系统，它是整个计算机的物质基础。硬件也称硬设备，如计算机的主机（由运算器、控制器和存储器组成）、显示器、打印机、通信设备等都是硬件。

计算机的硬件构成硬件系统。硬件系统的基本功能是运行由预先设计好的指令编制的各种程序，即由存储器、运算器、控制器、输入设备和输出设备 5 部分组成的硬件结构。这种结构方案是由冯·诺依曼（John von Neumann，美籍匈牙利数学家，1903—1957 年）于 1946 年 6 月提出的，称为"冯·诺依曼结构"。

（2）软件系统。计算机软件（Software）是指实现算法的程序及其文档。人们要让计算机工作，就要对它发出各种各样的使其"理解"的命令，为完成某种任务而发送的一系列指令的集合就是程序。众多的可供经常使用的各种功能的成套程序及其相应的文档组成了计算机的软件系统。

2. 工作原理

程序像数据一样存储，按程序编排的顺序，一步一步地取出指令，自动地完成指令规定的操作是计算机最基本的工作原理。这一原理最初是由美籍匈牙利数学家冯·诺依曼于 1945 年提出来的，故称为"冯·诺依曼原理"，也叫做"存储程序"原理。

按照冯·诺依曼的"存储程序"原理，计算机在执行程序时，先将要执行的相关程序和数据放入内存储器中，在执行程序时，CPU 根据当前程序指针寄存器的内容取出指令并执行指令，然后再取出下一条指令并执行，如此循环下去，直到程序结束时才停止执行。其工作过程就是不断地取指令和执行指令的过程，最后将计算的结果放入指令指定的存储器地址中。计算机工作过程中所要涉及的计算机硬件部件有内存储器、指令寄存器、指令译码器、计算器、控制器、运算器和输入/输出设备等，在下一节中将会着重介绍。

　　总之，计算机的工作就是执行程序，即自动连续地执行一系列指令，而程序开发人员的工作就是编制程序。每一条指令的功能虽然有限，但是在人们精心编制下的一系列指令组成的程序就可以完成很多的任务。

　　以此概念为基础的各类计算机统称为"冯·诺依曼计算机"。到目前为止，虽然计算机系统从性能指标、运算速度、工作方式、应用领域等方面与当时的计算机有很大差别，但基本结构没有变，都称为"冯·诺依曼计算机"。

　　　　计算机的硬件结构除了"冯·诺依曼结构"，还有一种"哈佛结构"（Harvard Architecture），它是一种将程序指令储存和数据储存分开的存储器结构。因为其程序指令和数据指令是分开组织和储存的，执行时可以预先读取下一条指令，所以哈佛结构的微处理器通常具有较高的执行效率。

　　　　目前使用哈佛结构的中央处理器和单片机有很多，例如，Microchip 公司的 PIC 系列芯片，还有摩托罗拉公司的 MC68 系列、Zilog 公司的 Z8 系列、ATMEL 公司的 AVR 系列和 ARM 公司的 ARM9、ARM10 和 ARM11。

1.3.2　微型计算机的硬件系统

　　计算机的硬件系统由存储器、运算器、控制器、输入设备和输出设备 5 大部件构成，如图 1-2 所示。

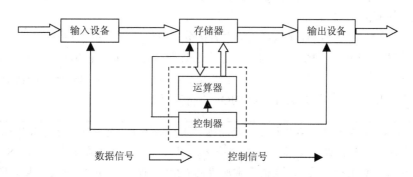

图 1-2　计算机硬件系统构成

　　习惯上，把运算器和控制器统称为中央处理器（即 CPU），CPU 和内存储器一起构成主机，主机之外的输入和输出等设备则统称为外部设备或外设。

1．中央处理单元

　　硬件系统的核心是中央处理单元（Central Processing Unit，CPU）。它是由控制器、运算器等组成的，并采用超大规模集成电路（Very Large Scale Integration）工艺制成的芯片，又称微处理芯片。其主要任务是取出指令、解释指令并执行指令。因此，每种处理器都有自己的一套指令系统。

　　（1）运算器。运算器又称算术逻辑单元（Arithmetic Logic Unit，ALU），是计算机对数据进行加工处理或运算的部件。计算机中，像加、减、乘、除、求绝对值、求幂等所有算术运算，以及像比较大小、排列次序、选择对象、逻辑加、逻辑乘等所有逻辑运算，在二进制代码形式下都是由运算器完成的。

运算器是计算机的核心部件，它的技术性能的高低直接影响着计算机的运算速度和整机性能。

（2）控制器。控制器是计算机的指挥中心，负责控制协调整个计算机的各部件协调一致地自动工作。控制器的主要功能是从存储器中取出一条指令，并指出当前所取指令的下一条指令在内存中的地址，确定指令类型，并逐步完成各种对所取指令进行译码和分析，并产生相应的电子控制信号，按时间的先后顺序，负责向其他各部件发出控制信号，启动相应的部件执行当前指令规定的操作，周而复始地使计算机实现程序的自动执行操作。

控制器主要由指令寄存器、译码器、程序计数器、操作控制器等组成。

2. 存储器

计算机之所以能够快速、自动地进行各种复杂的运算，是因为事先已把解题程序和数据存储在存储器中。在运算过程中，由存储器按事先编好的程序快速地提供给微处理器进行处理，这就是程序存储工作方式。计算机的存储器由内部存储器和外部存储器组成。

（1）内部存储器。内部存储器简称内存或主存，是计算机临时存放数据的地方，用于存放执行的程序和待处理的数据，它直接与 CPU 交换信息。内存的存储空间称为内存容量，它的计量单位是字节（Byte），一般用千字节（KB）、兆字节（MB）等表示，其换算如下：1KB=1 024Byte（2^{10}），1MB=1 024KB（2^{20}），1GB=1 024MB（2^{30}），1TB=1 024GB（2^{40}）。

内部存储器最突出的特点是存取速度快，但是容量小、价格高。从使用功能上分，内存分为：只读存储器（Read Only Memory，ROM）和随机存储器（Random Access Memory，RAM）。

① 只读存储器。只读存储器是只能读出事先所存数据的固态半导体存储器。一般是装入整机前事先写好的，整机工作过程中只能读出，而不像随机存储器那样能快速地、方便地加以改写。ROM 所存数据稳定，断电后所存数据也不会改变；其结构较简单，读出较方便，因而常用于存储各种固定程序和数据。

一个计算机在加电时要用程序负责完成对各部分的自检、引导和设置系统的输入/输出接口功能，才能使计算机完成进一步的启动过程，这部分程序称为基本输入/输出系统（Basic Input/Output System，BIOS），由计算机厂家固化在只读存储器（ROM）中，这部分程序一般情况下用户是不能修改的（除非用厂家提供的升级程序对 BIOS 进行升级）。

CMOS 是计算机主机板上一块特殊的 ROM 芯片，是系统参数存放的地方，而 BIOS 中系统设置程序是完成参数设置的手段，因此准确的说法应是通过 BIOS 设置程序对 CMOS 参数进行设置。而我们平常所说的 CMOS 设置和 BIOS 设置是其简化说法，也就在一定程度上造成了两个概念的混淆。事实上，BIOS 程序是存储在主板上一块 EEPROM Flash 芯片中的，CMOS 存储器用来存储 BIOS 设定后的要保存的数据，包括一些系统的硬件配置和用户对某些参数的设定，比如传统 BIOS 的系统密码和设备启动顺序等。

② 随机存储器。存储单元的内容可按需随意取出或存入，且存取的速度与存储单元的位置无关。这种存储器在断电时将丢失其存储内容，故主要用于存储短时间使用的程序。所有参与运算的数据、程序都存放在 RAM 当中。RAM 是一个临时的存储单元，机器断电后，里面存储的数据将全部丢失。如果要进行长期保存，数据必须保存在外存（软盘、硬盘等）中。计算机内存 RAM 如图 1-3 所示。计算机内存容量一般指的是 RAM 的容量，目前市场上常见的内存容量为 1GB、2GB、4GB 和 8GB。

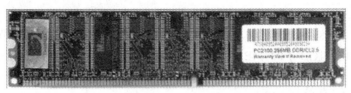

图 1-3　计算机内存 RAM

③　高速缓冲存储器（Cache）。由于 CPU 的主频越来越高，而内存的读写速率达不到 CPU 的要求，所以在内存和 CPU 之间引入高速缓存，用于暂存 CPU 和内存之间交换的数据。CPU 首先访问 Cache 中的信息，Cache 可以充分利用 CPU 忙于运算的时间和 RAM 交换信息，这样避免了时间上的浪费，起到了缓冲作用，充分利用 CPU 资源，提高运算速度，是计算机中读写速率最快的存储设备。

（2）外部存储器。外部存储器简称外存或辅存，通常以磁介质和光介质的形式来保存数据，不受断电限制，可以长期保存数据。外部存储器的特点是容量大、价格低，但是存取速度慢。外存用于存放暂时不用的程序和数据。常用的外存有软盘、硬盘、磁带和光盘存储器。它们和内存一样，存储容量也以字节（Byte）为基本单位。

①　硬盘存储器。硬盘存储器简称硬盘，是计算机主要的外部存储介质之一，由一个或多个铝制或者玻璃制的碟片组成，这些碟片外覆盖有铁磁性材料。绝大多数硬盘都是固定硬盘，即把磁头、盘片及执行机构都密封在一个整体内，与外界隔绝，也称为温彻斯特盘。硬盘的内部结构如图 1-4 所示。

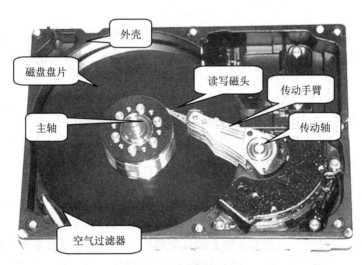

图 1-4　硬盘的内部结构

硬盘按规格分有 3.5 英寸、2.5 英寸和 1.8 英寸；按数据接口的类型分有 SCSI、IDE 和 SATA。硬盘的两个主要性能指标是平均寻道时间和内部传输速率。一般来说，转速越高的硬盘寻道的时间越短，而且内部传输速率也越高。目前，市场上硬盘常见的转速有 5 400r/min、7 200r/min，最快的平均寻道时间为 8ms，内部传输速率最高为 190MB/s。

硬盘的每个存储表面被划分成若干个磁道，每个磁道被划分成若干个扇区，每个存储表面的同一道形成一个圆柱面，称为柱面。柱面是硬盘的一个常用指标。硬盘的存储容量计算公式为：存储容量 = 磁头数×柱面数×每扇区字节数×扇区数。

【例1-1】 某硬盘有磁头15个，磁道（柱面数）8 894个，每道63扇区，每扇区512B，则其存储容量为：15×8 894×512×63=4.3GB。硬盘的容量以兆字节（MB）、吉字节（GB）或者万亿字节（TB）为单位，1GB=1 024MB，1TB=1 024GB。目前常见的硬盘容量已达1TB。硬盘厂商在标称硬盘容量时通常取1G=1 000MB，1TB=1 000GB，因此用户在BIOS中或在格式化硬盘时看到的容量会比厂家的标称值要小。

　　Solid State Disk（固态硬盘）是摒弃传统磁介质，采用电子存储介质进行数据存储和读取的一种技术，即用固态电子存储芯片阵列制成的硬盘，由控制单元和存储单元（DRAM或FLASH芯片）两部分组成。存储单元负责存储数据，控制单元负责读取、写入数据。拥有速度快，耐用防震，无噪声，重量轻等优点，它突破了传统机械硬盘的性能瓶颈，拥有极高的存储性能，被认为是存储技术发展的未来新星。

　　② 光盘存储器。光盘存储器是利用光学原理进行信息读写的存储器。光盘存储器主要由光盘驱动器（即CD-ROM驱动器）和光盘组成。光盘驱动器（光驱）是读取光盘的设备，通常固定在主机箱内。常用的光盘驱动器有CD-ROM和DVD-ROM，如图1-5所示。

　　光盘是指利用光学方式进行信息存储的圆盘。用于计算机的光盘有以下3种类型。

图1-5　光盘驱动器

　　只读光盘：这种光盘的特点是只能写一次，即在制造时由厂家把信息写入，写好后信息永久保存在光盘上。

　　一次性写入光盘：也称为一次写多次读的光盘，但必须在专用的光盘刻录机中进行。

　　可擦写型光盘（Erasable Optical Disk）：是能够重写的光盘，这种光盘可以反复擦写，一般可以重复使用。

　　每种类型的光盘又分为CD、DVD和蓝光等格式，CD的容量一般为650MB，DVD的容量分为单面4.7GB和双面8.5GB，蓝光光盘可以达到25GB。

　　常用的光盘驱动器有：CD-ROM光驱，只能读取CD类光盘；DVD-ROM光驱，可读取DVD、CD类光盘；CD-RW光驱，可以读取/刻录CD-R类光盘；DVD-RW光驱，可以读取/刻录DVD-R类光盘。

　　③ USB外存设备。这种存储设备以USB（Universal Serial BUS，通用串行总线）作为与主机通信的接口，可采用多种材料作为存储介质，分为USB Flash Disk、USB移动硬盘和USB移动光盘驱动器。它是近年迅速发展起来的性能很好又具有可移动性的存储产品。其中最为典型的是USB Flash Disk（U盘），它采用非易失性半导体材料Flash ROM作为存储介质，U盘体积非常小，容量却很大，可达到GB级别，目前常见的有8GB、16GB和32GB等。U盘不需要驱动器，无外接电源，使用简便，可带电插拔，存取速度快，可靠性高，可擦写，只要介质不损坏，里面的数据可以长期保存。

3. 总线及插卡

　　在CPU、存储器和外部设备进行连接时，微机系统采用了总线结构。所谓总线（BUS）实质上是一排信号导线，在两个以上的数字设备之间提供和传送信息的公用通路，其作用是进行设备彼此间的信息交换。

　　总线按功能划分，包括数据总线（Data Bus，DB）、地址总线（Address Bus，AB）、控制总线（Control Bus，CB）。

（1）数据总线（DB）。数据总线是双向的，它是 CPU 同各部分交换信息的通路，在 CPU 与内存或者输入/输出接口电路之间传送数据。DB 位数反映了 CPU 一次可以接收数据的能力，即字长。

（2）地址总线（AB）。地址总线用来传送存储单元或者输入/输出接口的地址信息。AB 的根数一般反映了计算机系统的最大内存容量。不同的 CPU 芯片，AB 的数量不同。例如，8 位 CPU 的芯片，地址总线一般为 16 位，可以寻址内存单元数为 65 536 个地址，即内存容量最大为 64KB。又如 8088CPU 芯片有 20 根地址线，可以寻址最大内存容量为 1MB。

（3）控制总线（CB）。控制总线用来传送控制器的各种控制信号。它基本上分为两类：一类是由 CPU 向内存或者外部设备发出的控制信号；另一类是由外部设备和有关接口向 CPU 送回的反馈信号或应答信号。

由于目前采用的总线结构特点是标准化和开放性，这就大大简化了结构，提高了系统的可靠性和标准化，还促进了微机系统的开放性和可扩性。为了提高产品的互换性和便于大规模生产，一些公司、集团提出了几种总线结构标准（或协议）。

（1）ISA 总线（工业标准体系结构）。采用 16 位的数据总线，数据传输率为 8Mbit/s。

早期的 IBM PC/XT 及其兼容机采用的总线通常称为工业标准结构（Industry Standard Architecture，ISA）总线。

（2）PCI 总线（外围组件互连）。能为高速数据提供 32 位或 64 位的数据通道，数据传输率为 132～528Mbit/s，还与 ISA 等多种总线兼容。

PCI 总线主板已成为主板的主流产品。1991 年，Intel 提出了 PCI（Peripheral Component Interconnect，外围组件互连）总线，20 世纪 90 年代后期，在服务器和工作站中的高速磁盘和网络适配器开始向 66MHz/64 位的 PCI 总线转移，于是又形成了 PCI-X 新总线标准，于 1993 年 5 月发布了 PCI 2.0。

（3）AGP 总线（加速图形接口）。数据传输率达到 533Mbit/s，可以大大提高图形、图像的处理及显示速度，并具有图形加速功能。高性能的图形芯片在 1996 年就第一个从 PCI 总线中分离出来，形成了单独的总线技术，那就是 AGP（图形加速处理）。其目的有两个：提升显卡的性能和将图像数据从 PCI 中独立出来，PCI 被解放出来供其他设备使用。

（4）USB 总线。通用串行总线（Universal Serial Bus，USB）是由 Intel、Compaq、Digital、IBM、Microsoft、NEC、Northern Telecom 这 7 家世界著名的计算机和通信公司共同推出的一种新型接口标准。它基于通用连接技术，实现外部设备的简单快速连接，达到方便用户、降低成本、扩展 PC 连接外部设备范围的目的。它可以为外部设备提供电源，而不像普通的使用串、并口的设备需要单独的供电系统。另外，快速是 USB 技术的突出特点之一，USB 的最高传输率可达 12Mbit/s，比串口快 100 倍，比并口快近 10 倍，而且 USB 还能支持多媒体。

（5）PCI Express 总线。PCI Express 总线（简称 PCIe 或 PCI-E）沿用了现有的 PCI 编程概念及通信标准，但基于更快的序列通信系统，是一种双单向串行通信技术。一条 PCI Express 通道有 4 条连线：一对线路用于传送，另一对线路用于接收；信令频率为 2.5GHz，采用 8b/10b 编码，定义了用于×1、×4、×8、×16 通道的连接器，从而为扩展带宽提供了机会。2002 年 7 月制定了规范后，Intel 在 2004 年开始将在其全线芯片组中加入对 PCI Express 系统总线的支持，PCI Express 的图形接口将迅速取代目前的 AGP 图形接口。

4. 输入/输出设备

输入设备（Input Device）用于把数据或指令输入给计算机进行处理，常用的输入设备有键盘、鼠标等。

输出设备（Output Device）用来把计算机加工处理后产生的信息按人们所要求的形式送出，常用的输出设备有显示器、打印机等。

（1）显示器。微型计算机所用的显示器分为 LCD（液晶）显示器和 CRT（阴极射线管）显示器。前者已经成为计算机中的主流显示器。

LCD 显示器的特点：机身薄，节省空间；省电，不产生高温；无辐射；画面柔和，不闪烁，对眼睛伤害较小。

还有一种 LED 显示器，是由发光二极管组成的显示屏。LED 显示器与 LCD 显示器相比，LED 在亮度、功耗、可视角度和刷新速率等方面都更具优势，但价格也更加昂贵。

（2）键盘和鼠标。键盘是最常用也是最主要的输入设备，通过键盘可以将文字、数字、标点符号等输入到计算机中，从而向计算机发出命令、输入数据等。PC XT/AT 时代的键盘主要以 83 键为主，并且延续了相当长的一段时间，但随着 Windows 的流行，取而代之的是 101 键和 104 键键盘。

"鼠标"因形似老鼠而得名，鼠标的标准称呼应该是"鼠标器"。鼠标的使用是为了使计算机的操作更加简便，来代替键盘上那些烦琐的指令。从原始鼠标、机械鼠标、光电鼠标、光机鼠标再到如今的光学鼠标，它从出现到现在已经有 40 年的历史了。鼠标按接口类型可分为串行鼠标、PS/2 鼠标、总线鼠标、USB 鼠标（多为光电鼠标）4 种。串行鼠标通过串行口与计算机相连，有 9 针接口和 25 针接口两种；PS/2 鼠标通过一个六针微型 DIN 接口与计算机相连，它与键盘的接口非常相似，使用时注意区分；总线鼠标的接口在总线接口卡上；USB 鼠标通过一个 USB 接口直接插在计算机的 USB 口上。无线鼠标在光电鼠标原理的基础上进行改良，通过 RF 无线传输实现无线，其内部是电池。无线鼠标使用距离可长可短，携带非常方便。

1.3.3　微型计算机的软件系统

微型计算机的软件系统一般包括计算机本身运行所需要的系统软件（System Software）和用户完成特定任务所需的应用软件（Application Software）两大类。

1. 系统软件

系统软件面向计算机系统，是指负责管理、监控和维护计算机的软硬件资源的软件，其他程序都要在系统软件的支持下运行，如操作系统、编译系统、诊断系统等。系统软件主要分为操作系统软件、各种程序设计语言及其语言处理程序、各种数据库管理系统 3 类。

操作系统（Operating System，OS）是管理计算机硬件与软件资源的程序，同时也是计算机系统的内核与基石。操作系统能管理计算机系统的全部硬件资源，以及软件资源、数据资源，用于控制程序运行，改善人机界面，为其他应用软件提供支持等，使计算机系统所有资源最大限度地发挥作用，为用户提供方便、有效、友善的服务界面。操作系统是一个庞大的管理控制程序，大致包括 5 个方面的管理功能：进程与处理机管理、作业管理、存储管理、设备管理、文件管理。目前微型计算机上常见的操作系统有 DOS、OS/2、UNIX、Linux、Windows、Netware 等。所有的操作系统都具有并发性、共享性、虚拟性和不确定性 4 个基本特征。

2. 应用软件

为解决各类具体的实际问题而设计的程序称为应用软件。应用软件是为实现某种特殊功能而经过精心设计的、结构严密的独立系统，是一套满足同类应用的许多用户所需要的软件，例如 Microsoft 公司的 Office 办公套装软件、杀毒软件（瑞星、金山毒霸等）以及各种游戏软件、计算机辅助设计软件等。

微软的 Office 是目前最为流行的办公应用软件。这个系列至今已经发展了许多版本。其中的 Microsoft Office 2007 是微软 Office 产品史上最具创新与革命性的一个版本。与早期的版本（Office 2000、Office 2003 等）相比，其全新设计的用户界面、稳定安全的文件格式、无缝高效的沟通协作可以作为办公和管理的较为完善的平台，可以提高企业或个人使用者的工作效率和决策能力。Office 是一组办公软件的集合，Office 2007 中包含 Word、Excel、Outlook、PowerPoint、Publisher、Access、InfoPath 等，这些又称为 Office 2007 的组件，且具备独立的功能，为办公和管理应用提供了一系列的解决方案，包括文字处理、文档编排、电子表格处理、电子邮件收发、多媒体幻灯片制作、小型数据库管理等。另外，Office 2007 按照所含有组件的数量不同分为基础版、家庭教育版、标准版、小型商业版、专业版、专业增强版和企业版。例如标准版中包含了 Word、Excel、Outlook、PowerPoint 组件，在专业版中包含了 Word、Excel、Outlook、PowerPoint、Publisher、Business Contact Manager、Access 组件。本书后面章节中将详细讲解 Office 2007 中的 Word、PowerPoint 和 Excel 等几个较常用的组件的使用方法和操作技巧，还会介绍 Office 办公软件的最新版本 2010 的一些新特性。

1.3.4　微型计算机的性能指标

微型计算机的种类多，性能各有不同。要评价一个微型计算机系统的性能，一般可以从以下几个方面的性能指标综合评价。

1. 字长

字长是计算机的内存储器或寄存器存储一个字的位数。通常微型计算机的字长为 8 位、16 位、32 位或 64 位。计算机的字长直接影响着计算机的计算精确度。字长越长，用来表示数字的有效位数就越多，计算机的精确度也就越高。

2. 内存容量

微型计算机的内存储器容量随着机型的不同有着很大的差异。内存容量反映内存储器存储二进制代码字的能力。内存容量越大，微型计算机的存储单元数越多，其"记忆"的功能越强。当今微型计算机的内存容量有 1GB、2GB、4GB 等多种。内存容量是微型计算机的一项重要性能指标。

3. 存取周期

存储器进行一次性读或写的操作所需的时间称为存取周期。存取周期通常用纳秒（ns）表示，$1ns=10^{-3}\mu s=10^{-9}s$。当今微型计算机的存取周期约为十几到几十纳秒。

存取周期反映主存储器（内存储器）的速度性能。存取周期越短，存取速度越快。

4. 运算速度

运算速度表示计算机进行数值计算、信息处理的快慢程度，以"次/秒"表示。如某种型号的微型计算机的运算速度是 100 万次/秒，也就是说这种微型计算机在一秒钟内可执行加法指令 100 万次。实际上，运算速度是一个综合性指标，它除了取决于主频（时钟频率）之外，还与字长、运算位数、传输位数、存取速度、通用寄存器数量以及总线结构等硬件特性有关。

现在微型计算机常以主频来衡量运算速度。微型计算机是在统一的时钟脉冲控制下按固定的节拍进行工作。每秒钟内的节拍数称为微机主频。微型计算机执行一条指令约需一个或几个节拍。主频越高，执行指令的时间越短，运算速度就越快。

5. 输入/输出数据的传送率

计算机主机与外部设备交换数据的速度称为计算机输入/输出数据的传送率，用"字节/秒（byte/s）"或"比特/秒（bit/s）"表示。一般来说，传送率高的计算机要配置高速的外部设备，以便在尽可能短的时间内完成输出。

6. 可靠性与兼容性

一般用微型计算机连续无故障运行的最长时间来衡量微型机的可靠性。连续无故障工作时间越长，机器的可靠性越高。

1.4 计算机中数据的表示

计算机是对由数据表示的各种信息进行自动、高速处理的机器。这些数据信息往往是以数字、字符、符号、表达式等方式出现的，那么它们应该以怎样的形式与计算机的电子元件状态相对应，并被识别和处理呢？

1.4.1 数据的表示方法及基本概念

计算机普遍采用的是二进位计数制，简称二进制。二进制的特点是每一位上只能出现数字 0 或 1，逢 2 就向高数位进 1。0 和 1 这两个数字用来表示两种状态，用 0、1 表示电磁状态的对立两面，在技术实现上是最恰当的，如晶体管的导通与截止、磁芯磁化的两个方向、电容器的充电和放电、开关的启闭、脉冲的有无以及电位的高低等，用作数据信息表示，在处理时其操作简单，抗干扰能力强，这为计算机的良好运行创造了必要条件。

计算机在进行数值计算或其他数据处理时，要处理的对象是十进制数表示的实数或字母、符号等，在计算机内部要首先转换为二进制数。因而，只在二进制数上进行操作（通过计算机硬件），就可完成由十进制数构成的数值计算或由字母、符号等构成的数据信息的处理，并将得到的二进制结果转换成十进制数或字母、符号输出。为使数的表示更精炼、更直观，书写更方便，还经常用到八进制和十六进制数，它们实质上是二进制数的两种变形形式。常用的 4 种进制数的表示方式见表 1-1。

表 1-1　　　　　　　　　　　　4 种进制数表示方式对照表

序号	十进制	二进制	八进制	十六进制
0	0	0000	0	0
1	1	0001	1	1
2	2	0010	2	2
3	3	0011	3	3
4	4	0100	4	4
5	5	0101	5	5
6	6	0110	6	6
7	7	0111	7	7
8	8	1000	10	8
9	9	1001	11	9
10	10	1010	12	A
11	11	1011	13	B

序号	十进制	二进制	八进制	十六进制
12	12	1100	14	C
13	13	1101	15	D
14	14	1110	16	E
15	15	1111	17	F
16	16	10000	20	10

由于计算机在进行数据表示和存储的时候和人们的日常习惯不同，还需要涉及以下一些专用术语和概念。

1. 数制

数制即计数的方法，指用一组固定的符号和统一的规则来表示数值的方法。如在计数过程中采用进位的方法，则称为进位计数制，它有数位、基数、位权 3 个基本要素。

2. 数位

数位指数码在一个数中所处的位置。

3. 基数

基数指在某种进位计数制中数位上所能使用的数码的个数，如十进制数的基数是 10，八进制数的基数是 8。

基数也就是进位计数制中所使用的不同基本符号的个数。如十进制使用 0~9 这 10 个数符号，其基数就是 10；二进制使用两个符号 0 和 1，其基数为 2；八进制使用 0~7，其基数为 8；十六进制使用 0~9 及 A~F，其基数为 16。

4. 位权

位权指在某种进位计数制中数位所代表的大小。对于一个 R 进制数（即基数为 R），若数位记作 j，则位权可记作 R^j。

同样一个数字，由于它们处于不同位置，如 111，这 3 个数字都是 1，但代表的含义各自不同，这就涉及位权的概念。下面通过实例来说明位权这个概念。

一个十进制数 4 553.87 可表示为：

$$4\ 553.87 = 4 \times 10^3 + 5 \times 10^2 + 5 \times 10^1 + 3 \times 10^0 + 8 \times 10^{-1} + 7 \times 10^{-2}$$

在这个数中，相同的数字 5 由于在不同的位置，所以它们代表的数值大小也不同。各位数字所代表的数值大小是由位权决定的。在以上的十进制数中，从左至右各位数字的位权分别为 10^3、10^2、10^1、10^0、10^{-1}、10^{-2}。

5. 位、字节、字及内存容量

计算机所处理的数据信息是以二进制数编码表示的，其二进制数字"0"和"1"是构成信息的最小单位，称为"比特（bit）"。在计算机中，由 8 个比特组成 1 个"字节"（Byte）。字节是电子计算机存储信息的基本单位。在计算机的存储器中占据一个单独的地址（内存单元的编号），并作为一个单元（由多个字节组合而成）处理的一组二进制数位称为"字"（Word）。字指的是数据字，它由若干个字节所组成。一个字所包含的二进制位数称为字长。字长是 CPU 的重要标志之一。字长越长，说明计算数值的有效位越多，精确度就越高。

计算机一个内存储器包括的字节数就是这个内存储器的容量，其单位可以采用 B（字节）、KB（千字节）、MB（兆字节）、GB（吉字节）等。各个单位之间的换算关系是：1GB = 1 024MB，1MB = 1 024KB，1KB = 1 024B。例如，64KB = 64×1 024B = 65 536B。

1.4.2　计算机中的常用数制

1．十进制数

十进制数有以下两个主要特点。

（1）有 10 个不同的数字：0、1、2、3、4、5、6、7、8、9。

（2）逢十进一的进位法，10 是十进制数的基数（进制中所用不同数字的个数），如$(2009)_{10}=2\times10^3+0\times10^2+0\times10^1+9\times10^0$（每位上的系数只在 0～9 中取用）。

2．二进制数

二进制数有以下两个主要特点。

（1）有两个不同的数字：0、1。

（2）逢二进一的进位法，2 是二进制数的基数，如$(1101)_2=1\times2^3+1\times2^2+0\times2^1+1\times2^0$（每位上的系数只在 0、1 中取用）。

3．八进制数

八进制数有以下两个主要特点。

（1）采用 8 个不同的数字：0、1、2、3、4、5、6、7。

（2）逢八进一的进位法，8 是八进制数的基数，如$(2007)_8=2\times8^3+0\times8^2+0\times8^1+7\times8^0$（每位上的系数只在 0～7 中取用）。

4．十六进制数

十六进制数有以下两个主要特点。

（1）有十六个不同的数字：0、1、2、3、4、5、6、7、8、9、A、B、C、D、E、F（其中后 6 个数字符号的值对应于十进制的 10、11、12、13、14、15；也有选用 S、T、U、V、W、X 的记法）。

（2）逢十六进一的进位法，16 是十六进制数的基数，如$(2009)_{16}=2\times16^3+0\times16^2+0\times16^1+9\times16^0$。

对于不同数制的数，它们的共同特点如下。

（1）每一种数制都有固定的符号集：如十进制数制，其符号有 10 个，分别为 0、1、2、…、9；二进制数制，其符号有两个，即 0 和 1。

（2）数制采用位置表示法：即处于不同位置的数符所代表的值不同，与它所在位置的权值有关。任何一个 N 进制数都可以展开成类似下式的形式：

$$abcdefg.hijk=a\times N^6+b\times N^5+c\times N^4+d\times N^3+e\times N^2+f\times N^1+g\times N^0+h\times N^{-1}+i\times N^{-2}+j\times N^{-3}+k\times N^{-4}$$

（3）为区别不同数制的数，在数字末尾增加一个表示进制的后缀或在括号外加数字下标。如 78D 或（78）$_{10}$ 都表示该数是一个十进制的数。

十进制数（Decimal Number）用后缀 D 表示或无后缀。

二进制数（Binary Number）用后缀 B 表示。

八进制数（Octal Number）用后缀 O 表示。

十六进制数（Hexadecimal Number）用后缀 H 表示。

1.4.3　不同数制间的转换

1．二进制数与十进制数之间的转换

（1）二进制数转换成十进制数。

【例1-2】 $(11111011001)_2=1\times2^{10}+1\times2^9+1\times2^8+1\times2^7+1\times2^6+0\times2^5+1\times2^4+$

$1\times2^3+0\times2^2+0\times2^1+1\times2^0$

$=(2009)_{10}$

$(1010.011)_2=1\times2^3+0\times2^2+1\times2^1+0\times2^0+0\times2^{-1}+1\times2^{-2}+1\times2^{-3}$

$=(10.375)_{10}$

（2）十进制数转换成二进制数。

① 十进制整数转换成二进制整数（除基（2）取余法）。

【例1-3】 将十进制数 2009 转换为二进制数。

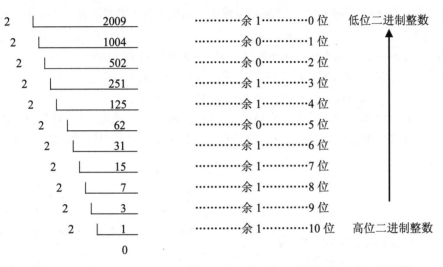

注意，除到 0 商时结束，2 除尽，回写（从高位回到低位）余数便是所求二进制数，即：$(2009)_{10}=$ $(11111011001)_2$。

② 十进制纯小数转换成二进制纯小数（乘基（2）取整法）。

【例1-4】 将十进制数 0.625 转换为二进制数。

纯小数位被全乘为 0 时，得准确二进制纯小数；否则（纯小数位永远被 2 乘不全是 0），只能化成满足某一精确度要求的二进制小数的近似值。例 1-3 中的 $(0.625)_{10}=(0.101)_2$ 是准确值，其中 101 是顺写的积整位（从高位到低位）数。

2．二进制数与八进制数之间的转换

（1）二进制数转换成八进制数（三位分组转换法，即合三为一法）。

【例1-5】 将二进制数 10010100100.11001 用三位分组转换的方法转换成八进制数。

从小数点起对整数位向左、对小数位向右三位分一组，不足三位时，在最外端加补 0 位，使之都成为三位：

（填入 0 位）0→010 010 100 100.110 010←0（填入 0 位）

将三位一组二进制数分别转换成八进制数，并按原位置次序写成新的记数，即得与原数等值的八进制数 2 244.62。

从而有：（10010100100.11001）$_2$=（2244.62）$_8$。

之所以这样做，是因为八进制数的每一个基数恰是 1 个三位二进制数。

（2）八进制数转换成二进制数。

将八进制数转换成二进制数时，可用上述方法的逆方法（一分为三法）。只是注意要在转换成二进制数后，将相当于被加补的 0 位上的那些 0 略去，这些 0 在二进制计数中是可有可无的，它们并不影响计数值。

【例 1-6】　(2244.62)$_8$=(010 010 100 100.110 010)$_2$=(10010100100.11001)$_2$

八进制数与十进制数之间的转换可以通过二进制数作中间过渡，将它们互转：

$$(2009)_{10}=(11111011001)_2=(11\ 111\ 011\ 001)_2=(3731)_8$$

用"除基（8）取余法"将十进制整数转换成八进制整数，用"乘基（8）取整法"将十进制纯小数转换成八进制纯小数；至于将八进制数转换成十进制数，只要"按位乘基幂"即可。

【例 1-7】　a.　　　　　　　　　　　　b.

```
                                           0.6875
                                        ×        8
                                        5.5000  ……取整 5……高位
    8 │  55  ……余 7…… 低位           ×        8
    8 │   6  ……余 6…… 高位           4.0000  ……取整 4……低位
           0
        (55)₁₀=(67)₈                    (0.687 5)₁₀=(0.54)₈
```

c.　于是，(55.6875)$_{10}$=(67.54)$_8$

d.　而(67.54)$_8$=6×8^1+7×8^0+5×8^{-1}+4×8^{-2}（按位乘基幂）

　　　　　　=48+7+5×0.125+4×0.015625=(55.6875)$_{10}$

3．二进制数与十六进制数之间的转换

（1）二进制数转换成十六进制数（四位分组转换法，即合四为一法）。

【例 1-8】　(10000000001001.010100000011)$_2$

　　　　　　=(0010 0000 0000 1001.0101 0000 0011)$_2$

　　　　　　=(2009.503)$_{16}$

（2）十六进制数转换成二进制数（四位分组转换法的逆方法，即一分为四法）。

【例 1-9】　(BBA7.126)$_{16}$ =(1011 1011 1010 0111.0001 0010 0110)$_2$

　　　　　　　　　　=(1011 1011 1010 0111.0001 0010 011)$_2$

十六进制数与十进制数之间的转换和八进制数与十进制数之间的转换方法完全相同，操作起来也很容易，这里就不再赘述了。

1.4.4　数字和字符编码

1．数字编码

计算机内部采用的是二进制编码，而习惯上人们使用的则是十进制编码。为解决人机在计数制上的矛盾，特别设置了数字编码。用二进制代码表示十进制数，常用的表示方法是将十进制数的每位数字都用一个等值的或特别规定的四位二进制数表示。这类编码最经常使用的是二进制码、十进制码或 BCD（Binary Coded Decimal）码、格雷码和余三码，见表 1-2。

表 1-2　　　　　　　　　　　　　10 个十进制数字的 3 种编码

十进制数制	BCD（8421）码	格雷码	余三码
0	0000	0000	0011
1	0001	0001	0100
2	0010	0011	0101
3	0011	0010	0110
4	0100	0110	0111
5	0101	0111	1000
6	0110	0101	1001
7	0111	0100	1010
8	1000	1100	1011
9	1001	1101	1100

BCD 码也称 8421 码，因码位的权值至左向右分别为 $8(2^3)$、$4(2^2)$、$2(2^1)$ 和 $1(2^0)$；格雷码具有代码变换连续的性质，其相邻的代码之间只有一位相异；余三码是 BCD 码与 0011 的和，0011 的十进制是 3，故称余（多）三码。

【例 1-10】　十进制数 1964 的 BCD 码是 0001100101100100（不是 1964 的等值二进制表示，而是 1964 的二进制代码表示），格雷码是 0001110101010110，余三码是 0100110010010111。

2．字符编码

最常见的信息符号是字符（英文字母、阿拉伯数字、专用符号等）符号，为了便于识别和统一使用，国际上对字符符号的代码做了一些标准化的规定，例如 ISO（International Organization for Standardization，国际标准化组织）码、EBCDIC（Extended Binary Coded Decimal Interchange Code，扩展 BCD 交换码）、ASCII（American Standard Code for Information Interchange，美国国家信息交换标准码）等。ASCII 编码由 7 位二进制数组成，共 128 个，包括 52 个大小写英文字母、10 个阿拉伯数字、32 个专用符号和 34 个控制符号。表 1-3 给出了常见字符的 ASCII 编码。

表 1-3　　　　　　　　　　　　　部分 ASCII 码对照表

十进制	十六进制	字符	十进制	十六进制	字符	十进制	十六进制	字符
48	30	0	65	41	A	97	61	a
49	31	1	66	42	B	98	62	b
50	32	2	67	43	C	99	63	c
51	33	3	68	44	D	100	64	d
52	34	4	69	45	E	101	65	e
53	35	5	70	46	F	102	66	f
54	36	6	∧	∧	∧	∧	∧	∧
55	37	7	88	58	X	120	78	x
56	38	8	89	59	Y	121	79	y
57	39	9	90	5a	Z	122	7a	z

1.4.5　汉字的编码表示

在用计算机处理汉字时，必须先将汉字代码化，即对汉字进行编码。汉字种类繁多，编码比西文符号困难。在一个汉字处理系统中，输入、内部处理、存储和输出对汉字代码的要求不尽相同，所以在汉字系统中存在着多种汉字代码。

1. 输入码

汉字的字数繁多，字形复杂，常用的汉字有 6 000～7 000 个，比英文的 26 个字母要多得多。在计算机系统中使用汉字，首先遇到的问题就是如何把汉字输入到计算机内。为了能直接使用西文标准键盘进行输入，必须为汉字设计相应的编码方法。汉字编码方法主要分为 3 类：数字编码、拼音编码和字形编码。

（1）数字编码。数字编码就是用数字串代表一个汉字的输入，常用的是国标区位码。国标区位码将国家标准局公布的的 6 763 个两级汉字分成 94 个区，每个区定为 94 位，实际上是把汉字表示成二维表的形式，区码和位码各用两位十进制数字表示，因此输入一个汉字需要按键 4 次。例如，"中"字位于第 54 区 48 位，区位码为 5 448。

（2）拼音编码。拼音编码是以汉语读音为基础的输入方法。由于汉字同音字太多，输入重码率很高，因此，按拼音输入后还必须进行同音字选择，影响了输入速度。

（3）字形编码。字形编码是以汉字的形状确定的编码。汉字总数虽多，但都由一笔一画组成，全部汉字的部件和笔画是有限的。因此，把汉字的笔画部件用字母或数字进行编码，按笔画书写的顺序依次输入，就能表示一个汉字，五笔字型、表形码等便是这种编码法，但缺点是需要记忆很多的编码。五笔字型编码是最有影响的字形编码方法之一。

2. 汉字国标交换码和机内码

西文处理系统的交换码和机内码均为 ASCII，用一个字节表示，一般只用低 7 位。1981 年，我国在 GB 2312-80 制定了汉字交换码，也称为国标交换码（简称国标码）。在国标码中，一个汉字用两个字节表示，每个字节也只用其中的 7 位，每个字节的取值范围和 94 个可打印的 ASCII 字符的取值范围相同（21H～7EH），涵盖了一、二级汉字和符号。为了避免 ASCII 码和国标码同时使用时产生二义性问题，大部分汉字系统都采用将国标码的每个字节高位置 "1" 作为汉字机内码。这样既解决了汉字机内码与西文机内码之间的二义性，又使汉字机内码与国标码有极简单的对应关系。区位码、国标码和机内码之间的关系可以概括为（区位码的十六进制表示）+2020H=国标码，国标码+8080H=机内码，以汉字 "大" 为例，"大" 字的区位码为 2083，将其转换为十六进制表示为 1453H，加上 2020H 得到国标码 3473H，再加上 8080H 得到机内码为 B4F3H。

3. UCS 编码

为了在计算机中统一地表示世界各国的文字，国际标准化组织公布了 "通用多八位编码字符集" 的国际标准 ISO/IEC 10646，简称 UCS（Universal Code Set）。1993 年，中华人民共和国规定国家标准（GB 13000）采用 UCS 标准。

整个编码字符集应被表达为包含 128（一个字节的低 7 位，即 2^7=128）个组，其中每个组表示 256（2^8=256）个平面，每一平面包含 256 行，每行有 256 个字位。7 个字节共 32 位，足以包容世界上所有的字符，同时也符合现代处理系统的体系结构。

4. 汉字字形码

汉字字形码是表示汉字字形的字模数据，通常用点阵、矢量函数等方式表示，用点阵表示字形时，汉字字形码一般指确定汉字字形的点阵代码。字形码也称字模码，它是汉字的输出形式。随着汉字字形点阵和格式的不同，汉字字形码也不同。常用的字形点阵有 16×16 点阵、24×24 点阵、48×48 点阵等。

各种汉字编码的关系如图 1-6 所示。

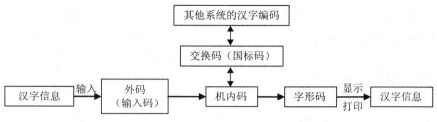

图1-6 汉字编码之间的关系

Unicode（统一码、万国码、单一码）是一种在计算机上使用的字符编码，它为每种语言中的每个字符设定了统一并且唯一的二进制编码，以满足跨语言、跨平台进行文本转换、处理的要求。Unicode 是基于通用字符集（Universal Character Set）的标准来发展的，对于中文而言，Unicode 使用全 16 位元字元集编码，里面已经包含了 GB 18030 里面的所有汉字（27 484 个字），使得 Unicode 能够表示世界上所有的书写语言中可能用于计算机处理和通信的字符、象形文字和其他符号。

习 题

一、填空题

1. 计算机系统一般由_____和_____两大系统组成。

2. 计算机硬件系统结构由_____、_____、_____、_____和_____5大部分组成，并通过_____加以连接。

3. 计算机按规模大小及功能强弱分为_____、_____、_____、_____、_____、_____。

4. 电子计算机的发展过程经历了第一代_____、第二代_____、第三代_____、第四代_____、第五代_____。

5. 微型计算机的发展过程经历了第一代_____、第二代_____、第三代_____、第四代_____、第五代_____。

6. 今后计算机的发展将有_____、_____、_____、_____几种趋势。

7. 计算机的用途有_____、_____、_____、_____。

8. 二进制数的基数为_____，八进制数的基数为_____，十六进制数的基数为_____。

9. 计算机软件一般可以分为_____和_____两大类。

10. 在微型计算机中，_____和_____合称为中央处理单元（CPU）。

二、选择题

1. 世界上第一台电子数字计算机采用的主要逻辑部件是_____。
   A. 电子管　　　　B. 晶体管　　　　C. 继电器　　　　D. 光电管

2. 计算机中运算器的作用是_____。
   A. 控制数据的输入/输出　　　　　　B. 控制主存与辅存间的数据交换
   C. 完成各种算术运算和逻辑运算　　D. 协调和指挥整个计算机系统的操作

3. 在多媒体计算机系统中，不能存储多媒体信息的是_____。

A. 光盘   B. 磁盘   C. 磁带   D. 光缆

4. 通常所说的主机主要包括_____。

  A. CPU   B. CPU 和内存

  C. CPU、内存与外存   D. CPU、内存与硬盘

5. 在微型计算机系统中，最基本的输入/输出模块 BIOS 存放在_____。

  A. RAM 中   B. ROM 中   C. 硬盘中   D. 寄存器中

6. bit 的意思是_____。

  A. 字   B. 字长   C. 字节   D. 二进制位

7. 某学校的工资管理程序属于_____。

  A. 系统程序   B. 应用程序   C. 工具软件   D. 文字处理软件

8. 世界上首次提出存储程序计算机体系结构的是_____。

  A. 莫奇莱   B. 艾仑·图灵   C. 乔治·布尔   D. 冯·诺依曼

9. 下列叙述中，属 RAM 特点的是_____。

  A. 可随机读写数据，且断电后数据不会丢失

  B. 可随机读写数据，断电后数据将全部丢失

  C. 只能顺序读写数据，断电后数据将部分丢失

  D. 只能顺序读写数据，且断电后数据将全部丢失

10. 在微型计算机中，ROM 是_____。

  A. 顺序读写存储器   B. 随机读写存储器

  C. 只读存储器   D. 高速缓冲存储器

11. 微型计算机配置高速缓冲存储器是为了解决_____。

  A. 主机与外部设备之间速度不匹配问题

  B. CPU 与辅助存储器之间速度不匹配问题

  C. 内存储器与辅助存储器之间速度不匹配问题

  D. CPU 与内存储器之间速度不匹配问题

12. 磁盘存储器存取信息的最基本单位是_____。

  A. 字节   B. 字长   C. 扇区   D. 磁道

13. 32 位微型计算机中的 32 是指该微型计算机_____。

  A. 能同时处理 32 位二进制数

  B. 能同时处理 32 位十进制数

  C. 具有 32 根地址总线

  D. 运算精度可达小数点后 32 位

14. 具有多媒体功能的微型计算机系统中使用的 CD-ROM 是一种_____。

  A. 半导体存储器   B. 只读型硬磁盘

  C. 只读型光盘   D. 只读型大容量软磁盘

15. 操作系统的功能是_____。

  A. 处理机管理、存储器管理、设备管理、文件管理

  B. 运算器管理、控制器管理、打印机管理、磁盘管理

  C. 硬盘管理、软盘管理、存储器管理、文件管理

  D. 程序管理、文件管理、编译管理、设备管理

16. 世界上第一台电子计算机是_____。
    A. ENIAC　　　　B. EDSAC　　　　C. EDVAC　　　　D. UNIVAC

17. 个人计算机属于_____。
    A. 小巨型机　　B. 小型计算机　　C. 微型计算机　　D. 中型计算机

18. 当前使用的微型计算机，其主要器件是由_____构成的。
    A. 晶体管　　　　　　　　　　B. 大、超大规模集成电路
    C. 中、小规模集成电路　　　　D. 微处理器集成电路

19. 工厂中用计算机系统控制物料配比、温度调节、阀门开关的应用属于_____。
    A. 过程控制　　B. 信息处理　　C. 科学计算　　D. 辅助设计

20. 运算器的主要功能是_____。
    A. 实现算术运算和逻辑运算　　B. 保存各种指令信息供系统使用
    C. 分析指令并进行译码　　　　D. 按主频指标规定发出时钟脉冲

21. 微型计算机中，控制器的基本功能是_____。
    A. 进行算术运算和逻辑运算　　B. 存储各种控制信息
    C. 保持各种控制状态　　　　　D. 控制机器各个部件协调一致地工作

22. 在计算机领域中，通常用 MIPS 来描述_____。
    A. 计算机的运算速度　　　　　B. 计算机的可靠性
    C. 计算机的可运行性　　　　　D. 计算机的可扩充性

23. 断电会使原来存储的信息丢失的存储器是_____。
    A. RAM　　　　B. 硬盘　　　　C. ROM　　　　D. 光盘

24. 从使用功能来说，内存分为_____。
    A. RAM 和 ROM　　　　　　　B. 运算器和控制器
    C. 累计器和控制器　　　　　　D. 通用寄存器和控制器

25. 为解决某一特定问题而设计的指令序列称为_____。
    A. 文档　　　　B. 语言　　　　C. 程序　　　　D. 系统

26. 在表示存储容量时，1MB 表示 2 的_____次方 B，或是_____KB。
    A. 20，10　　　　　　　　　　B. 10，100
    C. 20，1 024　　　　　　　　　D. 10，1 024

27. 在计算机领域中，通常用主频来描述_____。
    A. 计算机的运算速度　　　　　B. 计算机的可靠性
    C. 计算机的可运行性　　　　　D. 计算机的可扩充性

28. 下面属于微型计算机输出设备的是_____。
    A. 鼠标器、绘图仪　　　　　　B. 打描仪、条形码阅读器
    C. 键盘、条形码阅读器　　　　D. 打印机、绘图仪

29. 在微型计算机中，ASCII 码常用于表示_____。
    A. 西文、汉字混合编码　　　　B. 西文字符
    C. 汉字编码　　　　　　　　　D. 以上答案都不对

30. 汉字系统中，汉字字库里存放的是汉字的_____。
    A. 内码　　　　B. 外码　　　　C. 字形码　　　　D. 国标码

三、计算题

1. 将二进制数转换成十进制数。

（1）$(10111)_2=(\underline{\qquad})_{10}$　　（2）$(1100010)_2=(\underline{\qquad})_{10}$

（3）$(1101110)_2=(\underline{\qquad})_{10}$　　（4）$(111.001)_2=(\underline{\qquad})_{10}$

2. 将十进制数分别转换成二进制、八进制和十六进制数。

（1）$(18)_{10}=(\underline{\qquad})_2=(\underline{\qquad})_8=(\underline{\qquad})_{16}$

（2）$(421)_{10}=(\underline{\qquad})_2=(\underline{\qquad})_8=(\underline{\qquad})_{16}$

（3）$(0.125)_{10}=(\underline{\qquad})_2=(\underline{\qquad})_8=(\underline{\qquad})_{16}$

（4）$(526.625)_{10}=(\underline{\qquad})_2=(\underline{\qquad})_8=(\underline{\qquad})_{16}$

3. 内存容量换算。

1GB = _____ MB = _____ KB = _____ B = _____ bit

四、名词解释

1. 电子计算机　　2. 微型计算机　　3. 信息　　4. 数据

5. 基数　　　　　6. 位权　　　　　7. 计算机硬件　8. 计算机软件

9. 字长　　　　　10. 存取周期

五、简答题

1. 计算机有哪些用途？

2. 微型计算机系统有哪些主要组成部分？

3. 微型计算机硬件由哪些主要部件组成？它们各自的功能是什么？

4. 在计算机中，为什么要采用二进制数？各种进位制数之间的转换如何实现？

5. 信息在计算机中是以什么形式存储的？

6. 什么是位、字和字节？什么是内存容量？

7. 硬盘是内存储器吗？

8. 五代计算机各有哪些特点？

9. RAM 与 ROM 有何区别？

10. 什么是 BCD 码？什么是 ASCII 码？

11. 什么是操作系统？简述操作系统的功能和特征。

12. 什么是系统总线？什么是数据总线、地址总线、控制总线？

13. 如何评价一个微型计算机系统的性能？其主要性能指标是什么？

第2章
Windows 操作系统基础

2.1 操作系统概述

在计算机系统中，软件运行在硬件之上，需要硬件的支持；而软件又起到了扩充和完善硬件功能的作用。软件和硬件构成复杂的计算机系统，完成各种复杂的操作。操作系统能够充分利用计算机系统的资源，发挥计算机系统的功能，同时为使用者提供良好的接口界面。

2.1.1 什么是操作系统

操作系统管理着计算机硬件与软件资源，在计算机系统中负责支撑应用程序运行环境以及用户操作环境。作为计算机系统的核心，操作系统负责对硬件的直接监管，对各种计算资源（如存储空间、处理器时间等）的管理，以及提供诸如作业管理之类的面向应用程序的服务等基本事务。

1. 操作系统的概念

操作系统（Operating System, OS），是方便用户管理和控制计算机软硬件资源的系统软件（或程序集合）。从用户角度看，操作系统可以看成是对计算机硬件的扩充；从人机交互方式来看，操作系统是用户与机器的接口。操作系统在整个计算机系统中具有承上启下的地位。操作系统在设计方面体现了计算机技术和管理技术的结合。

2. 操作系统的功能

计算机系统中的资源可分为设备资源和信息资源两大类。设备资源指的是组成计算机的硬件设备，如中央处理器、主存储器、磁盘存储器、打印机、显示器、键盘、鼠标等。信息资源指的是存放于计算机内的各种数据，如文件、程序库、知识库、系统软件、应用软件等。

操作系统位于底层硬件与用户之间，是两者沟通的桥梁。从资源管理的角度来看，可以把操作系统看作是控制和管理计算机资源的一组程序；从用户的角度看，操作系统是用户和计算机之间的界面。用户可以通过操作界面向操作系统输入命令。操作系统则对命令进行解释，驱动硬件设备来实现用户要求。作为人机接口的操作系统具有作业管理、存储管理、信息管理、设备管理、处理机管理等主要功能。这些管理工作是由一套规模庞大复杂的程序来完成的。

（1）作业管理。作业管理解决的是允许谁来使用计算机和怎样使用计算机的问题。在操作系统中，把用户请求计算机完成一项完整的工作任务称为一个作业。当有多个用户同时要求使用计算机时，允许哪些作业进入，不允许哪些进入，对于已经进入的作业应当怎样安排它的执行顺序，这些都是作业管理的任务。

（2）存储管理。存储管理解决的是内存的分配、保护和扩充的问题。计算机要运行程序，就必须要有一定的内存空间。当多个程序都在运行时，如何分配内存空间才能最大限度地利用有限的内存空间为多个程序服务；当内存不够用时，如何将暂时用不到的程序和数据"移出"到外存上去，而将急需使用的程序和数据"移入"到内存中来，这些都是存储管理所要解决的问题。

（3）信息管理。信息管理解决的是如何管理好存储在磁盘、磁带等外存上的数据。由于计算机处理的信息量很大，而内存十分有限，绝大部分数据都是保存在外存上。在信息存储过程中，既要保证各个信息在外存上存放的位置不会发生冲突，又要防止对外存空间占而不用；既要保证任一用户的信息不会被其他用户窃取、破坏，又要允许在一定条件下多个用户共享，这些都是要靠信息管理解决的。信息管理有时也称为文件管理，是因为在操作系统中通常是以"文件"作为管理的单位。操作系统中的文件概念与日常生活中的文件不同，在操作系统中，文件是存储在外存上的信息的集合，它可以是源程序、目标程序、一组命令、图形、图像或其他数据。

（4）设备管理。设备管理主要是对计算机系统中的输入输出等各种设备的分配、回收、调度和控制，以及输入/输出等操作。

（5）处理机管理。处理机管理主要解决的是如何将 CPU 分配给各个程序，使各个程序都能够得到合理的运行安排。

随着计算机技术发展，一个标准多媒体计算机的操作系统应该提供进程管理、记忆空间管理、文件系统、网络通信、安全机制、用户界面、驱动程序等管理功能。

2.1.2 操作系统分类

操作系统一般可以分为 3 种基本类型，即批处理操作系统、分时操作系统和实时操作系统。随着计算机体系结构的发展，又发展出了许多类型的操作系统，如个人操作系统、网络操作系统、分布式操作系统。

1. 批处理操作系统

简单批处理操作系统（Batch Processing Operating System）出现在操作系统发展的早期，因此它有时被称为早期批处理系统，也称为监控程序。其设计思想是：在监控程序启动之前，操作员有选择地把若干作业合并成一批作业，将这批作业安装输入设备上。然后启动监控程序，监控程序将自动控制这批作业的执行。

批处理操作系统的特点是成批处理。主要目的是提高系统资源利用和作业吞吐率。依据系统的复杂程度和出现时间的先后，可以把批处理操作系统分为简单批处理系统和多道批处理系统。

批处理操作系统的基本工作方式是：用户将作业交给系统操作员，系统操作员在收到作业后，并不立即将作业输入计算机，而是在收到一定数量的用户作业之后，组成一批作业，再把这批作业输入到计算机中。

2. 分时操作系统

从操作系统的发展历史上看，分时操作系统（Time Sharing Operating System）出现在批处理操作系统之后。它是为了弥补批处理方式不能向用户提供交互式快速服务的缺点而发展起来的。

在分时系统中，一台计算机主机连接了若干个终端，每个终端可由一个用户使用。分时系统将 CPU 的时间划分成若干个小片段，称为时间片。操作系统以时间片为单位，轮流为每个终端用户服务。用户通过终端交互式地向系统提出命令请求，系统接受用户的命令之后，采用时间片轮转方式处理服务请求，并通过交互方式在终端上向用户显示结果。用户根据系统送回的处理结果发出下一道交互命令。

一般通用操作系统结合了分时系统与批处理系统两种系统的特点。典型的通用操作系统是 UNIX 操作系统。在通用操作系统中，对于分时与批处理处理的原则是：分时优先，批处理在后。

3．实时操作系统

实时操作系统（RealTime Operating System）能够使计算机在规定的时间内，及时响应外部事件的请求，同时完成该事件的处理，并能够控制所有实时设备和实时任务协调一致地工作。

嵌入式系统就是实时系统的典型应用领域。嵌入式系统的核心是嵌入式微处理器。随着计算机技术的迅速发展和芯片制造工艺的不断进步，嵌入式系统的应用日益广泛：从民用的电视、手机等电路设备到军用的飞机、坦克等武器系统，到处都有嵌入式系统的身影。在嵌入式系统的应用开发中，采用嵌入式实时操作系统（RTOS）能够支持多任务，使得程序开发更加容易，便于维护，同时能够提高系统的稳定性和可靠性。这已逐渐成为嵌入式系统开发的一个发展方向。

实时操作系统主要有两类。第一类是硬实时系统。硬实时系统对关键外部事件的响应和处理时间有着极严格的要求，系统必须满足这种严格的时间要求，否则会产生严重的不良后果。第二类是软实时系统。软实时系统对事件的响应和处理时间有一定的时间范围要求。不能满足相关的要求会影响系统的服务质量，但是通常不会引发灾难性的后果。一个硬实时系统往往在硬件上需要添加专门用于时间和优先级管理的控制芯片，而软实时系统则主要在软件方面通过编程实现时限的管理。比如 Windows CE 就是一个多任务分时系统，而 Ucos-II 则是典型的实时操作系统。

4．个人计算机操作系统

个人计算机操作系统（Personal Computer Operating System）是一种单用户的操作系统。个人计算机操作系统主要供个人使用，功能强，价格便宜，在几乎任何地方都可安装使用。它能满足一般人操作、学习、游戏等方面的需求。个人计算机操作系统的主要特点是：计算机在某一时间内为单个用户服务；采用图形界面人机交互的工作方式，界面友好；使用方便，用户无需具备专门知识，也能熟练地操纵系统。

5．网络操作系统

网络操作系统（Network Operating System）是基于计算机网络的、在各种计算机操作系统之上按网络体系结构协议标准设计开发的软件，它包括网络管理、通信、安全、资源共享和各种网络应用。网络操作系统把计算机网络中的各个计算机有机地连接起来，其目标是相互通信及资源共享。

6．分布式操作系统

将大量的计算机通过网络连结在一起，可以获得极高的运算能力及广泛的数据共享，这样一种系统称为分布式系统（Distributed System）。为分布式系统配置的操作系统称为分布式操作系统（Distributed Operating System）。分布式操作系统以计算机网络为基础，将物理上分布的具有自治功能的数据处理系统或计算机系统互连起来。分布式系统中各台计算机无主次之分，系统中若干台计算机可以并行运行同一个程序，分布式操作系统用于管理分布式系统资源。

网络操作系统与分布式操作系统在概念上的主要不同之处在于，网络操作系统可以构架于不同的操作系统之上，也就是说，它可以在不同的主机操作系统上通过网络协议实现网络资源的统一配置。分布式操作系统强调单一操作系统对整个分布式系统的管理、调度。

2.1.3　常用操作系统简介

由于计算机的硬件和软件资源都是在操作系统的统一管理、控制下运行的，因而一个计算机系统的性能和操作系统的质量及运行效率有很大关系；从应用的角度看，操作系统和编译程序质量及运行效率甚至比硬件更为重要。在应用中选择怎样的操作系统与应用的要求有很大关系。操作系统的形态非常多样，不同机器安装的操作系统可从简单到复杂，可从手机的嵌入式系统到超级计算机的大型操作系统。目前，计算机上常见的操作系统有 DOS、OS/2、UNIX、XENIX、Linux、Windows、Netware 等。

1. DOS

DOS（Disk Operating System），中文全名"磁盘操作系统"，是个人计算机上使用的操作系统。从 1981 年至 1995 年的 15 年间，DOS 在 IBM PC 兼容机市场中占有举足轻重的地位。而且，若是把部分以 DOS 为基础的 Microsoft Windows 版本，如 Windows 95、98 和 Me 等都算进去的话，那么其商业寿命至少可以算到 2000 年，纯 DOS 的 DOS 6.22 是最后一个销售版本，这以后的新版本 DOS 都是由 Windows 系统所提供的，并不单独存在。1996 年 8 月，MS-DOS 7.1 加入对大硬盘和 FAT32 分区的支持。2000 年 9 月，MS-DOS 8.0 是 DOS 的最后一个版本。

DOS 作为一个字符型的操作系统，一般的操作都是通过命令来完成的。DOS 命令分为内部命令和外部命令。内部命令是一些常用而所占空间不大的命令程序，如 dir、cd 等，它们存在于 COMMAND.COM 文件中，会在系统启动时加载到内存中，以方便调用。

2. UNIX 操作系统

UNIX 操作系统是美国电话及电报公司（AT&T）于 1971 年在 PDP-11 上运行的操作系统。它具有多用户、多任务的特点，支持多种处理器架构，最早由肯·汤普逊（Kenneth Lane Thompson）、丹尼斯·里奇（Dennis MacAlistair Ritchie）和 Douglas McIlroy 于 1969 年在 AT&T 的贝尔实验室开发。目前，它的商标权由国际开放标准组织（The Open Group）所拥有。

最早的 UNIX 系统是使用汇编语言编写的，很难移植。1973 年，Ken Thompson 与 Dennis Ritchie 改良了 B 语言，这就是今天大名鼎鼎的 C 语言。成功地用 C 语言重写了 UNIX 的第 3 版内核。至此，UNIX 这个操作系统修改、移植相当便利，为其日后的普及打下了坚实的基础。而 UNIX 和 C 完美地结合成为一个统一体，它们很快成为世界的主导。

目前 UNIX 系统衍生出很多商业版本。

（1）A/UX（取自 Apple Unix）是苹果电脑公司所开发的 UNIX 操作系统。

（2）AIX（Advanced Interactive eXecutive）是 IBM 开发的一套 UNIX 操作系统，全面集成对 32-位和 64-位应用的并行运行支持，主要运行于服务器和大型并行超级计算机上。

（3）Solaris 是 SUN 公司研制的类 UNIX 操作系统。

（4）HP-UX（取自 Hewlett Packard UniX）是惠普科技公司研发的类 UNIX 操作系统。HP-UX 可以在 HP 的 PA-RISC 处理器、Intel 的 Itanium 处理器的计算机上运行。

（5）Mac OS X 是苹果公司专属操作系统，它是一套 Unix 基础的操作系统，包含两个主要的部分：核心名为 Darwin，是以 FreeBSD 源代码和 Mach 微核心为基础，由苹果公司和独立开发者社区协力开发；还有一个由苹果电脑开发，名为 Aqua 的专有版权的图形用户界面。

（6）FreeBSD 是一种类 UNIX 操作系统，但不是真正意义上的 UNIX 操作系统，它是由经过 BSD、386BSD 和 4.4BSD 发展而来的 UNIX 的一个重要分支，它支持 x86 系列、AMD64 系列、Alpha/AXP、IA-64、PC-98 架构的计算机。

3. Linux 操作系统

Linux 操作系统于 1991 年 10 月第一次正式向外公布。以后借助于 Internet 网络，并经过全世界各地计算机爱好者的共同努力，现已成为目前世界上使用最多的一种类 UNIX 操作系统，并且使用人数还在迅猛增长。

Linux 可安装在各种计算机硬件设备中，从手机、平板电脑、路由器和视频游戏控制台，到台式计算机、大型机和超级计算机。Linux 是一个领先的操作系统，世界上运算最快的 10 台超级计算机运行的都是 Linux 操作系统。严格来讲，Linux 这个词本身只表示 Linux 内核，但实际上人们已经习惯了用 Linux 来形容整个基于 Linux 内核，并且使用 GNU 工程各种工具和数据库的操作系统。目前比较流行的发行版本有 Slackware、RedHat、SUSE、Debian、TurboLinux、Ubuntu 等，国产的有红旗、冲浪、中软 Linux 等。

4．Windows 操作系统

Windows 中文是窗户的意思，是由微软公司开发的目前世界上用户最多，且兼容性最强的操作系统。最早的 Windows 操作系统从 1985 年就推出了，改进了微软以往的命令、代码系统 MS-DOS。Microsoft Windows 是彩色界面的操作系统，支持键鼠功能。默认的平台是由任务栏和桌面图标组成的，任务栏是显示正在运行的程序、"开始"菜单、时间、快速启动栏、输入法以及右下角托盘图标组成。而桌面图标是进入程序的途径。

2.1.4　Windows 操作系统发展

20 世纪 80 年代末 90 年代初，微软公司在其 MS-DOS 操作系统的基础上推出了 Windows 3.x 系统，进行了一次有利的尝试。1995 年，微软公司推出了独立于 DOS 系统的 Windows 95 操作系统，它迅速占领了全球的个人计算机市场。1998 年，微软公司推出了 Windows 98 操作系统，这是其历史上影响时间最长、最成功的操作系统之一，在此基础上，微软公司推出了 Windows 98 第二版（SE 版）以及千年版（Millennium 版，即 ME 版），接着又推出的 Windows 2000、Windows XP、Windows Vista、Windows 7 以及 Windows 8 都为微软公司赢得了很大的市场。

在服务器应用领域，微软公司先是推出了 Windows NT 系列操作系统，接着在此基础上推出了 Windows 2000 系列操作系统、Windows Server 2003 系列操作系统和最新的 Windows Server 2008 系列操作系统。

2001 年，微软公司结合 Windows 98 和 Windows 2000 系列的优点，推出了 Windows XP 操作系统，XP 的意思是"体验"。XP 系统重点加强了安全性和稳定性，首次在 Windows 操作系统中集成了微软公司自己的防火墙产品。它还拓展了多媒体应用方面的功能。XP 系统主要有家庭版和专业版两种，其中专业版保留了 Windows 2000 中的用户管理、组策略等安全特性，并使其更加易用。Windows XP 又一次成为软件发展史上的经典之作。

2007 年，微软公司正式推出 Windows Vista 操作系统，"Vista"有"展望"之意。Vista 系统引入了用户账户控制的新安全措施，并且引入了立体桌面、侧边栏等，使界面更加华丽。它还添加了家长控制等实用功能。Vista 拥有 7 个版本。然而，由于 Vista 对系统资源的占用过大，它在推出后市场反应不佳，微软公司随后推出的 Windows 7 系统成为目前计算机操作系统的主导。

在专业应用领域，继 Windows 2000 后，微软公司又推出了 Windows Server 2003 系统和 Windows Server 2008 系统及 Windows Server 2008 R2。

随着计算机硬件和软件系统的不断升级，微软公司的 Windows 操作系统也在不断升级，从 16 位、32 位到 64 位操作系统。从最初的 Windows 1.0 到大家熟知的 Windows95、NT、97、98、2000、Me、XP、Server、Vista，Windows 7、Windows 8 各种版本的持续更新，微软公司一直在致力于 Windows 操作系统的开发和完善。

2.2 Windows 7 概述

Windows 7是由微软公司开发的，具有革命性变化的操作系统。该系统旨在让人们的日常计算机操作更加简单和快捷，为人们提供高效易行的工作环境。它不仅延续了历史上 Windows 操作系统的优点，而且还在许多方面做出了重大改进；这不仅体现在 Windows 7 华丽的操作界面，它还提供了非常强大的功能和特性，使用户可以更安全、更轻松地完成日常任务。因此，越来越多的人都逐渐加入使用 Windows 7 的行列中。

Windows 7 的设计主要围绕5个重点——针对笔记本电脑的特有设计；基于应用服务的设计；用户的个性化；视听娱乐的优化；用户易用性的新引擎。Windows 7 操作系统具有巨大的突破，增加了许多的新功能。了解 Windows 7 系统，可以帮助用户更轻松、更快捷地完成工作和学习的任务。

2.2.1 Windows 7 简介

Windows 7 与 Windows Vista 操作系统相比，从外观上看，两个系统整体差异并不大，但是在系统的细节上进行了增强和提高，实质内容作了大量的改动。更多的具有个性化的新增特征，而且在安全性、可靠性、互动体验等方面都有巨大的突破。Windows 7 具有如下特点。

1. Windows 7 界面

（1）Windows Aero 用户界面。Aero 界面最早出现在 Windows Vista 系统中。在 Windows 7 中，用户操作环境可以随着计算机硬件能力的不同而变化。Aero 界面将图形渲染任务由 CPU 交给了显卡，计算机上显示的所有内容都要通过显卡的运算才能正常显示。Aero 效果要求显卡驱动支持 WDDM（Windows 显示驱动模型），Windows Vista 中 WDDM 版本为 1.0，Windows 7 版本为 1.1，与 1.0 版本相比，整体性能提升 50%。具有推荐的硬件配置的计算机用户将能够体验新的 Windows Aero 用户操作界面。该用户界面可提供反光和透明界面元素等视觉特效，增加 Aero 桌面背景幻灯片切换。

（2）Windows 边栏和小工具。边栏是从 Windows Vista 开始增加的一个功能，该功能为用户提供了一种用于组织需要快速访问的信息和链接的方法，这种方式不会对用户的工作区造成影响。边栏上的这些小工具将显示持续更新的信息。

2. Internet 应用新特性

（1）网络特性。在 Windows 7 中，网络功能做了大幅度改进，其中包含的新功能可使网络更易于设置和使用，并增强了可管理性、安全性和可靠性，可以更加轻松、安全和可靠地完成各种常见任务。

（2）Internet Explorer 8。Windows 7 提供的 Web 浏览器为 Internet Explorer 8。由此可以看出，在 Web 应用程序使用中，用户的安全性、隐私、保护、最终用户体验和平台都得到了进一步的提升。

（3）Windows Mail。电子邮件是一种在计算机上经常使用的应用程序，但它一直饱受各种骚扰。Windows Mail 是专门为解决这些严重问题而设计的。这一新的邮件客户端还增添了一些支持搜索和帮助用户管理大量邮件的功能。

（4）安全机制。Windows 7 是迄今为止开发的最为安全的 Windows 版本，它在 Windows Vista 安全提升的基础上新增并改进了许多安全功能。新增如"家长控制"、"高级备份"、"加密文件系统"等功能，现有安全功能与新的安全功能相结合，将使 PC 更加可靠，并获得更加安全的联机体验。

3. 性能管理新特性

（1）性能提升技术。Windows 7 引入了新的技术，使用户的计算机在执行日常任务时能够更快地做出响应并且更加可靠。例如，改进的启动、关闭和睡眠功能，与 Vista 相比 Windows 7 开机速度提升一倍以上，可让 PC 更快地启动和唤醒；使用新的 Windows ReadyBoost^{TM} 技术可以大幅提升性能；新的 Windows ReadyDrive^{TM} 技术能够提高可靠性、性能、电池寿命等。

（2）内置诊断。Windows 7 旨在提供一个更加可靠的系统，从而减小中断的频率和影响。Windows 7 通过包含新的、改进的自我诊断和自我修复功能来实现这个目标。这项技术能够帮助用户诊断、预防和解决大量常见问题，包括硬盘故障、内存问题和网络问题等，用户甚至可以在这些问题出现之前就采取措施。

（3）Windows XP 模式。通过 Windows XP 模式，可以在 Windows 7 桌面上运行旧版的 Windows XP 业务软件。Windows XP 模式主要针对中小型企业设计，需单独下载，且仅适用于 Windows 7 专业版、旗舰版和企业版。Windows XP 模式还需要 Windows Virtual PC 之类的虚拟化软件。

4. 多媒体应用新特性

（1）Windows 照片库。为用户提供按照更加直观、易于导航和可靠的方式组织、查找和查看用户的照片和视频所需的工具。用户可以在 Windows 照片库中编辑、打印和共享照片和视频；可以使用简单的导入过程，将照相机中的照片和视频传输到计算机上。

（2）Windows Media Player 12。Windows Media Player 12 的设计和界面经过了更新，它是 Windows 7 娱乐体验的核心部分。

（3）Windows 媒体中心。Windows 媒体中心是作为 Windows 7 的以下两个产品版本的一部分提供的：Home Premium 和 Ultimate。新的媒体中心在数字娱乐方面进行了很大的改进，使用户只需通过鼠标、键盘或遥控器，就能够更轻松地查找、播放和管理 PC 或电视上的数字娱乐内容。

除上述几方面的新特性以外，Windows 7 在打印管理、传真管理、电源管理、显示设置管理等方面都有所改善，这里就不一一介绍了，在使用 Windows 7 过程中望读者慢慢体验。

2.2.2 Windows 7 的版本

由于计算机用户对计算机的需求和使用模式千差万别，微软公司提供了不同版本的 Windows 7 以满足这些需求。Windows 7 在市场上主要有 4 个版本，分别是：家庭基本版（Home Basic）、家庭高级版（Home Premium）、专业版（Professional）和旗舰版（Ultimate），大致分为家庭版和专业版两个大类，对于大中型企业，则还有批量授权的企业版（Enterprise）。除了版本区别外，Windows 7 同时支持 32 位和 64 位硬件平台，因此上述各个版本都分别有 32 位和 64 位两种类别。64 位 Windows 系统与 32 位系统相比，最大优势在于可以支持更多内存。各个版本的主要区别见表 2-1。

表 2-1   Windows 7 各个版本部分功能比较

	Windows XP	Windows Vista	Windows 7 家庭基本版	Windows 7 家庭高级版	Windows 7 专业版	Windows 7 旗舰版
快速显示桌面			√	√	√	√
桌面小工具		部分	√	√	√	√

续表

	Windows XP	Windows Vista	Windows 7 家庭基本版	Windows 7 家庭高级版	Windows 7 专业版	Windows 7 旗舰版
Aero 桌面透视				√	√	√
Aero 桌面背景幻灯片切换				√	√	√
截图工具	√			√	√	√
便笺				√	√	√
Aero 晃动				√	√	√
Tablet PC 支持		家庭高级版以上		√	√	√
智能无线网络识别			√	√	√	√
高级备份（备份到网络和组策略）		商用版以上			√	√
加密文件系统（EFS）	仅专业版	商用版以上			√	√
DirectX 11			√	√	√	√
远程媒体流（RMS）				√	√	√
Windows Media Center		仅家庭高级版和旗舰版支持		√	√	√
加入域和组策略	仅专业版	仅商用版以上			√	√
Windows XP 模式					√	√

1. Windows 7 Starter

Windows 7 Starter（简易版）是针对初级或发展中国家计算机用户设计的，以便让这些用户可以享受到通过 PC 和 Internet 访问所带来的社会和教育方面的好处，价格便宜。此版本将具有 Windows 7 操作系统系列通用的功能，功能有限，不提供大多数其他 Windows 7 产品中具有的大量独特功能，如改进的安全性和可靠性；搜索和组织功能方面的革新，而且无法同时运行多个程序。

2. Windows 7 Home Basic

Windows 7 Home Basic（家庭基本版）是 Windows 7 的简单版本，此版本是为消费者提供的入门级别的版本，主要针对拥有单个 PC 的家庭用户。此版本是 Windows 7 的基础版本，所有其他产品版本都是在此基础之上构建的。此版本将包括：

（1）高级安全性和可靠性，提供了新的 Windows 防火墙、Windows 安全中心、家长控制、反垃圾邮件和反间谍软件功能；

（2）改进的网络功能，提供了安全无线网络、网络地图等功能；

（3）改进的搜索和组织功能；

（4）Windows Movie Make；

（5）Windows 照片库；

（6）Windows Media Player 12；

（7）Windows Mail；

（8）Windows 会议室查看器。

3. Windows 7 Home Premium

Windows 7 Home Premium（家庭高级版）可看作是 Windows 7 Home Basic 的增强版本，该版本主要面向需要高级应用的家庭用户。除了包含 Home Basic 的全部功能之外，该版本还包括：

（1）Windows Aero 用户界面；

（2）Windows 媒体中心；

（3）Windows Tablet PC 手写板功能；

（4）基于 Windows Sideshow 的辅助显示支持；

（5）脱机文件夹和同步中心。

4. Windows 7 Business

Windows 7 Business（商业版）是一个功能强大的、可靠的、安全的操作系统，适用于任何规模的企业的桌面 PC 和移动 PC。它包含 Windows 7 Home Basic 中的所有功能，另外还具有：

（1）Windows Aero 用户界面；

（2）Windows Tablet PC 手写板功能；

（3）加入了企业用户功能，包括域连接、远程桌面、Internet Information Server、组策略支持、加密文件系统（EFS）等；

（4）专用于小型企业的功能，如传真、扫描仪等功能。

5. Windows 7 Enterprise

Windows 7 Enterprise（企业版）是 Windows 7 Business 的增强版本，其主要针对大型企业用户。该版本无法零售购买，只能通过批量许可授权的方式购买。它具有 Windows 7 Business 的所有功能，此外还包括：

（1）可进行 Windows BitLocker 驱动器加密；

（2）支持所有不同语种的界面；

（3）加入基于 UNIX 应用程序的子系统；

（4）具有可在该系统上运行 4 个虚拟机操作系统的授权；

（5）加入了 Virtual PC Express 组件。

6. Windows 7 Ultimate

Windows 7 Ultimate（旗舰版）是 Windows 7 Home Premium 和 Windows 7 Enterprise 的集合，因此它包括这两个版本的所有功能。该版本提供了全面的 Windows 7 功能，而且还加入了特殊的游戏功能、网络俱乐部等娱乐功能。

2.2.3　Windows 7 的安装

1. 硬件要求

在使用操作系统前，需要先将其安装到计算机中。如果不想开启 Windows Aero 界面特效，则在安装时只需满足 Windows 7 操作系统最基本的硬件要求即可，具体要求见表 2-2。

表 2-2   Windows 7 最低硬件要求

硬件	要求
CPU	CPU 主频要求在 800MHz 以上
内存	内存容量要求在 512MB 以上
显卡	显卡要求支持 DirectX 9
硬盘空间	最少 15GB 的可用空间
光驱	若采用光盘安装，则需要配备一台 DVD 驱动器

如果想开启 Windows 7 操作系统中的 Windows Aero 界面特效，则需要计算机满足以下硬件要求，见表 2-3。

表 2-3   Windows Aero 特效的硬件要求

硬件	要求
CPU	CPU 主频要求在 1GHz 以上
内存	内存容量要求在 1GB 以上
显卡	显卡要求支持 DirectX 9，还要支持 WDDM 规范和 Pixel Shader 2.0，并且支持 32 位颜色，显存不低于 128MB
硬盘空间	最少 15GB 的可用空间
光驱	若采用光盘安装，则需要配备一台 DVD 驱动器

2. 安装方式

如果满足上述硬件条件，就可以进行 Windows 7 的安装了。Windows 7 提供了 3 种安装方式，具体操作步骤如下。

（1）通过安装光盘安装全新的 Windows 7 系统。

（2）在现有操作系统中，将 Windows 7 安装文件加载到虚拟光驱中，进行全新安装。

（3）从现有操作系统上升级安装。

> Windows 7 只能安装在 NTFS 格式分区下，所以如果待安装 Windows 7 操作系统的分区为非 NTFS 文件系统，应对其进行转换。可以在安装过程中将分区格式化为 NTFS 格式，也可在当前 Windows 系统中转换分区格式。

3. 安装过程

下面以通过安装光盘安装全新的 Windows 7 系统为例，介绍 Windows 7 的安装过程。具体操作步骤如下。

（1）启动计算机，按 Del 键进入 BIOS（某些型号的计算机可能有所不同，具体情况可参考计算机主板的说明书），将光驱设置为第一启动设备，保存并退出 BIOS 设置界面。

（2）将 Windows 7 安装光盘放入 DVD 光驱，按【Ctrl+Alt+Del】组合键重新启动计算机，并自动加载所需的安装文件。

（3）加载完成，启动安装程序。

（4）稍后进入【语言选择】界面，选择要安装的操作系统的语言类型，同时选择时区和货币类型，以及键盘和输入方式，然后单击【下一步】按钮，如图 2-1 所示。

（5）在进入的界面中，如果对安装不是很了解，可以单击【安装 Windows 须知】链接查看相关信息，否则直接单击【现在安装】按钮，如图 2-2 所示。

图 2-1　选择安装语言

图 2-2　单击【现在安装】按钮

（6）进入【请阅读许可条款】界面。阅读完许可协议后，选中【我接受许可条款】复选框，然后单击【下一步】按钮。

（7）进入【你想进行何种类型的安装？】界面。如果采用光盘引导的全新安装方式，则只有【自定义（高级）】选项可选；如果是从旧版本的 Windows 系统进行升级安装，则可选择【升级】安装方式。这里选择【自定义（高级）】选项，如图 2-3 所示。

（8）进入【你想将 Windows 安装在何处？】界面，在这个界面中需选择 Windows 7 的安装位置。可以选择硬盘中的已有分区，或者使用硬盘中未占用的空间来创建分区。确定安装分区后，单击【下一步】按钮，如图 2-4 所示。

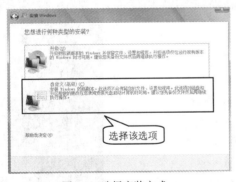

图 2-3　选择安装方式

图 2-4　选择安装位置

（9）计算机自动开始安装 Windows 7 操作系统，在安装过程中会多次重新启动计算机。

（10）自动登录到 Windows 7 桌面，同时打开【欢迎中心】窗口，用户可以从该窗口开始体验 Windows 7 的强大功能了。

提示

　　Windows 7 安装光盘中包含了各个版本的所有安装文件，但只有输入正确的序列号才能激活特定的版本。如果不输入序列号，Windows 7 只提供 30 天的试用期，在此期间可以使用 Windows 7 特定版本的所有功能，但过了试用期，Windows 7 的功能将大大降低，并自动工作在"精简模式"。

2.3 Windows 7 基本操作

熟悉了 Windows 7 的基本知识及一些新特性之后，还需要进一步了解 Windows 7，本节将介绍关于 Windows 7 的一些基本操作。

2.3.1 登录与退出

1. 登录系统

在使用 Windows 7 之前，需要先启动计算机，即启动 Windows 7 操作系统，具体操作步骤如下。

（1）按照计算机使用规范，先打开显示器的电源，然后再打开主机的电源，自动开始启动计算机。

（2）根据计算机性能的不同，启动时间也不同。等待一段时间后显示如图 2-5 所示的 Windows 7 用户登录界面，选择登录的用户，然后在文本框中输入登录密码，单击 按钮进入 Windows 7 桌面。

2. 退出系统

如果长时间不使用计算机，则应该退出 Windows 7，即关闭计算机，具体操作如下。

单击桌面左下角的【开始】按钮 ，在弹出的【开始】菜单中单击【展开】按钮 ，然后在列表中选择【关机】命令，如图 2-6 所示，退出 Windows 7 并将计算机关闭。用户也可以按下【Ctrl+Alt+Delete】组合键进入任务选择界面，然后选择【关机】命令。

图 2-5 Windows 7 登录界面

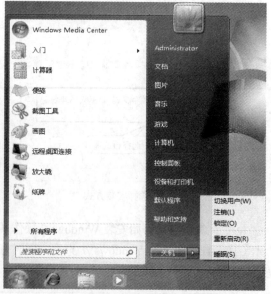

图 2-6 选择【关机】命令

2.3.2 桌面和任务栏

在登录 Windows 7 操作系统之后，首先展现在用户眼前的是 Windows 7 桌面，它包括桌面背景、桌面图标、任务栏、快速启动栏、通知区域、【开始】菜单等，如图 2-7 所示。

图 2-7 Windows 7 的桌面

1．桌面背景

登录 Windows 7 后，屏幕上较大的区域称为"桌面"，桌面的背景称为桌布或者墙纸，它可以是用户收集的图片或 Windows 提供的图片，用户可以根据喜好更换 Windows 7 的桌面背景，具体操作步骤如下。

（1）在桌面的空白处单击鼠标右键，从弹出的快捷菜单中选择【个性化】命令。

（2）在打开的【个性化】窗口中单击【桌面背景】文字链接，打开【桌面背景】窗口。

（3）在【图片位置】下拉列表框中选择想要设置为桌面背景的图片所在的位置，也可以单击【浏览】按钮，在计算机中查找所需图片。

（4）选择好位置后，在下方的图片选择列表中将显示出该位置中的所有图片，然后单击想要设置为桌面的图片。

（5）在【应该如何定位图片】单选框中包括拉伸、平铺和居中 3 种显示方式，用户可以根据自己的需要进行选择，然后单击【确定】按钮。

 使用鼠标右键单击计算机中的任意一张图片，从弹出的快捷菜单中选择【设置为桌面背景】命令，即可将该图片设置为桌面背景。

2．桌面图标

桌面图标是一种用来表示文件、文件夹或程序的小图片，在该图片的下方配有说明性的文字。新安装好的 Windows 7 桌面上只会显示右下方的【回收站】图标■，其余的桌面图标则需要用户自己进行设置，具体设置步骤如下。

（1）在桌面的空白处单击鼠标右键，从弹出的快捷菜单中选择【个性化】命令。

（2）在打开的【个性化】窗口的左端单击【更改桌面图标】链接，弹出【桌面图标设置】对话框。

（3）在该对话框的【桌面图标】组合框中，用户可以通过选中或撤选相应的复选框来添加或删除在桌面上显示的图标项目。选中列表中的某个图标选项，然后通过【更改图标】按钮，可以改变图标的显示图片。设置完毕后单击【确定】按钮。

使用上述方式更改桌面图标时，只能更改 Windows 默认的 5 个项目图标，即个人文档、我的电脑、网络、控制面板和回收站。如果用户想更改其他桌面图标，可以在相应图标的属性对话框中进行更改。

3. 任务栏

任务栏是位于桌面底端的长条形区域，当在 Windows 7 操作系统中打开多个窗口或启动多个程序后，会在任务栏中显示相应的任务按钮。通过这些按钮，用户可以知道当前正在运行哪些程序以及打开了哪些窗口。如果同时运行的程序过多，系统会自动地将同一类型的程序按钮叠加为一个按钮。此时若用户想切换到该类型的某一个程序，只需单击此程序按钮，然后从弹出的列表中选择相应的程序按钮，如图 2-8 所示。

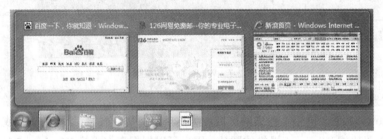

图 2-8　任务栏程序按钮

用户可以设置具有用户个性的任务栏，在任务栏上单击鼠标右键，从弹出的快捷菜单中选择【属性】命令，打开【任务栏和「开始」菜单属性】对话框，如图 2-9 所示。在该对话框中，用户可以通过选中相应的复选框来决定任务栏的显示方式和效果，其中包括锁定任务栏、自动隐藏任务栏、将任务栏保持在其他窗口的前端、分组相似任务栏按钮、显示快速启动及显示窗口预览（缩略图）选项。

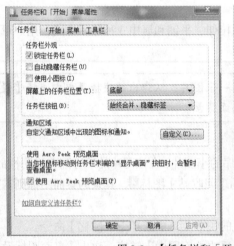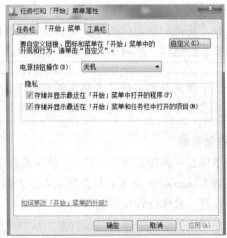

图 2-9　【任务栏和「开始」菜单属性】对话框

（1）锁定任务栏：选中该复选框，任务栏被锁定，其大小和位置不可以改变；撤选该复选框，任务栏变为可更改状态，当用户将鼠标指针移动到相应的位置时，拖动鼠标可调整任务栏的大小和位置。

（2）自动隐藏任务栏：选中该复选框，任务栏不被激活时自动隐藏。当鼠标指针移动到任务栏所在的位置时，隐藏的任务栏就会显示出来。

（3）使用小图标：选中该复选框，任务栏上显示小图标，缩小任务栏的面积。

（4）屏幕上的任务栏位置：该选项决定了将任务栏显示在屏幕的哪个边沿，如果任务栏没有被锁定，使用鼠标拖动也可以实现同样的效果。

（5）任务栏按钮：同时打开一个程序的多个窗口后，这些窗口在任务栏上的按钮会被合并成一个。而且，所有按钮可以只显示图标，不显示汉字。

4.【开始】菜单

【开始】菜单是 Windows 7 操作系统中使用最频繁的组件之一，它是启动程序的一条捷径。在【开始】菜单中几乎可以找到并运行计算机中所有的程序。

单击【开始】按钮 或直接按键盘上的【Windows 徽标】键，打开【开始】菜单，利用鼠标或键盘上的方向键可以对菜单进行选择。如果要收起菜单，按 Esc 键可将其一级一级地收起；也可以将鼠标指针移至桌面上，在任何一个空白处单击收起菜单。

Windows 7 的【开始】菜单由【固定程序】列表、【常用程序】列表、【所有程序】菜单、右边窗格、快速搜索框及【关机】按钮、【其他项】按钮 等组成，如图 2-10 所示。

（1）【固定程序】列表。此列表在默认情况下只显示两个程序的图标——Internet Explorer 和电子邮件（Windows Mail）。用户也可以根据自己的使用情况添加新的程序，具体的操作方法为：选定预添加在【固定程序】列表中的程序，然后单击鼠标右键，从弹出的快捷菜单中选择【附到"开始"菜单】命令。

（2）【常用程序】列表。此列表中存放的是用户最近使用过的程序，并将其按照时间的先后顺序依次排列，最多能显示 9 个程序图标。【常用程序】列表也为用户提供了一种快速启动程序的方法。

（3）【所有程序】菜单。不同于以往 Windows 版本下的操作系统，Windows 7 在【所有程序】菜单的设置上采用了不同的样式。Windows 7 中，当用户选择【开始】→【所有程序】命令后，【所有程序】菜单不再向右侧层叠式展开，而是直接显示在左边【常用程序】列表的位置上，并且随着【所有程序】菜单的打开，【所有程序】字样会变成【返回】选项；单击【返回】选项，【所有程序】菜单将被收起，【返回】选项又变回【所有程序】选项。

（4）右边窗格。【开始】菜单中右边的黑色区域称为右边窗格，右边窗格中包含了用户经常使用的部分 Windows 链接。

（5）【开始】菜单样式。同以往的 Windows 版本的操作系统一样，Windows 7 中也提供了自定义【开始】菜单样式，在【任务栏】上单击鼠标右键，选择【属性】，选择【「开始」菜单】选项卡，单击 自定义(C)... 按钮，如图 2-11 所示，可以自定义开始菜单。

菜单样式的操作方法如下。

① 将程序图标锁定到【开始】菜单。如果定期使用程序，可以通过将程序图标锁定到【开始】菜单以创建程序的快捷方式。锁定的程序图标将出现在【开始】菜单的左侧。鼠标右键单击想要锁定到【开始】菜单中的程序图标，然后单击"锁定到【开始】菜单"。

另外，若要解锁程序图标，鼠标右键单击它，然后单击"从【开始】菜单解锁"。若要更改固定的项目的顺序，请将程序图标拖动到列表中的新位置。

② 从【开始】菜单删除程序图标。从【开始】菜单删除程序图标，不会将它从【所有程序】列表中删除或卸载该程序。单击【开始】按钮，右键单击要从【开始】菜单中删除的程序图标，然后单击【从列表中删除】。

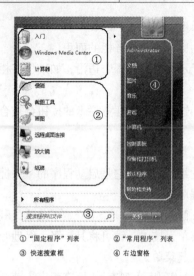

① "固定程序"列表　　② "常用程序"列表
③ 快速搜索框　　④ 右边窗格

图 2-10　【开始】菜单的组成

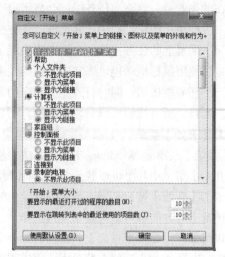

图 2-11　自定义菜单的项目

2.3.3　边栏

Windows 7 操作系统中提供 Windows 边栏这个新功能，默认在桌面右侧显示一个竖直的长条形区域，其中显示了一些实用的小工具，每个小工具可以单独移动到屏幕的任何位置。

1. 打开与关闭 Windows 边栏

在默认的情况下，Windows 边栏程序并未启动。若要打开 Windows 边栏，需要添加所需的小工具。

（1）桌面空白处单击鼠标右键，选择【小工具】，弹出小工具窗口，如图 2-12 所示。

（2）找到所需的小工具，用鼠标左键拖曳到桌面上，该工具就会被启用。也可以直接双击鼠标左键，小工具会直接出现在桌面的右侧默认位置。

（3）选中某一个小工具，单击窗口左下角【显示详细信息】链接，可以查看小工具的功能说明。

（4）单击窗口右下角【联机获取更多小工具】链接，会链接到微软公司提供的下载小工具的网站，我们可以下载更多的小工具安装到系统中。

2. 小工具的使用

对于每一个打开的小工具，鼠标指针指向该工具后，小工具的右上侧会出现该工具的控制选项。根据不同的小工具可能出现的控件各不相同。小工具的控件如图 2-12 所示。

（1）【关闭】 ✖：用于关闭当前小工具。

（2）【大/小尺寸】 ▣：放大和缩小该工具。

（3）【选项】 ✎：设置小工具的相关参数，某些小工具可能不具有参数设置。

（4）【拖曳】 ▦：用鼠标左键按住该控件，可以将小工具拖曳到桌面的任何位置。

3. 小工具的更多选项设置

在小工具上单击鼠标右键，在出现的菜单中可以对小工具进行更多的设置。小工具的右键菜单如图 2-13 所示。

（1）【添加小工具】：打开小工具窗口，可以添加小工具到桌面。

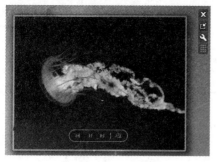

图 2-12　小工具的控件

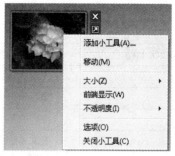

图 2-13　小工具的右键菜单

（2）【移动】：可以通过鼠标或键盘方向键移动小工具。

（3）【前端显示】：选中该选项，小工具总是显示在其他窗口的上面。

（4）【不透明度】：可以按百分比调整小工具的透明度，不至于遮挡其他窗口。

（5）【选项】：可以打开小工具的配置窗口。

（6）【关闭小工具】：关闭对应的小工具。

2.3.4　窗口、菜单及对话框

在 Windows 7 中，无论从其外观还是从其内涵来说，窗口、菜单和对话框都已经与之前版本的 Windows 操作系统不同。下面将介绍 Windows 7 操作系统中的窗口、菜单及对话框。

1．窗口

在 Windows 7 中打开一个应用程序或文件（文件夹）后，会在屏幕上弹出一个矩形区域，这就是通常所说的"窗口"，如图 2-14 所示。窗口中一般包含的元素见表 2-4。

图 2-14　窗口的组成

表 2-4　　　　　　　　　　　　　　　窗口元素及功能

名称	功能
【最小化】按钮	该按钮使窗口以按钮的形式最小化到任务栏中
【最大化】按钮	该按钮可以使窗口最大化到铺满整个桌面
【关闭】按钮	该按钮可以将窗口关闭
【前进/后退控制】按钮	当进入某一目录的子目录时，该按钮会被激活。单击该按钮会进入上一级或下一级窗口
【刷新】按钮	该按钮可以对内容窗格中的内容进行刷新操作

续表

名称	功能
【帮助按钮】❓	单击该按钮会弹出【Windows 支持和帮助】窗口
工具栏	单击工具栏上的各个选项，可以对窗口和对象进行操作
地址栏	显示窗口或文件所在的位置，即路径
菜单栏	菜单栏是存放命令的地方，用户可以单击菜单栏中的菜单项对操作对象进行操作
搜索栏	在文本框中输入预搜索的程序或文件（文件夹）并按 Enter 键，系统会自动进行搜索，并显示搜索结果
导航窗格	显示当前文件夹中可展开的文件夹列表及收藏夹和保存的搜索
内容窗格	用来显示信息或供用户输入大量资料的区域
预览窗格	用来预览选取对象的具体内容
详细信息窗格	用来显示程序或文件（文件夹）的详细信息

2．菜单

人们形象地将 Windows 命令的分类组合称为"菜单"。将 Windows 操作命令加以分类并集合在一起就构成了"菜单"，然后将其显示在窗口的菜单栏上，以方便用户进行操作，如图 2-15 所示。从图中可以看出，不同状态的菜单项被标以不同的标识。下面介绍菜单上一些符号标识所代表的意义。

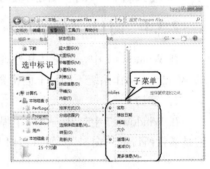

图 2-15　菜单样式

（1）"√"标识：表示该菜单项命令已经起作用，再次单击此菜单项会取消"√"标识。

（2）"●"标识：表示此菜单项命令已被选中并正在起作用，再次单击此菜单项也不会取消"●"标识。

（3）"…"标识：表示单击此菜单项后将弹出一个对话框，向用户显示更多的信息。

（4）"▶"标识：表示当鼠标指针停在此菜单项上就会弹出子菜单。

（5）灰色菜单项：表示此菜单项命令目前不可使用。

（6）菜单项上的字母：表示可以通过键盘上的快捷键来执行命令。

3．对话框

对话框是系统与用户对话、交互的场所，是一种特殊的窗口。用户可以在对话框中进行输入信息、阅读提示、设置选项等操作。Windows 通过对话框获取用户信息，并通过用户信息来改变系统设置、选择选项或者进行其他操作。对话框与一般窗口的主要区别如下。

（1）对话框没有【最大化】、【最小化】按钮，其大小是固定的，不可以改变。

（2）用途不同。一般窗口中显示的是应用程序或文档，而对话框只是执行命令过程中人机对话的一种界面。

2.3.5　Aero 界面效果

在 Windows 7 操作系统中，最引人注目的应该是 Windows Aero 界面特效，而且该特效在 Windows 7 操作系统中随处可见。

1. 特殊效果的窗口

如果安装 Windows 7 的计算机满足 Windows Aero 界面特效的硬件要求，则系统会自动开启 Windows Aero 界面特效。任意打开一个窗口，可以透过打开的窗口边框看到窗口下方的内容，并且在窗口边框外侧显示出立体的阴影效果。当鼠标指针指向窗口右上角的控制按钮时，按钮会显示出水晶般的光泽，如图 2-16 所示。

图 2-16　具有特效的窗口

2. 带有缩略图的任务按钮

在 Windows 7 中，每打开一个文件夹窗口或启动一个程序时，都会在任务栏中增加一个任务按钮。通过单击任务按钮，可以在多个窗口间切换。为了方便地了解任务按钮所代表的内容，在 Windows 7 中提供了任务栏按钮的缩略图功能，即当鼠标光标指向某个任务按钮时，将显示一个与该按钮对应内容的缩略图，方便查看其中的内容，如图 2-17 所示。

3. 带有缩略图的切换窗口

在 Windows XP 操作系统中，当按下【Alt+Tab】组合键时，将会出现一个小窗口，并显示当前正在运行的程序和打开的窗口和图标，按住 Alt 键不放，依次按 Tab 键，可以在每个程序或窗口间切换，到满意的位置释放 Alt 键和 Tab 键，将选择的程序或窗口显示在最上层。而在 Windows 7 操作系统中，将以缩略图的形式显示正在运行的程序或打开的窗口，使用户了解要切换的内容，如图 2-18 所示。

图 2-17　任务栏按钮缩略图功能

图 2-18　带缩略图的切换窗口

4. 3D 立体切换窗口

虽然用户可以通过缩略图来查看要切换的窗口，但由于缩略图很小，用户一般看不清楚其中的内容，这时就可以采用 Windows 7 操作系统提供的另一个新功能——Flip 3D 立体窗口来解决。

按【Windows 徽标+Tab】组合键，也可以进入 Flip 3D 立体窗口，按住【Windows 徽标】键的同时依次按 Tab 键，可在多个窗口间切换，释放【Windows 徽标】键和 Tab 组合键，将选择的窗口置于最上方。3D 窗口效果如图 12-19 所示。

图 2-19　Flip 3D 立体窗口

5. Aero 晃动

有时打开的窗口较多时，桌面比较乱，我们只需要使用一个窗口，其他窗口隐藏或最小化。在过去，我们需要手工单击每个窗口使其最小化，然而在 Windows 7 中，则更加简单。只需要在目标窗口的标题栏上按住鼠标左键，然后左右晃动几次，其他窗口就被最小化隐藏起来了。如需还原，只需用鼠标左键再次按住标题栏，左右重复晃动即可。

2.3.6　文件和文件夹管理

在 Windows 7 操作系统中，无论是启动一个程序还是打开一个窗口，其实从根本上说，都是在对磁盘上的文件和文件夹进行操作。Windows 7 操作系统本身就包括了几十万个甚至更多的不同类型的文件，而在系统中安装更多的程序后还会增加文件和文件夹的数量。为了能够很好地操作和管理这些文件和文件夹，就需要掌握文件和文件夹的操作方法。本节将介绍文件和文件夹的基本常识、资源管理器的使用、文件及文件夹的基本及高级操作、回收站的使用以及创建文件或文件夹快捷方式等内容。

1. 文件和文件夹概述

在 Windows 操作系统中，文件是一个完整的、有名称的信息集合，是基本的存储单位，它使得计算机系统能够区分不同的信息组。文件夹是用于图形用户界面中的程序和文件的存储容器，是在磁盘上组织程序和文件的一种方式。文件夹中既可以包含文件，也可以包含其他文件夹。多种类型不同的文件以及文件夹可以存放在同一个文件夹中。用户可以将其他位置上的文件及文件夹复制或移动到已创建的文件夹中，也可以在文件夹中创建子文件夹。

（1）文件。我们在资源管理器中能看到系统中的文件，文件的名字是由文件名和扩展名两部分组成的。文件名和扩展名之间通过一个英文半角句号作为分隔符。文件扩展名可以让用户很容易分辨出文件的类型，并有助于 Windows 操作系统确定打开某类文件所使用的程序。我们经常把文件名和文件扩展名统称为文件名。也就是说，我们通常所提到的"文件名"包含了文件名和扩展名两部分。

文件具有以下特性。

① 在同一磁盘的同一目录下不会有名称相同的文件，即文件名具有唯一性。

② 文件的内容可以存放文字、图片、声音等各种信息。

③ 文件可以从一块磁盘复制到另外一块磁盘，或者从一台计算机复制到另外一台计算机，即文件具有可移动性。

④ 文件的容量可以缩小或扩大，内容也可以修改。文件数量可以减少或增加，甚至可以完全删除，即文件具有可修改性。

⑤ 文件在磁盘中有其固定的位置。

在 Windows 中，根据文件的不同用途可将文件分为很多种类型，这样既便于识别，也便于管理。而各种类型的文件又分别使用不同的图标进行标识，通过图标就能知道文件所属的类型。以下是几种 Windows 7 操作系统常见的文件类型，见表 2-5。

表 2-5　　　　　　　　　　　　　　　　常见文件类型说明

类型	扩展名	说明
系统文件	.sys	该类文件中记录一些系统信息，指导操作系统完成系统特定的工作
系统配置文件	.ini	该类文件记录 Windows 控制软件和硬件的基本信息，不可随意删除
动态链接库文件	.dll	操作系统控制应用程序的专用文件，进行动态的数据交换，不可随意删除
可执行文件	.exe	用于启动某个应用程序的文件，删除该类文件将无法启动与其对应的程序
网页文件	.htm	上网浏览时的专用文件，用来保存网上的信息内容
纯文本文件	.txt	该类文件以 ASCII 码的形式保存，用来显示文字、字符、数字、符号等文本内容
位图文件	.bmp	Windows 系统内部专用的图形文件格式
声音文件	.wav	该文件是一种音频格式的文件，Windows 操作系统自带的录音机录制的声音文件即为该格式

（2）文件夹。用户在操作计算机的过程中会发现，计算机中存放的文件很多，要直接管理如此多的文件实在不是一件简单的事，这时就需要有一种便于管理的方式来将这些文件进行分类和汇总，为此引入了文件夹的概念。

简单地说，文件夹是用来存放文件的，在 Windows 7 中用 图标表示。与文件夹相同，操作系统也通过名称管理文件夹，只不过文件除了文件名之外还有一个标识文件类型的扩展名，而文件夹则没有。

文件夹具有以下特点。

① 文件夹可以嵌套，而且可以嵌套很多层。

② 在存储空间允许的情况下，一个文件夹可以存放任意多的内容。

③ 对文件夹可以进行删除等多种操作，这些操作将对文件夹中的所有内容同时生效。

④ 用户可以将文件夹设置为不同的模板类型，如文档、图片、视频等。不同类型模板的文件夹在显示外观、操作可选项上会有一定的差异。

⑤ 用户可以将文件夹设置为共享，让网络上的其他用户能够访问该文件夹中的文件和数据。

2．浏览文件和文件夹

在用户使用计算机的过程中，总避免不了要浏览文件和文件夹，以便了解文件是如何组织的，以此来管理和使用文件资源。在以前版本的 Windows 操作系统中使用【我的电脑】和【资源管理器】来管理文件及文件夹，而 Windows 7 将以往的文件夹窗口和【资源管理器】整合到了一起。

在默认的情况下，资源管理器窗口中的文件列表是打开的。在文件列表中，有的文件夹图标前面会有一个【展开】按钮，表示该文件夹中有下一级的子文件夹。单击【展开】按钮可以展开此文件夹，展开后的文件夹前面的【展开】按钮会自动地变为【折叠】按钮，单击【折叠】按钮可以将已展开的文件夹折叠起来。通常，文件夹前面的【展开/折叠】按钮（▷/◢）是隐藏的，只有当用户将鼠标指针移动到该区域后，【展开/折叠】按钮（▷/◢）才会被激活显示出来。

另外，导航窗格中的文件夹列表与其右侧的内容窗格是相互联系的。在文件夹列表中单击任意一个文件夹图标，在内容窗格中便会显示出该文件夹中包含的所有内容。同样，在内容窗格中双击打开一个文件夹，在文件夹列表中会自动展开该文件夹的路径目录，同时该文件夹会高亮显示。

用户在查看相关文件时，有时一些需要的文件信息没有显示，或是显示的方式不便于查看，此时可以改变其显示方式。Windows 7 提供了 8 种文件（文件夹）显示方式：超大图标、大图标、中等图标、小图标、列表、详细信息、平铺和内容。操作方法为：单击菜单栏中【查看】菜单或在相应窗口的内容窗格中单击鼠标右键弹出快捷菜单，然后从中选择相应的命令；也可以单击【工具栏】中【视图】按钮选择显示方式。

此外，Windows 7 还提供了堆叠排列方式。堆叠是指相关文件的集合，看上去像一个堆。堆叠按常用文件属性来组织，如可以按文件名称或标记来堆叠。堆叠是利用列标题来更改文件列表中文件的整理方式。具体操作如下：在内容窗格中单击鼠标右键，弹出快捷菜单，将鼠标指针移动并停在【堆叠方式】菜单项上弹出子菜单（或单击【查看】→【堆叠方式】菜单项，在其子菜单中选择相应的命令），其中显示了名称、修改日期、类型和大小 4 种堆叠方式，选择其中一种方式即可，如图 2-20 所示。

图 2-20　选择堆叠的方式

如果用户是对多个文件进行堆叠操作，则堆叠操作进行的速度很快；如果用户是对多个文件夹进行堆叠操作，则由于在操作的过程中关联着一个搜索过程，故操作进行的速度会慢一些，此时在窗口的地址栏中会有一个绿色渐进条以表示堆叠的进度，如图 2-21 所示。

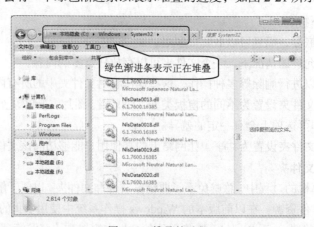

图 2-21　堆叠的过程

3. 文件与文件夹的基本操作

文件和文件夹的基本操作主要包括对文件和文件夹的选择、新建、重命名、移动、复制以及删除等操作。文件是计算机管理的存储数据的基本单位，而文件夹就像存储文件的公文包，可以有效地对文件或文件夹进行管理，从而提高工作效率。用户可以把文件夹看成是一种特殊的文件，因此从这方面来说，对文件的操作和对文件夹的操作基本上是一样的。打开普通文件是对该文件所在的文件夹进行查看、编辑等特定的操作，而打开文件夹则显示该文件夹内包含的内容。

（1）选择文件和文件夹。无论对文件和文件夹进行任何操作，在操作之前都要先选择文件或文件夹。在 Windows 7 操作系统中，既可以使用传统的方法选择文件和文件夹，也可以使用 Windows 7 操作系统中提供的新方法来选择文件和文件夹。

① 传统的选择方法。在 Windows 7 操作系统中，可以使用鼠标和键盘传统的选择方法来选择文件和文件夹，包括选择连续的文件和文件夹或选择不连续的文件或文件夹两种。

● 选择连续的文件和文件夹。首先单击第一个文件和文件夹，然后按住键盘上的 Shift 键不放，再单击最后一个文件和文件夹；也可以拖动鼠标指针，框选所有要选择的文件和文件夹；还可以按【Ctrl+A】组合键选择所有文件和文件夹。单击窗口的空白处可以取消选择，并重新进行选择。

● 选择不连续的文件和文件夹。按住键盘上的 Crtl 键，并用鼠标左键单击文件和文件夹，可以同时选择不连续的文件和文件夹。

② Windows 7 中新的选择方法。Windows 7 操作系统中提供了选择文件的新方法，即在文件或文件夹旁边显示复选框，通过选中与文件对应的复选框可直接选择文件，这样有助于确保选择文件的准确性。

具体操作如下：首先单击窗口工具栏中的【组织】按钮，在弹出的菜单中选择【文件夹和搜索选项】命令，弹出【文件夹选项】对话框。然后切换到【查看】选项卡，选中【使用复选框以选择项】复选框，如图 2-22 所示。最后单击【确定】按钮返回。此时将光标指向某个文件或文件夹，左上角会显示一个复选框，选中该复选框即可选中该文件或文件夹，如图 2-23 所示。

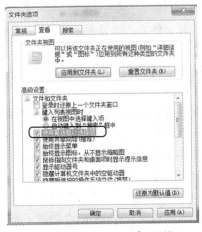

图 2-22 【文件夹选项】对话框

图 2-23 通过复选框选择文件或文件夹

（2）新建文件和文件夹。用户可以创建文件，也可以创建文件夹，以便对文件进行管理。这里以新建文本文件为例，其操作步骤如下。

① 双击要创建文件或文件夹的硬盘分区，如 D 盘。

② 进入 D 盘，单击鼠标右键，在弹出的快捷菜单中选择【新建】命令，弹出其子菜单，从中选择要创建的文件类型。

③ 即在当前文件夹中创建了一个文件，文件的名字由创建的文件类型决定，且名字处于蓝底白字的修改状态。

④ 直接输入一个名称，然后按 Enter 键确认。

创建文件夹的方法与新建文件的操作类似，只要在快捷菜单中选择【新建】→【文件夹】命令，即可完成新建文件夹操作。

（3）重命名文件和文件夹。如果觉得文件或文件夹的名称不合适，还可以对其进行重命名，具体操作步骤如下。

① 右键单击要修改名称的文件或文件夹，在弹出的快捷菜单中选择【重命名】命令，使其反白显示。

② 输入文件的新名称，然后按 Enter 键或单击窗口内的空白处。

 除了使用快捷菜单选择"重命名"命令进行重命名外，还可以在选中文件或文件夹的情况下按 F2 键，然后直接输入新名称。

（4）移动或复制文件和文件夹。如果需要改变文件或文件夹的保存位置，需要移动文件或文件夹。移动或复制文件和文件夹的操作方法大致相同，具体操作步骤如下。

①选择要移动或复制的文件，然后单击窗口工具栏中的【组织】按钮，在弹出的菜单中选择【剪切】或【复制】命令；或鼠标右键单击文件并选择【剪切】或【复制】命令。

②打开要移动或复制到的文件夹，在此单击【组织】按钮，然后选择【粘贴】命令；或单击鼠标右键并选择【粘贴】命令。

 如果在要移动到的文件夹中有同名的文件，则会弹出【移动文件】对话框。【移动和替换】命令表示移动并覆盖当前文件夹中的文件；【请勿移动】命令表示不移动剪切的文件；【移动，但保留这两个文件】命令表示移动剪切的文件，但将其保存为其他名称。

（5）删除文件和文件夹。用户可以删除不使用的文件和文件夹，以节省磁盘空间，具体操作步骤如下。

① 选择要删除的文件和文件夹，然后单击窗口工具栏中的【组织】按钮，在弹出的菜单中选择【删除】命令；或鼠标右键单击文件或文件夹并选择【删除】命令。

② 在弹出的【删除文件】或【删除文件夹】对话框中单击【是】按钮，将文件或文件夹删除。

用户删除的文件或文件夹一般会被暂时存放在回收站中，当用户误删掉一些文件或文件夹时，可以在回收站中还原。若回收站被清空，删除的文件或文件夹将被彻底删除，彻底删除的文件或文件夹不可还原。当用户在进行删除操作的同时按住 Shift 键，其也将被彻底删除。

（6）搜索文件和文件夹。由于计算机系统中的文件和文件夹的数量众多，若想快速找到自己所需要的文件或文件夹，需要学会使用 Windows 7 提供的搜索功能。Windows 7 内嵌了原来单独发布的 Windows Desktop Search 软件，成为系统的内部功能，称为 Windows Search。计算机在空闲时，软件会自动对硬盘扫描，提前建立文件的索引，用户搜索时大大提高搜索速度，不会影响计算机性能。扫描具体操作步骤如下。

单击桌面左下角的 按钮，在菜单底部的【搜索】文本框中输入要搜索的内容，系统将动态进行查找，并在窗格中显示搜索结果。

另外，在资源管理器、控制面板等 Windows 窗口的右上角，也有一个搜索框，可以实现对不同范围的内容进行搜索。而且窗口中的搜索框可以实现比【开始】菜单搜索框更复杂的搜索。查询时，可以使用类似大部分搜索引擎所使用的查询语句。感兴趣的读者可以参考系统的帮助文档。

"开始"菜单中的搜索功能非常强大，完全代替了早期的"运行"对话框。当然如果想使用过去的"运行"对话框，可以在"开始"菜单中单独添加。

（7）隐藏文件和文件夹。对于一些非常重要的文件或文件夹，可以暂时将这些文件隐藏起来，待需要时再将其显示出来。这里以隐藏文件夹为例，其具体操作步骤如下。

① 右键单击要设置的文件夹，在弹出的快捷菜单中选择【属性】命令，弹出【属性】对话框，在【常规】选项卡中选中【隐藏】复选框。

② 单击【确定】按钮，弹出【确认属性修改】对话框，确定是否将文件夹中的所有文件都隐藏。

③ 确认后，设置隐藏属性的文件夹将变为浅色显示，此时右键单击窗口内的空白处，在弹出的菜单中选择【刷新】命令，即可隐藏刚才设置的文件夹。

4. 快捷方式的使用

同计算机中的所有文件一样，快捷方式也是一种文件，只不过这个文件并不包含具有任何意义的数据和文本内容，而仅仅是一个指针，它所指向的是用户计算机或网络上任何一个可链接的项目（包括文档、应用程序、磁盘驱动器、网页、打印机、另外一台计算机等）。

通常，快捷方式文件的后缀是".lnk"（lnk 后缀一般情况下为不可见）。双击快捷方式图标实际上是在进行间接启动其链接的项目，并且快捷方式具备了它所指向的链接项目的很多特性，如快捷方式的图标样式继承了它所指向的项目的图标样式。

一般情况下，在操作方式的图标的左下角会有一个标识性的箭头，表示该图标所代表的是一个快捷方式。

在同一台计算机上使用快捷方式和快捷方式所指向的项目，操作方式并没有什么不同，但当快捷方式所指向的项目被删除或改变了存储位置时，快捷方式就失效了，所以在进行文件备份时必须备份文件本身，而不是文件的快捷方式。

（1）创建一般的快捷方式。快捷方式是快速启动各种程序的简便方式，它能够大大简化启动的操作步骤。创建一般快捷方式的具体操作步骤如下。

① 在需要创建快捷方式的地方（如：Windows 桌面）单击鼠标右键，在弹出的快捷菜单中选择【新建】→【快捷方式】命令，如图 2-24 所示。

② 弹出【创建快捷方式】对话框，用户从中可以选择快捷方式源文件的路径。

③ 设置完毕后，单击【下一步】按钮继续进行快捷方式名称的设置，设置完毕后单击【完成】按钮。

（2）在桌面上创建快捷方式。在桌面上的快捷方式是最常见也是用户最常使用的文件，其创建操作步骤如下。

用鼠标右键单击需要创建快捷方式的文件，在弹出的快捷菜单中选择【发送到】→【桌面快捷方式】命令（或选择【文件】→【发送到】→【桌面快捷方式】命令），如图 2-25 所示，然后用户发现桌面上增加了一个快捷方式。

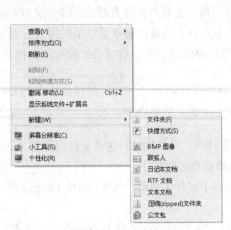

图 2-24　选择【快捷方式】命令　　　　　　图 2-25　选择【桌面快捷方式】命令

用户还可以通过鼠标拖动文件（夹）的方式在桌面上快速地创建快捷方式，方法是：将当前窗口调整到适当大小从而使桌面可见，然后用鼠标选中并拖动要创建快捷方式的源文件到桌面上，即可在桌面上创建该源文件的快捷方式。

2.4　Windows 7 系统设置与管理

在安装 Windows 7 操作系统的时候，系统会根据计算机软、硬件配置情况自动产生一个默认的环境设置，但用户可能并不满足于 Windows 7 操作系统中默认的各种设置，而希望打造一个个性化的 Windows 7 使用环境。本节将介绍如何对 Windows 7 系统进行设置与管理。

2.4.1　外观的设置

Windows 7 的外观可以个性化设定，按照自己的喜好调整各种界面元素。对于大部分 Windows 7 的外观设置，用户可以通过【个性化】窗口来完成。在桌面上的空白处单击鼠标右键，从弹出的快捷菜单中选择【个性化】命令，打开【个性化】窗口，如图 2-26 所示。

在【个性化】窗口中可以进行大部分 Windows 7 的外观设置，同时提供与区域文化相匹配的主题。例如，区域为中国，系统提供名为"中国"的主题，该主题不仅边框偏红，桌面背景也是很多中国的自然风光。如果用户对预设主题不满意，还可以通过"桌面背景"、"窗口颜色"、"声音"及"屏幕保护程序"4 个方面进行微调。

（1）定时自动更换背景。另外值得一提的是，Windows 7 可以实现定时自动更换背景。在老版本的 Windows 中需要额外的软件才能实现，但 Windows 7 已经直接支持了。只需在如图 2-26 所示的界面中的【桌面背景】中设定指定位置的图片及更改时间等选项，就可以实现自动更换背景。

（2）设置系统声音。Windows 7 操作系统为各种操作事件提供了不同的声音效果。例如，启动和关闭 Windows 7 系统时伴有其特有的音乐；当出现错误的操作时，系统也会发出不同的声音提醒用户。用户可以根据个人喜好设置系统声音，其具体操作步骤如下。

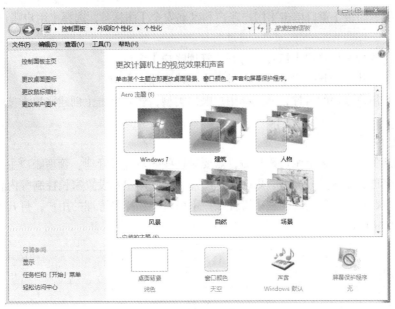

图 2-26　【个性化】窗口

① 在如图 2-26 所示的界面中打开【声音】对话框，在【声音】选项卡下的【声音方案】下拉列表框中可以选择已经设置好的声音方案。

② 除了使用声音方案外，也可以在【程序事件】列表框中选择要更改声音的系统事件，然后在【声音】下拉列表框中选择所需的声音效果。

③ 用户还可以通过【另存为】按钮对设置后的声音方案进行保存，这样以后可以方便地选择自己设置的系统声音。

2.4.2　多用户管理

Windows 7 是一个多用户、多任务的操作系统，每个用户可以设置个性化的计算机操作界面，而且彼此的信息相互独立、互不影响。

1．创建新的用户

Windows 7 为了保障系统的安全与用户的隐私，设置了 3 种用户类型：标准账户、管理员账户和来宾账户，每一种账户类型为用户提供了对计算机的不同的控制级别。

（1）标准账户。该账户可以使用计算机的大多数功能，但是如果所要进行的更改会影响计算机的其他用户或安全，则需要得到管理员的许可。

（2）管理员账户。该账户允许其用户进行一些可能会影响到其他用户的用户账户。管理员可以进行更改安全设置、安装软件和硬件、访问计算机上的所有文件等操作，还可以对其他用户账户进行更改。

（3）来宾账户。来宾账户是在计算机或域中没有永久账户的用户使用的账户，允许用户使用计算机，但没有访问个人文件的权限。使用来宾账户的用户无法进行安装软件或硬件、更改设置或创建密码等操作。

在安装结束后第一次启动 Windows 7 时，系统会要求建立计算机的用户账户。此外，用户也可以在使用 Windows 7 的过程中创建用户账户。创建时只能以管理员的身份进行，其具体操作步骤如下。

（1）在【控制面板】窗口单击【用户账户和家庭安全】图标🐾，选择【用户账户】，打开【用户账户】窗口。

（2）单击【管理其他账户】链接，打开【管理账户】窗口。

（3）单击【创建一个新账户】链接，进入【创建新账户】窗口。

（4）输入新用户账户的名称，并选择用户账户类型，然后单击【创建账户】按钮，完成创建新账户的操作。

2. 管理账户

当用户创建了一个或多个用户账号后，需要对这些账户进行管理。管理账户主要包括创建密码、更改账户名称、更改账户类型、更改账户图片、删除用户及设置家长控制等内容，以上内容可以通过【更改账户】窗口实现。在【管理账户】窗口中选择要管理的用户，打开【更改账户】窗口，如图 2-27 所示。

图 2-27　【更改账户】窗口

【更改账户】窗口中各选项说明如下。

（1）更改账户名称：该项可以使用户在使用系统的过程中更改账户名称。

（2）创建密码：创建新账户后，使用该项为用户账户创建密码。

（3）更改图片：如果用户对自己的账户图片不满意，可以使用该项更换账户图片。

（4）设置家长控制：Windows 7 中新增加的功能主要是为了用户对儿童使用计算机的方式进行协助管理。使用家长控制功能可以对某些用户限制可访问的网站、使用系统的时间、可访问的游戏及程序等。

（5）更改账户类型：使用该项可以对用户账户的类型进行更改。Windows 7 提供的两种用户类型可由用户进行更改，即标准账户类型和管理员账户类型。

（6）删除账户：该项用于删除用户账户。

2.5　下一代 Windows 系统

2011 年 9 月，Windows 8 开发者预览版发布，宣布兼容移动终端，微软公司将苹果的 IOS、谷歌的 Android 视为 Windows 8 在移动领域的主要竞争对手。2012 年 2 月，微软公司发布"视窗8"消费者预览版，可在平板电脑上使用。Windows 8 最终定为 3 个单独的 SKU 版本，分别是 Windows 8、Windows 8 Pro 和 Windows RT 版。

其中，Windows 8 是面向用户的基础版产品，拥有 Windows 8 的基础功能，主要用于消费者的 PC 产品。Pro 是一个添加了加密、虚拟化、PC 管理工具和域连接能力的产品，同时还带有一个 Windows Media Center 应用。而 Windows RT 则是一个工作在 ARM 平台下的独立版本，预计平板设备将会安装这款系统，虽然同样采用 Metro 界面，但它们的应用程序相互不兼容。该系统由微软剑桥研究院和苏黎世理工学院联合全新开发，专为现在和未来的多核心（Multi-Core）、众核心（Many-Core）处理器环境而设计，通过在各个核心之间建立一条网络总线来从根本上提升系统效率和性能。

Windows 8 主要新特性有如下几个。

（1）支持 ARM 架构。微软公司为大家带来的关于 Windows 8 的第一个消息就是：它支持 ARM 架构。在 2011 年年初的 CES 2011 大会上，微软公司 Windows 主管 Steven Sinofsky 宣布了这一消息，微软公司在 ARM 方面的合作伙伴还有 NVIDIA、高通和德州仪器、TI 等。

（2）全新的沉浸式 Metro 用户界面。Windows 8 最直观最重大的变化应当是这个全新的开始屏幕了，它将大大优化用户的平板机体验。这个界面非常类似 Windows Phone 的界面，各类应用都以 Title 贴片的形式出现，方便触摸操作。而且各个应用的贴片都是活动的，能提供即时消息，比如天气。

（3）8 秒瞬时开机。Windows 8 采用了全新的关机程序，因此只需 8 秒即可启动到全尺寸的 Metro UI 界面。据悉，其超短的启动时间主要得益于一个类似冬眠过程的新关机程序。该程序不打开应用，只是启动 Windows 8 核心进程，从而使硬盘上保存的休眠状态文件更小，加载速度更快。

（4）IE 10。随同 Windows 8 问世的 IE 10 是一个全新的版本。IE 10 是微软公司全新"沉浸式"（immersive）的重中之重，为 Windows 8 开始屏幕提供 HTML5 网络应用的显示与交互。IE 10 将支持更多 Web 标准，完全针对触摸操作进行优化并且支持硬件加速。

（5）全新的开始按钮和开始菜单。Windows 8 开始按钮看起来更加二维化，也非常简朴，整个 Windows 按钮都融入了任务栏中，极具 Metro 风格。开始菜单采用了 Metro 设计风格。它仍然是采用图标和文字并存的说明方式。

（6）Windows 资源管理器。Windows 8 资源管理器采用 Ribbon 界面，保留了之前的资源管理器的功能和丰富性，将最常用的命令放到资源管理器用户界面的最突出位置，让用户更轻松地找到并使用这些功能。例如，资源管理器 Home 主菜单中提供了核心的文件管理功能，包括复制、粘贴、删除、恢复、剪切、属性等。

（7）集成虚拟光驱/硬盘。Windows 8 资源管理器支持用户直接加载 ISO 和 VHD（Virtual Hard Disk）文件，用户只需选中一个 ISO 文件并单击"Mount（装载）"按钮，Windows 8 就会即时创建一个虚拟驱动器并加载 ISO 镜像，给予用户访问其中文件的权限。当访问完毕单击"Eject（弹出）"后，虚拟驱动器也会自动消失。

（8）支持 USB 3.0。Windows 8 将原生支持 USB 3.0 标准，采用 USB 3.0 后的数据传输速度理论上可达 5 Gbit/s，将比当前的 USB 2.0 端口（480 Mbit/s）快 10 倍。一般 2GB 视频文件和 1GB 照片的复制任务，Windows 8 可以在数秒内完成。

（9）不再内置杜比 DVD 录制技术。杜比实验室主管宣布，自家 DVD 技术不会出现在 Windows 8 中。随着流媒体电影和云软件服务日趋流行，而 DVD 录制技术许可费用昂贵，因此微软决定在 Windows 8 中放弃该技术。

（10）Windows Media Center 继续出现。虽然 Windows Media Center 媒体中心的发展状况不太好，

但是这个伴随着 Windows XP、Vista 和 Windows 7 成长的功能仍然会继续出现在 Windows 8 中。

（11）Windows 8 整合 Xbox LIVE。Xbox LIVE 将整合到 Windows PC 中，为 Windows 用户提供更好的游戏体验。

（12）U 盘上运行 Windows。据国外媒体透露，在 U 盘上安装和运行 Windows 8 的名为 Windows Portable Workspaces 的功能，可以允许用户在 16G 以上的 U 盘上安装 Windows 8，并实现启动。

（13）全新反盗版机制。盗版一直令微软公司很头痛，此次 Windows 8 的发布，微软公司将可能抛弃使用 CD-KEY 激活码的方式，而是通过一个网站为企业用户授权批量许可。此外，微软公司还开发"新的反黑客机制"和驱动，防止盗版。并还在 Windows 8 的系统代码中增加了反盗版验证特性。

习　题

一、选择题

1. Windows 7_____版本的功能是最全的。
   A. Windows 7 Starter
   B. Windows 7 Home Basic
   C. Windows 7 Home Premium
   D. Windows 7 Ultimate

2. 如果想开启 Windows 7 操作系统中的 Windows Aero 界面特效，则需要计算机显卡的显存不低于_____。
   A. 128MB　　　B. 256MB　　　C. 512MB　　　D. 1GB

3. 安装 Windows 7 对硬件中内存的最低要求是_____MB。
   A. 256　　　B. 512　　　C. 1 024　　　D. 2 048

4. Windows 7 中提供了_____种【开始】菜单样式。
   A. 1　　　B. 2　　　C. 3　　　D. 4

5. 在 Windows 7 中，快速切换窗口使用的是_____组合键。
   A. Shift+Tab　　B. Alt+Tab　　C. Ctrl+Tab　　D. Ctrl+Shift

6. 在 Windows 7 系统中，电源选项中提供了_____种系统电源管理方案供用户选择。
   A. 1　　　B. 2　　　C. 3　　　D. 4

7. Windows 7 系统安装在_____格式分区中。
   A. FAT
   B. NTFS
   C. FAT32
   D. 以上 3 个选项都正确

8. 可执行文件用于运行某个应用程序的文件，删除该类文件将无法启动与其对应的程序，其扩展名为_____。
   A. .ini　　　B. .bmp　　　C. .sys　　　D. .exe

9. 以下关于文件的说法中，错误的是_____。
   A. 文件具有可修改性
   B. 文件中可以存放文字、图片和声音等各种信息
   C. 文件具有可移动性
   D. 在同一磁盘的同一目录下可以有名称相同的文件

10. 以下关于文件夹的说法中正确的是_____。

　　A. 文件夹可以嵌套，而且可以嵌套很多层

　　B. 在存储空间允许的情况下，一个文件夹可以存放任意多的内容

　　C. 用户可以将文件夹设置为共享，让网络上的其他用户能够访问

　　D. 以上 3 个说法都正确

二、填空题

1. 用户可以通过_____对计算机系统环境进行新的调整和设置。

2. Windows 7 与以往 Windows 版本的桌面布局不同的是在桌面右侧多了一个_____。

3. 在安装 Windows 7 的过程中，如果不输入序列号，系统只提供_____天的试用期，在此期间可以使用 Windows 7 特定版本的_____功能。

4. 登录系统后，屏幕上较大的区域称为_____，它包括_____、_____、_____、_____、通知区域和【开始】菜单等。

5. 对于大部分 Windows 7 的外观设置，用户可以通过在_____窗口完成。

6. 在 Windows 7 系统中，按_____组合键可开启 3D 立体窗口。

7. Windows 7 为了保障系统的安全与用户的隐私，设置了 3 种用户类型：_____、_____和_____。

8. 启动注册表编辑器时，需要在【开始】菜单的搜索框中输入_____命令，而启动组策略编辑器时，则需输入_____命令。

9. 在 Windows 7 中，用户可以通过_____命令打开【系统配置】窗口。在其中的_____选项卡中可以对启动选项进行配置。

三、简答题

1. Windows 7 提供了哪几种安装方法？

2. Windows 7 主要有哪些新特性？

3. Windows 7 操作系统的登录和退出如何操作？

4. 在 Windows 7 系统中，怎样更改桌面图标？

第3章
字处理软件 Word

在现代信息社会中，从文档编辑、排版印刷，到各种事务管理、自动化办公，都涉及文字信息处理技术。利用计算机处理文字信息称为文字处理，简称字处理。常用的文字处理软件有 Microsoft Office Word、写字板、WPS 等。

Word 是微软公司推出的 Office 办公自动化软件的组件之一，主要用来进行文本图像的编辑、排版、打印等工作，是目前应用比较广泛的文字处理软件。与其他文字处理软件相比，它具有更强大的文本处理和文档编辑功能，适用于制作公文、信函、传真、简历、书刊等各种文档。其中，Word 2007 与之前版本相比，操作界面更具人性化，具有"所见即所得"的特点。

3.1 Word 概述

文字信息处理，简称字处理，就是利用计算机对文字信息进行加工处理，其处理过程大致包括以下 3 个环节。

（1）文字录入：用键盘或其他输入手段将文字信息输入到计算机内部，即将普通文字信息转换成计算机认识的数字信息，便于计算机的识别和加工处理。

（2）加工处理：利用计算机中的文字信息处理软件对文字信息进行编辑、排版、存储、传送等处理，制作成人们所需要的表现形式。

（3）文字输出：将制作好的机内表现形式用计算机的输出设备转换成普通文字形式输出给用户。

Word 2007 的主要功能特点如下。

（1）所见即所得。优秀的屏幕界面功能，使得打印效果在屏幕上一目了然。

（2）直观式操作。工具栏和标尺显示在窗口内，利用鼠标就可以轻松地进行选择、排版等各项操作。

（3）图文混排。可以插入剪贴画或图片、绘制图形，艺术字效果可使文字的显示更加美观。

（4）强劲的制表功能。在文档中灵活地绘制表格，不仅可以运用 Word 2007 中的命令实现制表，而且可以运用"绘制表格"设置按钮灵活地进行手动制表。另外，"边框和底纹"设置中有各种形状和多种组合，也极大地增强了表格的美观性。

（5）模板。中文版的 Word 2007 内含有多种丰富多彩的文档模板，可以帮助简化字处理的排版作业。

（6）强大的打印功能。提供了打印预览功能，具有对打印机各方面参数的强大支持性和可配置性。

（7）强大的网络协作功能。Word 2007 提供了创建 Web 文档和电子邮件的功能，可以很方便地把文档超链接到因特网上。

3.2　Word 2007 的基本操作

3.2.1　Word 2007 的启动与退出

1. Word 2007 的启动

选择【开始】→【程序】→【Microsoft Office】→【Microsoft Office Word 2007】命令，启动 Word 2007；也可以双击已经创建好的 Word 文档，启动 Word 2007，同时打开该文档。

2. Word 2007 的退出

Word 2007 的退出方法有多种。

（1）单击标题栏最右端的【关闭】按钮 ✕。

（2）单击标题栏最左端的 Office 按钮 ，选择【关闭】命令。

（3）直接双击 Office 按钮 。

（4）在标题栏任意位置右键单击鼠标，然后单击弹出菜单中的【关闭】命令。

（5）使用【Alt+F4】组合键。

3.2.2　Word 2007 窗口的组成

启动 Word 2007 之后，可以看到 Word 窗口的基本结构，如图 3-1 所示。

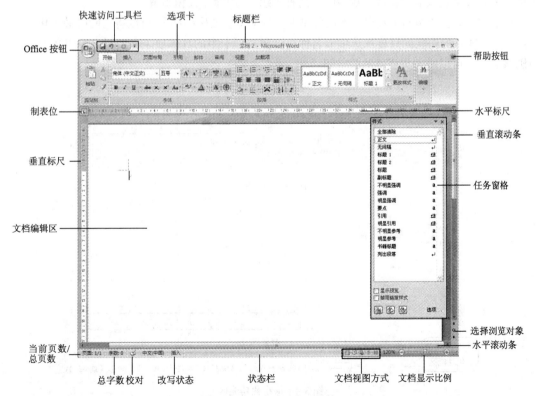

图 3-1　Word 2007 窗口结构

1. 标题栏

标题栏位于 Word 2007 窗口的最顶端，用于显示当前编辑文档的名称、文件格式及软件信息 "Microsoft Word"，最右边有【最小化】按钮 −、【最大化】按钮 □ 及【关闭】按钮 ×。

2. Office 按钮

Office 按钮位于 Word 2007 窗口左上角。单击 Office 按钮，弹出 Office 菜单，该菜单中不仅包括【打开】、【保存】和【打印】等基本命令，还添加了【准备】和【发布】等新命令。通过执行不同的命令可以完成相应的操作。

3. 快速访问工具栏

默认情况下，快速访问工具栏 上只包含 3 个按钮，显示在 Office 按钮右上方，独立于当前所显示选项卡的命令，是一个可自定义的工具栏。用户可以在快速访问工具栏上放置一些最常用的命令，例如，【新建】、【保存】、【撤销】、【打印】等。要想在快速访问工具栏 中增加或删除命令，只需单击【自定义快速访问工具栏】按钮 。

在【自定义快速访问工具栏】中选择【在功能区下方显示】，可以改变快速访问工具栏的位置，如图 3-2 所示。

图 3-2 在功能区下方显示快速访问工具栏

4. 选项卡

微软公司对 Word 2007 做了全新的用户界面设计，之前版本中的菜单栏和工具栏替换为"功能区"。功能区的设计可以使用户快速找到所需的命令，如图 3-3 所示。它由多个选项卡组成，默认情况下包括【开始】、【插入】、【页面布局】、【引用】、【邮件】、【审阅】、【视图】和【加载项】8 个选项卡。每个选项卡包含多个逻辑组，简称"组"，由命令按钮组成。

在【自定义快速访问工具栏】下拉菜单中选择【功能区最小化】，可以将功能区最小化，如图 3-4 所示，这时的功能区只显示选项卡名称，隐藏选项卡中的具体项。在浏览、操作文档内容时使用该命令，可以增大文档显示的空间。

选项卡   组

图 3-3 功能区

单击此项最
小化功能区

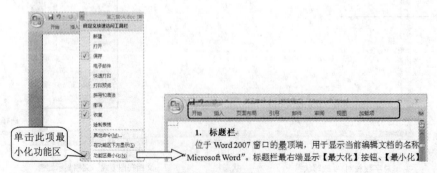

图 3-4 最小化功能区

Word 2007 会根据用户当前操作的对象自动显示一个动态命令选项卡，该选项卡中的所有命令都和当前用户操作的对象相关。当在文档中插入对象（如表格、图片等）时，功能区中会自动添加相应的动态命令选项卡，如图 3-5 所示，在文档中插入图片后，功能区中出现粉色高亮显示的【图片工具】动态命令标签和【格式】选项卡。

图 3-5　自动添加相应的动态命令选项卡

选项卡中每个组的右下角有一个小方框，叫做【对话框启动器】，如图 3-6 所示，单击它可以启动命令对话框，方便地进行一些高级设置。

5. 标尺

标尺常用于对齐文档中的文本、图形、表格或者其他元素。在 Word 2007 中，标尺包括水平标尺和垂直标尺。默认情况下标尺处于隐藏状态，单击文档编辑区右上角的【标尺】按钮可显示标尺，如图 3-7 所示。

图 3-6　对话框启动器

图 3-7　显示标尺

标尺的显示与视图模式有关，在阅读版式视图和大纲视图中不显示标尺；在普通视图和 Web 版式视图中只有水平标尺；在页面视图中水平标尺和垂直标尺同时显示。

6. 滚动条

滚动条包括垂直滚动条（上下移动）和水平滚动条（左右移动）。通过移动滚动条可以浏览超出当前屏幕视图范围的文档。

垂直滚动条下边另外设置了 3 个按钮，它们分别是【前一页】按钮、【下一页】按钮、【选择浏览对象】按钮。

7. 文档编辑区

文档编辑区是用来编辑或修改文档最主要的工作区域。文档编辑区中有一个不停闪烁的光标"|"，称为插入点，用来指示当前输入文档的位置。

8. 状态栏

状态栏在 Word 窗口最底端，显示了当前文档的状态内容，包括当前页数/总页数、文档的字数、校对文档出错内容、设置语言、设置改写状态、视图显示方式和调整文档显示比例等，如图 3-8 所示。单击状态栏中的各个按钮，可以对当前文档进行相应的设置。

图 3-8 状态栏

9. 任务窗格

任务窗格是 Office 应用程序中提供常用命令的窗口，主要用于显示与命令相关的信息和选项，其内容根据不同的命令而有所不同。例如，在【插入】选项卡中选择【插图】组中的【剪贴画】命令，文档编辑区右边就会显示【剪贴画】任务窗格，如图 3-9 所示。

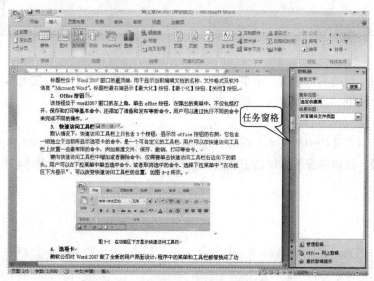

图 3-9 【剪贴画】任务窗格

3.2.3 文档视图方式

为了满足用户在不同情况下编辑、查看文档效果的需要，Word 2007 提供了 5 种视图方式，包括页面视图、阅读版式视图、Web 版式视图、大纲视图和普通视图，如图 3-10 所示。

图 3-10 文档视图方式

单击【视图】选项卡【文档视图】组上的各个按钮，可以切换到不同的文档视图方式。

1. 页面视图

页面视图是 Word 2007 的默认视图方式，它直接按照用户设置的页面大小进行显示，各种对象在页面中浏览的效果与打印效果完全一致，是真正的"所见即所得"的视图方式。页面视图适用于编辑页眉页脚、调整页边距、处理分栏和绘制图形等操作。

2．Web 版式视图

Web 版式视图是唯一按照窗口大小而不是页面大小进行显示的视图方式，浏览效果与打印效果不一致，文档段落会自动换行适应窗口大小，因此可以方便地浏览联机文档和制作 Web 页。在此视图中，文档不显示分页符和分隔符等与 Web 页无关的信息，用户可以在此视图中编辑文档，并存储为 HTML 网页格式。

3．普通视图

普通视图是 Word 2007 最基本的视图方式，由于简化了页面布局，显示速度相对较快，因而是最佳的文本输入和插入图片的编辑环境。此视图中，页与页之间用单虚线作为分页符，节与节之间用双虚线作为分节符，文档内容连续显示，阅读方便。

在普通视图模式下不能显示页眉和页脚；不能显示多栏排版，如果需要编辑文本，只能在一栏中输入；不能绘制图形。

4．大纲视图

对于一个具有多重标题的文档而言，大纲视图可以按照文档标题的层次清晰显示文档结构。在这种视图方式下，可以通过标题移动、复制等操作改变文档的层次结构。

在大纲视图模式下，屏幕上会显示【大纲】选项卡，如图 3-11 所示。

图 3-11　【大纲】选项卡

5．阅读版式视图

Word 2007 对阅读版式视图进行了优化设计。在阅读版式视图方式下，文档上方只有一排工具栏，可以利用最大的屏幕空间阅读或批注文档，增加了文档的可读性，如图 3-12 所示。

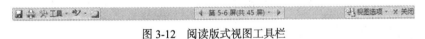

图 3-12　阅读版式视图工具栏

6．文档结构图

"文档结构图"是一个独立的窗格，在【视图】选项卡的【显示/隐藏】组中选中【文档结构图】复选框，即可在文档编辑区左侧打开文档的标题列表。单击【文档结构图】中的标题，Word 就会自动跳转到文档中的相应标题，并将其显示在文档编辑区的顶部，同时在【文档结构图】中突出显示该标题。使用"文档结构图"不但可以方便地了解文档的层次结构，还可以快速定位长文档，大大加快阅读和排版的时间。

3.2.4　文档的基本操作

1．创建文档

在 Word 2007 中，用户可以根据实际要求创建不同类型的新文档。

（1）创建新文档。启动 Word 2007 后，系统会自动创建一个名为"文档 1.docx"的空白文档。如果在已经启动 Word 的情况下需要创建其他新文档，可以单击 Office 按钮 ，选择【新建】命令，如图 3-13 所示。

（2）用模板创建文档。模板是一种文档类型，是 Word 预先设置好内容格式的特殊文档。在 Word 2007 中，模板可以是以.dotx 或以.dotm 为扩展名的文件。如果要创建传真、信函或简历等有统一规格、统一框架的文档，可以使用 Word 提供的模板功能，如图 3-14 所示。

【新建文档】对话框中包含两种模板：一种是 Word 自带模板；另一种是需要从 Microsoft Office Online 中下载的模板，如"贺卡"和"名片"等。

图 3-13　新建文档

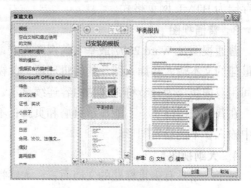

图 3-14　用模板创建新文档

（3）根据现有内容创建文档。在【新建文档】对话框中选择【模板】列表框中的【根据现有内容新建】选项，在弹出的对话框中选择现有的文档，单击【新建】按钮，可以根据现有的文档来创建新文档。在【根据现有文档新建】对话框中单击【工具】按钮，选择相应的命令，可以完成删除、重命名、打印等操作，如图 3-15 所示。

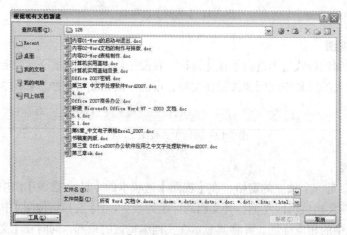

图 3-15　【根据现有文档新建】对话框

2. 打开文档

要对一个以前创建的文档进行修改，就必须先将此文档打开。具体打开文档的方法如下。

（1）直接双击要打开的 Word 文档。

（2）右键单击要打开的 Word 文档，选择【打开】命令。

（3）在已经打开的 Word 界面中单击 Office 按钮，选择【打开】命令，选择文档所在的磁盘及文件夹，选定相应的文档，单击【打开】按钮。

3. 保存文档

在编辑过程中，文档暂时存储在内存中，为了避免因死机等系统问题而造成的数据丢失，在文档编辑时应及时保存文档。

（1）保存新文档。单击快速访问工具栏中的【保存】按钮 ，或单击 Office 按钮，选择【保存】命令。在弹出的对话框中选择文档要保存的位置，输入新文档的名称并选择文档的保存类型，单击【保存】按钮，即可将新文档按自定义的名称和类型保存。文档保存类型及功能说明见表 3-1。

表 3-1　　　　　　　　　　　　　　　　保存类型说明

文件扩展名	类型	功能
.docx	Word 文档	将当前活动文档以默认类型保存
.docm	启用宏的 Word 文档	将当前活动文档保存为启用宏的 Word 文档
.doc	Word 97-2003 文档	将当前活动文档保存为 Word 97-2003 格式，即兼容模式
.dotx	Word 模板	将当前活动文档保存为模板
.dotm	启用宏的 Word 模板	将当前活动文档保存为启用宏模板
.dot	Word 97-2003 模板	将当前活动文档保存为 Word 97-2003 模板
.mht、.mhtml	单个文件网页	将当前活动文档保存为单个网页文件
.htm、.html	网页	将当前活动文档保存为网页
.htm、.html	筛选后的网页	将当前活动文档保存为筛选后的网页
.rtf	RTF 格式	将当前活动文档保存为多文本格式
.txt	纯文本	将当前活动文档保存为纯文本格式
.xml	Word XML 文档	将当前活动文档保存为 XML 文档，即可扩展标记语言文档
.xml	Word 2003 XML 文档	将当前活动文档保存为 Word 2003 格式的 XML 文档
.wtf、.wps	Works 6.0-9.0	将当前活动文档保存为 Works 6.0-9.0 版本的文件

（2）重命名或改变格式保存文档。单击 Office 按钮，选择【另存为】命令；或单击 Office 按钮，选择【另存为】→【Word 文档】命令，如图 3-16 所示。

图 3-16　重命名或改变格式保存文档

（3）文档自动保存设置。自动保存文档的功能是按照用户设定时间自动保存文档，可以有效地避免因误操作或意外而造成的文件丢失。

单击 Office 按钮，在下拉菜单中单击【Word 选项】按钮。在弹出的对话框中选择【保存】选项，在右侧【保存文档】栏中可以设置文档自动保存的间隔时间、自动恢复文件的位置、默认文件位置以及文件保存的格式等，如图3-17所示。

图3-17　文档自动保存设置

（4）设置密码。为了确保文档内容的安全性，可为文档设置密码。要设置密码，可在保存文件对话框中单击左下角的【工具】按钮 ，选择【常规选项】命令，如图3-18所示，打开【常规选项】对话框，如图3-19所示。分别设置【打开文件时的密码】和【修改文件时的密码】，两个密码可以不同。建议密码长度超过8位，并且包含字母、数字和符号。

图3-18　【常规选项】命令

图3-19　【常规选项】对话框

4．文档字数统计

Word 2007会自动统计当前文档中输入文字的页数和字数，并将其显示在状态栏上。

Word 2007不仅可以统计整个文档中的字数，也可以选择一个或者多个区域来进行字数统计。选择要进行字数统计的文本区域，单击【审阅】选项卡中【校对】组的【字数统计】按钮，如图3-20所示，在弹出的对话框中将显示出统计信息。

图 3-20　【字数统计】按钮

5．文档的打印

当完成了一篇文档后，可以将其打印输出。如果要看到整篇文章打印在纸上的效果，就需使用"打印预览"功能。

（1）打印预览。单击【自定义快速访问工具栏】中的【打印预览】，则【快速访问工具栏】中会添加【打印预览】按钮 ，单击即可进入打印预览状态，或单击快捷键【Ctrl+F2】。

（2）打印。单击 Office 按钮，选择【打印】命令，弹出【打印】对话框，进行以下设置。

① 页面范围。在【打印】对话框中，可以在【页面范围】区域中进行选择，【全部】：将会打印文档的全部内容；【当前页】：将会打印文档中光标所在页；【页码范围】：在文本框中输入需要打印的页码范围，如输入"17，28"，表示打印第 17 页和第 28 页，如输入"5-17"，表示打印第 5 页至第 17 页，注意：这里的"，"或"-"一定为半角字符，全角字符的参数文本框不接受。

如果只想打印选中的部分文档，选择单选按钮【所选内容】，然后单击【确定】按钮即可。

② 打印内容。可以设置是打印文档还是打印文档的属性、样式、批注、脚注等。

③ 打印份数。设置打印的副本份数，在【副本】区域中选择或输入需要打印的份数即可，如果选择【逐份打印】复选框，将逐页打印各份，即先打印第一页的份数，再打印下一页的份数，依次类推，如果选择【逐份打印】复选框，将逐份打印文件。

④ 手动双面打印。一般书籍是双面打印的，如果需要双面打印，在【打印机】区域中选择【手动双面打印】复选框，将先打印文件的单数页，然后提示将打印好的纸张再放回打印机打印双数页。

⑤ 打印到文件。打印到文件是指在后台打印时，文件不是输出到打印机上输入，而是输出为一个打印机文件，等待以后再打印或是将其复制到其他计算机上打印。

（3）快速打印。单击 Office 按钮，选择【快速打印】命令，或按【Ctrl+P】组合键，可以直接将当前文档发送到默认打印机。

3.2.5　文本操作

1．输入文本

在 Word 2007 中输入文档非常简单，首先需要确定输入法。按【Ctrl+Shift】组合键切换输入法，也可使用【Ctrl+Space】组合键直接在英文和中文输入法之间进行切换，然后将光标置于要输入文本的位置，直接输入即可，如图 3-21 所示。

当在全角标点符号状态下进行中文输入时，输入的句号、逗号会自动变成中文的标点符号，而对于一些键盘无法输入的符号，如≥、∞、§ 等，可使用插入特殊符号来输入。

2．文本的选定

在通常情况下，可以使用鼠标来选定文本。常见的选定文本段落的方法有：利用鼠标拖动选择需要的文本、选择一个词、选择整行、选择段落和利用组合键选择文本，具体操作方法如下。

（1）用鼠标拖动选择需要的文本。在需要选择文本的起始位置单击并按住鼠标左键，然后在需要选择的文本上拖动指针至结束位置。选中的文本会以灰色背景突出显示，释放鼠标即可选定需要的文本，如图 3-22 所示。

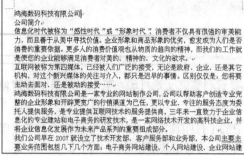

图 3-21　输入文本

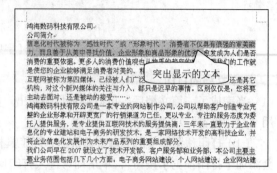

图 3-22　用鼠标拖动选择需要的文本

（2）选择一个词。直接在需要选择的词中任意位置双击，例如在【有限公司】文本上双击，即可选定该词语，如图 3-23 所示。

（3）选择一行文本。将指针移到该行左侧，在指针变为右向箭头后单击，如图 3-24 所示。

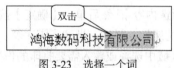

图 3-23　选择一个词

图 3-24　选择一行文本

（4）选择一个句子。按住 Ctrl 键，然后在句中的任意位置单击鼠标左键。

（5）选择一个段落。在段落中的任意位置连击 3 次左键。

（6）选择多个段落。将指针移动到第一段的左侧，在指针变为右向箭头后，按住鼠标左键同时向上或向下拖动指针。

（7）选择较大的文本块。单击要选择的内容的起始处，滚动到要选择的内容的结尾处，然后按住 Shift 键的同时在要结束选择的位置单击。

（8）选择整篇文档。将指针移动到任意文本的左侧，在指针变为右向箭头后连击 3 次。

（9）选择页眉和页脚。在页面视图中双击灰显的页眉或页脚文本，将指针移到页眉或页脚的左侧，在指针变为右向箭头后单击。

（10）选择脚注和尾注。单击脚注或尾注文本，将指针移到文本的左侧，在指针变为右向箭头后单击。

（11）选择垂直文本块。按住 Alt 键，同时在文本上拖动指针，如图 3-25 所示。

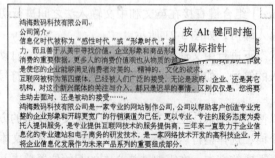

图 3-25　选择垂直文本块

（12）选择文本框或图文框。在图文框或文本框的边框上移动指针，在指针变为四向箭头后单击。

3. 文本的插入和改写

在 Word 2007 中，用户可以对已输入的文本进行文字的添加或修改，即【插入】模式或【改写】模式。【插入】和【改写】的区别是：【插入】是在字符之间输入新的文本，但不替换原有的文本内容；【改写】是输入的新文本将替换原有的文本内容。

可设置用 Insert 键控制改写模式，设置方法如下。

（1）单击 Office 按钮，在下拉菜单中单击【Word 选项】按钮 Word 选项(I)。

（2）单击【Word 选项】对话框中的【高级】选项。

（3）选中【编辑】选项下【用 Insert 控制改写模式】复选框。

选中此复选框后，可通过按 Insert 键打开或关闭改写模式，即在【插入】模式和【改写】模式之间进行切换。

4. 移动、复制、删除文本

（1）文本的移动。

① 选定要移动的文本，将鼠标放在选定的文本上，当指针变成向左上的箭头时，按住鼠标的左键，拖动鼠标使竖虚线移动到要插入文本的位置，释放鼠标左键即可。

② 如果要将文本移动到较远的位置，可使用组合键【Ctrl+X】进行剪切，然后用组合键【Ctrl+V】进行粘贴即可。

（2）文本的复制。

① 拖动复制文本。选定要复制的文本，按住 Ctrl 键的同时按下鼠标左键，并将选定的文本拖到要复制的位置，然后释放鼠标左键。

② 远距离复制文本。选定要复制的文本，单击【开始】选项卡中【剪贴板】组的【复制】按钮，把光标移动到要插入文本的位置，然后单击【粘贴】按钮。

③ 使用剪贴板进行复制。单击【开始】选项卡【剪贴板】组右下角的对话框启动器，打开【剪贴板】任务窗格，如图 3-26 所示。剪贴板中显示了复制或剪切的内容，选定文本，单击【剪贴板】组中的【复制】按钮，选定的文本就被复制到剪贴板中；将鼠标光标放置在需要粘贴的位置，在【剪贴板】任务窗格中选择需要粘贴的文本。

内容粘贴后，剪贴板图标会自动出现在 Word 2007 的编辑页面中，单击该图标右边的下三角按钮，在打开的菜单中可选择粘贴方式，如图 3-27 所示。

图 3-26 【剪贴板】任务窗格

图 3-27 选择粘贴方式

Office 2007 的剪贴板中可以保存 24 个对象，而且通过剪贴板工具可以任意选择需要复制的内容。如果复制的对象超过 24 项，剪贴板中原有的第一项会自动被挤出剪贴板。

④ 文档间复制。剪贴板实质上是系统的一个暂存区，它所存放的内容不是为某文档所独有，

而是为所有文档共有（此时剪贴板不能被清空）。用户可以把一个文档的内容复制到另一个文档中。文档间的复制操作和文档内部的复制操作相似。

（3）文本的删除。删除文本的方法非常简单，按 Back Space 键可删除光标左侧的文本，按 Delete 键可删除光标右侧的文本。如果要删除大量的文字，应首先选定所要删除的文本，然后用以下方法删除。

① 单击【开始】选项卡中【剪贴板】组的【剪切】按钮 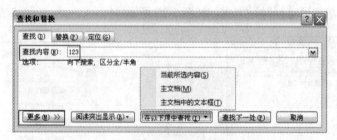（此处为剪切图标）。

① 单击【开始】选项卡中【剪贴板】组的【剪切】按钮 。

② 使用快捷键【Ctrl+X】。

③ 单击鼠标右键，在快捷菜单中选择【剪切】命令。

④ 按 Delete 快捷键。

5. 查找和替换

用户可以在编辑文档时使用查找和替换功能，以便查找替换文档中的文本、格式、段落标记、分页符以及其他项目。

（1）查找和替换文本。用户可以利用查找和替换功能快速查找文本，并对该文本进行统一替换，从而节省大量时间，提高工作效率。

① 查找文本。查找文本可以在当前活动文档中迅速查找指定的词或词组出现的所有位置。要在文档中查找文本，可以直接查找，也可以限制条件查找，还可以将查找结果突出显示。

切换到【开始】选项卡，单击【编辑】组中的【查找】下拉按钮，在弹出的【查找和替换】对话框的【查找内容】文本框中输入要查找的文本，单击【查找下一处】按钮，即可依次显示查找到的文本内容。

② 查找条件。设置查找符合条件的文本内容。在【查找内容】文本框中输入要查找的文本内容后，单击【更多】按钮，即可将【查找和替换】对话框的折叠部分打开。

在【搜索选项】栏中单击【搜索】下拉按钮，在其列表中可以设置查找范围，还可以通过启动【搜索选项】中不同的复选框来扩大或者缩小搜索范围。

③ 突出显示查找结果。突出显示查找结果可以将查找到的文本内容突出显示出来。在【查找和替换】对话框中输入查找内容后，单击【阅读突出显示】下拉按钮，选择【全部突出显示】命令。

④ 设置查找位置。用户可以选择文档中的一段文本，在其中进行查找。选择要查找的文本区域，单击【查找和替换】对话框中的【在以下项中查找】下拉按钮，选择【当前所选内容】命令即可，如图 3-28 所示。

图 3-28　设置查找位置

⑤ 替换文本。使用替换功能可以对文档中指定的文本进行修改。

首先，单击【开始】选项卡中【编辑】组的【替换】按钮，或者按【Ctrl+H】组合键，打开对话框。

然后，在【查找内容】文本框中输入要替换的文本，如果决定替换该文本，可单击【替换】按钮；如果不希望替换该文本，可单击【查找下一处】按钮继续查找；如果不需要进行确认而替换所有查找到的内容时，可直接单击【全部替换】按钮。

同样，也可以在【查找和替换】对话框中进行设置来确定文本替换的范围和条件。

（2）查找和替换格式。Word 2007 不仅能够对文本内容进行查找和替换，还可以进行文本格式的查找和替换，如查找和替换包含字号、斜体、字体等的文本。

在【查找和替换】对话框中选择【查找】或【替换】选项卡，单击【格式】按钮，在菜单中选择要查找或替换的格式选项，如图 3-29 所示。

对于一部分编辑不规范的文档，如果想要查找替换【段落标记】、【手动换行符】等用一般方式无法输入的特殊符号，可以单击【特殊格式】按钮，在其列表框中选择要查找的特殊格式。

图 3-29　【格式】选项

（3）文本定位。在一篇较长的文档中，如果想对其中的某一页或者某段文字进行编辑，使光标置于该段落文字的位置时，可以使用文本定位功能。

单击【开始】选项卡中【编辑】组的【查找】下拉按钮，选择【转到】命令，或者按 F5 键弹出对话框，在【定位目标】列表中选择需要的定位目标。

6．文本操作的撤销与恢复

（1）撤销。Word 会自动记录编辑文档所执行的操作，在执行了错误的操作后，可以通过【撤销】功能将错误操作撤销，将文档恢复到编辑操作执行之前的状态。

撤销操作可以通过两种方式来实现：按【Ctrl+Z】组合键，撤销上一个操作；通过快速访问工具栏上的【撤销】按钮 撤销操作，也可以单击【撤销】按钮 旁边的下拉按钮 ，撤销之前更多步骤的操作，如图 3-30 所示。

（2）恢复。当单击一次【撤销】按钮后，快速访问工具栏中会出现【恢复】按钮 ，如图 3-31 所示。如果想恢复撤销执行之前的内容，可以通过 3 种方式来实现：按【Ctrl+Y】组合键，恢复上一个操作；通过快速访问工具栏上的【恢复】按钮 ；还可以按 F4 键进行恢复操作。

图 3-30　【撤销】下拉按钮

图 3-31　【恢复】按钮

（3）重复。重复是在没有进行过撤销操作的情况下，重复执行最后一次操作。单击快速访问工具栏中的【重复】按钮 ，可以执行重复操作。

3.3　文档的格式编辑与排版

3.3.1　设置字体格式

设置字体格式包括设置文本的字体、字号、字形、颜色和间距等，通过设置字体格式可使文档更加美观。通常情况下可以通过功能区【开始】选项卡中的【字体】组设置字体，也可以通过浮动菜单设置字体。

选中需要设置字体的文字，当鼠标移开被选中文字时，就会有一个字体设置浮动菜单以半透明方式显示出来；将光标移动到半透明菜单上，则菜单以不透明方式显示，如图 3-32 所示。浮动菜单中包含最常用的字体设置按钮：【字体】、【字号】、【颜色】、【对齐方式】、【拼音指南】等，选中需要设置字体的文本，然后单击这些按钮，即可完成字体设置。

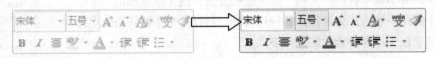

图 3-32　设置字体格式的浮动菜单

1. 设置字体

Word 默认的字体为宋体。选定需要设置字体的文本，在【开始】选项卡的【字体】下拉列表框中选择字体，即可改变所选文本的字体，如图 3-33 所示。

在默认状态下，【字体】下拉列表中显示的是将要输入的文本的字体。要查看已经设置的文本的字体，只需选中文本，在【字体】下拉列表中就会显示出该文本所使用的字体。

2. 设置字号

Word 默认的字号为 5 号。选定需要设置字号的文本，单击【格式】工具栏中的【字号】下三角按钮，打开【字号】下拉列表框，选择所需的字号即可。

也可单击【字体】组中的对话框启动器 ，打开【字体】对话框，对字号及字体进行设置，如图 3-34 所示。另外，Word 还提供了一些其他字形效果，如阴文、阳文、删除线、上下标等，这些都可在【字体】对话框中完成。

图 3-33　【字体】下拉列表框

图 3-34　【字体】对话框

3. 设置字符间距

单击【字体】组中的对话框启动器 ，打开【字体】对话框，选择【字符间距】选项卡，

在【间距】中下拉列表框的【标准】、【加宽】、【紧缩】3 个选项中选择，然后在【磅值】（1
磅=0.352 777 8 毫米）微调框中输入合适的字符间距值。在垂直位置上，Word 为字体提供了
【标准】、【提升】和【降低】3 种位置，其中【提升】和【降低】是相对【标准】位置而言的。
选择了【提升】和【降低】后，通过选择【磅值】可在预览窗口中观察提升或降低的幅度，
如图 3-35 所示。

4. 设置字体的颜色

在 Word 2007 中，文本的默认颜色为黑色。有时为了增加文本的视觉效果，可对文本设置其
他颜色显示。单击【开始】选项卡中【字体】组的【字体颜色】按钮 ，在弹出的菜单中选择
需要的颜色，如图 3-36 所示；或单击【字体】组中的对话框启动器，在【字体】对话框中设置字
体颜色。

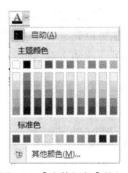

图 3-35 【字符间距】选项卡　　　　　图 3-36 【字体颜色】按钮

5. 首字下沉

首先将鼠标放到需要设置首字下沉的段落的任意位置，单击【插入】选项卡中【文本】组的
【首字下沉】按钮 ，在下拉菜单中选择【首字下沉】命令，打开【首字下沉】对话框，如图 3-37
所示。在这个对话框中可以设置首字下沉的位置、字体、下沉的行数以及首字下沉字与段落正文
之间的距离。在【位置】区域可以选择首字下沉的方式。

① 下沉：表示首字下沉后占本段落的前几行文本前一个小矩形，而不影响首字以后文本的
排列。

② 悬挂：表示首字表下沉后，首字独立占据一列，在其下不再出现文本。

选择【字体】区域中的【字体】、【下沉行数】、【距正文】后，单击【确定】按钮返回文本编
辑区。

6. 改变文字方向

Word 具有文本竖排功能，可将横向显示的文本改为竖排。

（1）单击【页面布局】选项卡中【页面设置】组的【文字方向】按钮，在下拉菜单中选择【文
字方向】命令，打开对话框，如图 3-38 所示。

（2）选择所需的文字方向，通过【预览】框可以预览设置后的效果。

图 3-37 【首字下沉】对话框　　　　图 3-38 【文字方向】对话框

（3）单击【确定】按钮，完成文字方向设置的操作。

3.3.2　设置段落格式

设置段落格式可以使文档阅读起来更加清晰，结构分明，版面整洁。用户可以根据情况对段落设置缩进方式、行间距、段间距、对齐方式等。

1. 段落

在【开始】选项卡的【段落】组中单击对话框启动器 ，即可打开【段落】对话框，如图 3-39 所示。也可以先选中段落，然后单击鼠标右键，在弹出的菜单中选择【段落】命令，如图 3-40 所示，打开【段落】对话框。

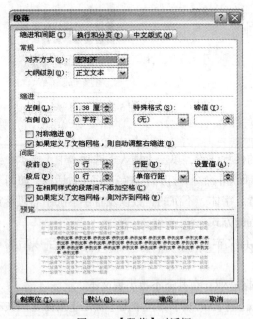

图 3-39 【段落】对话框

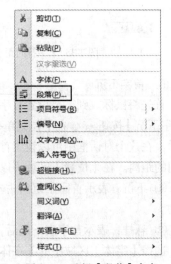

图 3-40 选择【段落】命令

2. 段落的对齐方式

段落对齐方式是指段落在水平方向以何种方式对齐。Word 中提供了两端对齐、居中对齐、左对齐、右对齐和分散对齐 5 种方式，见表 3-2。用户可以通过单击【段落】组中相应的对齐按钮，或者单击【段落】对话框中的【对齐】下拉按钮进行设置。

表 3-2   段落的 5 种对齐方式

对齐方式	按钮图形	解释
左对齐		指段落中的首行都从页的左边距处开始分布，当段落中各行字数不相等时，不能自动调整字符间距，可能致使段落右边参差不齐
右对齐		段落按右缩进标记对齐，左边根据文本的长短连续参差不齐
两端对齐		段落按左右缩进标记都对齐，如果输入的文本不满一行，则该行保持左对齐
居中对齐		每一行左右两端距页面的左右页边距的距离相等
分散对齐		段落的每一行根据左右缩进标记对齐，段落结束行也是如此

3．设置段间距和行间距

段间距是指某一段落与其上一段落和下一段落之间的距离；行间距是指段落中各行之间的垂直距离。段间距和行间距都可以在【段落】对话框的【间距】栏中进行设置。

（1）设置段间距。当设置某一段落的段间距时，首先将光标置于该段中，单击【段落】组中的对话框启动器按钮，弹出【段落】对话框。在【间距】栏的【段前】和【段后】微调框中分别输入相应的数值，或者单击微调按钮，即可设置该段落的段间距。

另外，在【页面布局】选项卡的【段落】组中，用户还可以分别在【段前】和【段后】微调框中输入数值，或者单击微调按钮来设置段间距。

（2）设置行间距。要设置段落的行间距，首先将光标置于该段落中，在【段落】对话框的【间距】栏中单击【行距】下拉按钮，选择要设置的行距方式，具体说明见表 3-3。也可以在【设置值】微调框中输入数值，或者单击微调按钮设置行距。在默认状态下，段落的行距为单倍行距。

表 3-3   行距方式具体说明

行距	说明
单倍行距	设置段落中行与行之间的间距为 1 行
1.5 倍行距	设置段落中行与行之间的间距为 1.5 行
2 倍行距	设置段落中行与行之间的间距为 2 行
最小值	选择该行距项后，可在后面的微调框中为行距设置一个最小值，默认状态下是 12 磅（单倍行距）
固定值	选择该行距项后，也可在其后的微调框中输入磅值来为行距设置一个固定值，默认状态下是 12 磅（单倍行距）
多倍行距	选择该行距项后，可在其后的微调框中输入一行值，默认状态下是 3 行

为了提高编辑效率，可以利用系统提供的段落和行距组合键，见表 3-4。

表 3-4   段落和行距组合键

组合键	解释
Ctrl+1	行距为单倍行距
Ctrl+2	行距为双倍行距
Ctrl+5	行距为 1.5 倍行距
Ctrl+0	段前增加或删除一行间距

4．段落缩进

（1）首行缩进。首行缩进就是每一个段落中第一行第一个字的缩进空格位。中文段落普遍采用首行缩进两个字的位置。设置方法是：单击文档编辑区右上角的【标尺】按钮 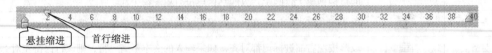 显示标尺，然后拖动上面的首行缩进标尺，如图 3-41 所示。设置首行缩进之后，输入的后续段落系统会自动设置与前面段落相同的首行缩进格式。

悬挂缩进　首行缩进

图 3-41　首行缩进与悬挂缩进

（2）悬挂缩进。悬挂缩进可以设置段落中除了首行以外的其他行的起始位置，一般较多地应用于报刊、杂志等内容的排版。设置方法是：单击编辑窗口右上角的按钮【标尺】按钮 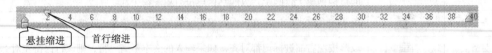 显示标尺，然后拖动下面的悬挂缩进标尺，如图 3-41 所示。

（3）左缩进和右缩进。左缩进又称为整段缩进，是将整个段落都缩进一定的距离；右缩进是将段落中每行的右端都向左移动一定的距离。

切换到【页面布局】选项卡，在【段落】组缩进中设置左缩进 和右缩进 的值。

5. 段落边框和底纹

（1）段落边框。段落边框可以将需要的文本包围起来，以引起别人的注意。方法是：选定需要设置边框的文本，单击【页面布局】选项卡中【页面背景】组的【页面边框】按钮，打开【边框和底纹】对话框，选择【边框】选项卡，如图 3-42 所示。

① 从【设置】区域中的【无】、【方框】、【阴影】、【三维】和【自定义】5 种类型中选择需要的边框类型。

② 从【线型】列表框中选择边框框线的线型。

③ 从【颜色】下拉列表框中选择边框框线的背景色。

④ 从【宽度】下拉列表框中选择边框框线的线宽。

⑤ 如在【设置】区域中选择了【自定义】，则在【预览】区域中还应选择在文本中添加边框的位置，4 条边框可以自由设置。

⑥ 单击【边框和底纹】对话框中的【选项】按钮，打开【边框和底纹选项】对话框。在其中设置边框框线距正文的上、下、左、右的距离后，单击【确定】按钮。

⑦ 在【应用于】下拉列表框内选择应用范围，如图 3-43 所示。

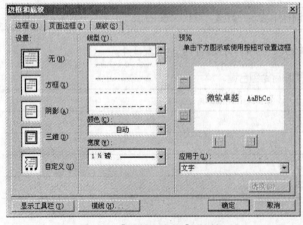

图 3-42　【边框和底纹】对话框

图 3-43　【应用于】下拉列表框

⑧ 单击【边框和底纹】对话框的【确定】按钮即可。

（2）页面边框。Word 2007 不仅允许给文字添加边框，而且允许给页面添加边框。

① 选择【边框和底纹】对话框中的【页面边框】选项卡，如图 3-44 所示。

图 3-44　【页面边框】选项卡

② 在【设置】项中设置边框的基本样式；在【线型】列表框中选择线型，或在【艺术型】下拉列表框中选择花边效果。

③ 单击【确定】按钮即可。

（3）底纹。用户还可以给段落文字设置底纹。

① 选定需要添加底纹的文本。

② 选择【边框和底纹】对话框中的【底纹】选项卡，如图 3-45 所示。

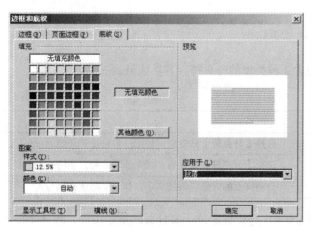

图 3-45　【底纹】选项卡

③ 在调色板的【填充】区域中选择背景的颜色。

④ 在【样式】下拉列表框中选择底纹的类型或背景颜色和底纹颜色的对比度。

⑤ 在【颜色】下拉列表框中选择底纹的颜色。

如果要删除文本底纹，可单击文档的任意一处，单击【页面布局】选项卡中【页面设置】组的【页面边框】按钮，打开【边框和底纹】对话框，选择【底纹】选项卡，在【填充】列表框中选择【无填充颜色】即可。

3.3.3 分页与分节

1. 分页功能

当文本内容占满一页时，Word 2007 就会自动插入分页符调整分页，使后续的内容转到下一页。如果需要在文档的某个位置强制分页，如教材中的每一章都另起一页，就应采取插入分页符的方式进行手动分页。要实现分页效果，可通过【页】和【页面设置】组进行设置，如图 3-46 所示。

本节介绍的分页功能为手动分页，即在需要的位置插入一个分页符，将一页上的内容分布在两页上，其操作方法有以下两种。

（1）通过【页面设置】组分页。如果要将文档中指定位置之后的内容安排到下一页，首先应将光标定位于指定位置，然后选择【页面布局】选项卡，单击【页面设置】组中的【分隔符】下拉按钮，并在【分页符】栏中选择【分页符】命令，如图 3-47 所示。

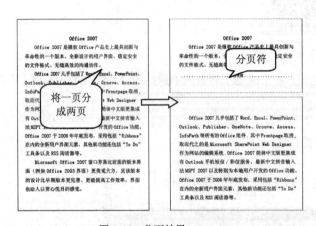

图 3-46 分页效果

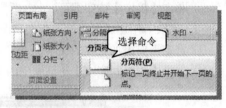

图 3-47 选择命令

【分页符】栏中包含 3 种类型的分页符，其功能见表 3-5。

表 3-5 分页符功能

名称	功能
分页符	选择【分页符】命令后，标记一页终止并开始下一页
分栏符	选择【分栏符】命令后，其光标后面的文字将从下一栏开始
换行符	分隔网页的对象周围的文字，如分隔题注文字与正文

（2）通过【页】组分页。将光标定位于要分页的指定位置，选择【插入】选项卡，在【页】组中单击【分页】按钮，即可进行分页，如图 3-48 所示。

提示

将光标定们于要分页的指定位置，按【Ctrl+Enter】组合键也可进行分页。

2．分节功能

【节】 即文档中的一部分内容，默认情况下一个文档即一个
节。用户可向文档中插入分节符进行分节。在普通视图模式下，
节与节之间用一条双虚线作为分界线，称为分节符。每个分节符
包含该节的格式信息，如页眉、页码、分栏、对齐等。

（1）插入分节符。分节符是一节的结束符号。

图 3-48　通过【页】组进行分页

单击【分隔符】下拉按钮，在【分节符】栏中有 4 种格式的分节符，其功能见表 3-6。

表 3-6　　　　　　　　　　　　　　　　　　　分节符功能

名称	功能
下一页	分节符后的文本从新一页开始
连续	新页与其前面一节同处于当前页
偶数页	新节中的文本显示或打印在下一偶数页上。 如果该分节符已在一个偶数页上，则其下面的奇数页为一空页
奇数页	新节中的文本显示或打印在下一奇数页上。 如果该分节符已在一个奇数页上，则其下面的偶数页为一空页

将光标置于要插入分节符的位置后，单击【页面设置】组中
的【分隔符】下拉按钮，在【分节符】栏中选择【连续】项，然
后再对分节后的下一节进行分栏设置，如图 3-49 所示。

（2）使用分节符改变页面方向。应用分节符可以在同一文档
中使用纵向和横向页面方向。将光标置于要改变页面设置位置的
开始部分和结尾部分，分别插入一个分节符，类型为【连续】。

然后，在【页面设置】对话框中设置【纸张方向】为【横向】。
在图 3-50 中显示了一个 3 页的文档，其中第 1 页和第 3 页使用的
是纵向模式，而中间一页使用的是横向模式。

图 3-49　分节符的应用效果

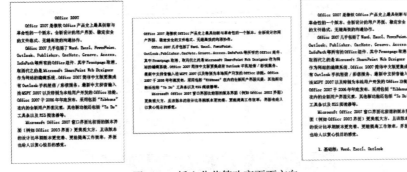

图 3-50　插入分节符改变页面方向

3.3.4　样式

样式就是系统自带或用户自定义并保存的一系列排版格式，包括字体、段落、制表位、加粗、
斜体、下画线等。使用样式不仅可以轻松编排具有统一的段落，而且还可以使文档格式严格保持

一致，避免误操作带来的麻烦。

1. 查看和显示样式

将鼠标放在文档中的任意位置，单击【开始】选项卡中【样式】组的对话框启动器，即可出现所有样式，如图 3-51 所示。

2. 样式的使用方法

要改变一个段落的样式，可使光标移动到该段落中，或选定段落中的任意部分，再使用样式。如果要改变连续多个段落的样式，可选中这些段落，再使用样式。

在应用段落样式时，只需将光标放置在段落中，然后在【样式】下拉列表框中选择所需的样式即可。

3. 创建文档所需新样式

（1）在【开始】选项卡下单击【样式】组中的对话框启动器按钮，即可打开【样式】任务窗格，如图 3-52 所示。

图 3-51 【样式】下拉列表框

图 3-52 【样式】任务窗格

（2）单击【样式】任务窗格中的【新建样式】按钮，即可打开【根据格式设置创建新样式】对话框，如图 3-53 所示。

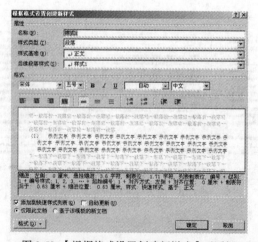

图 3-53 【根据格式设置创建新样式】对话框

（3）在【样式类型】下拉列表框中选择【段落】或【字符】选项。【段落】表示将新样式应用于整个段落，【字符】表示将新样式应用于选定的字符。

（4）在【样式基准】下拉列表框中选择【无样式】，也可根据已有的样式进行修改。

（5）如果在【样式类型】中选择了【段落】选项，则应在【后续段落样式】下拉列表框中选择一个样式名称。

（6）单击【格式】按钮，对字体、段落、制表位、边框、语言、图文框和编号进行设置，如图 3-54 所示。

（7）要对字体进行设置，可以在【字体】对话框中对【中文字体】、【字号】、【字形】进行设置，还可以对字体的颜色和字符间距等效果进行设置。单击【确定】按钮，返回到【根据格式设置创建新样式】对话框。

（8）在【根据格式设置创建新样式】对话框中单击【格式】按钮，在出现的菜单中选择【段落】命令，打开【段落】对话框。在【对齐方式】下拉列表框中选择对齐方式，在【大纲级别】下拉列表中选择级别，并对其他要求进行设置。

图 3-54　【格式】菜单

（9）将新建的样式添加到当前活动文档的模板中，可在【根据格式设置创建新样式】对话框中选中【添加到快速样式列表】复选框。如果不将新建样式添加到列表中，可按默认设置，新建样式只会保留到当前文档中。

（10）在【添加到快速样式列表】复选框右边有一个【自动更新】复选框，如果将其选中，表示只要对此样式进行了修改，Word 会自动重新定义该样式。

4．修改样式

更改某个样式属性的操作步骤如下。

（1）单击【开始】选项卡中【样式】组的对话框启动器，打开【样式】任务窗格。

（2）在所选文字的【格式】下拉列表框中选择【修改样式】，打开【修改样式】对话框，如图 3-55 所示。

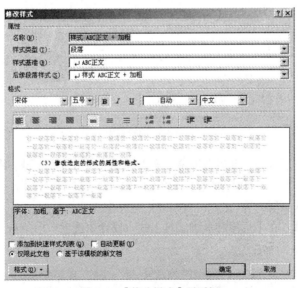

图 3-55　【修改样式】对话框

（3）修改选定样式的属性和格式。

（4）单击【确定】按钮，返回到【样式】任务窗格。

（5）单击【样式】任务窗格的【关闭】按钮。

5. 删除样式

选定需要删除的样式，单击 Delete 键或单击【删除】按钮；如果选择的是 Word 预置的样式，【删除】按钮会变为灰色，表示不能删除此样式。

3.3.5 设置页眉和页脚

1. 添加页眉和页脚

页眉和页脚位于文档中每个页面的顶部和底部区域，用户可以在页眉和页脚中插入文本和图形，如页码、日期、标志、文档标题、文件名或作者名等信息，当打印文档时，这些信息通常打印在每页的顶部和底部。在 Word 2007 中添加页眉和页脚的方法如下。

首先将插入点置于要插入页眉与页脚的节中。如果文档没有分节，则将给整个文档插入页眉与页脚。

（1）激活页眉区域。单击【插入】选项卡中【页眉和页脚】组的【页眉】按钮，如图 3-56 所示，在展开的下拉菜单中选择内置页眉或选择【编辑页眉】命令，如图 3-57 所示。

图 3-56 【页眉和页脚】组

图 3-57 编辑页眉

（2）显示激活的页眉区域。此时在屏幕上会以虚线框显示页眉区域，在页眉区域中会显示闪烁的光标。

（3）根据需要输入页眉内容。

（4）激活页脚区域。在【页眉和页脚工具】的【设计】选项卡中单击【导航】组中的【转至页脚】按钮，如图 3-58 所示。

图 3-58 【页眉和页脚工具】的【设计】选项卡

（5）输入页脚内容。此时已激活页脚区域，用户可以在此输入需要显示在页面底部的内容。

（6）完成页眉和页脚的设置后，单击【关闭】组中的【关闭页眉和页脚】按钮。

（7）返回主文档后，拖动垂直滚动条浏览文档，可以看到文档中的每一页都被添加了相同的页眉和页脚，所以说手动输入的页眉和页脚适合于页眉和页脚中一些固定不变的信息。

2. 设置页眉和页脚格式

（1）插入页码。在【页眉和页脚工具】上下文选项卡中的【设计】选项卡中单击【导航】组中的【转至页脚】按钮，切换到页脚编辑区域。单击【页眉和页脚】组中的【页码】按钮，在展开的下拉菜单中选择【当前位置】命令，选择页码格式，如图 3-59 所示。

图 3-59　页码格式

（2）插入当前日期。将插入点置于页脚编辑区域，在【页眉和页脚工具】的【设计】选项卡下单击【插入】组中的【日期和时间】按钮。

（3）选择日期格式。在弹出的【日期和时间】对话框中的【可用格式】列表框中单击需要的日期格式。如果在打开文档时需要更新，可以选中【自动更新】复选框。

（4）快速设置日期的对齐方式。返回页脚编辑区，如果需要让插入的日期右对齐显示，可以按两次【Ctrl+Tab】组合键。

（5）设置奇偶页不同。在 Word 2007 中可以设置奇偶页不同的页眉和页脚，具体操作步骤如下。

① 设置奇偶页不同。双击【页眉】或者【页脚】区域，在【页眉和页脚工具】的【设计】选项卡中选中【选项】组中的【奇偶页不同】复选框。

② 激活页眉页脚区域。屏幕上以虚线框显示页眉和页脚区域，并在区域左下角处显示【奇数页页眉】/【偶数页页眉】或【奇数页页脚】/【偶数页页眉】文本字样。

③ 插入电子邮件。单击【页眉和页脚工具】的【设计】选项卡中【插入】组的【文档属性】按钮，在展开的下拉菜单中选择【文档属性】→【单位电子邮件】命令，即在页脚区域中插入了单位电子邮件内容控件。单击该控件即可在其中输入电子邮件。

3. 将页眉或页脚保存到样式库中

要将创建的页眉或页脚保存到页眉或页脚样式库中，应先选择页眉或页脚中的文本或图形，单击【页眉】或【页脚】按钮，然后在弹出的下拉菜单中选择【将选择的内容另存为页眉库】或【将选择的内容另存为页脚库】命令。

4. 更改页眉或页脚样式

单击【插入】选项卡中【页眉和页脚】组的【页眉】或【页脚】按钮，在弹出的下拉菜单中选择页眉或页脚样式，整个文档的页眉或页脚都会改变。

5. 删除首页中的页眉或页脚

在【页面版式】命令标签上，单击【页面设置】组的对话框启动器，打开【页面设置】对话框。选择【版式】选项卡，选中【页眉和页脚】下的【首页不同】复选框，如图 3-60 所示，页眉和页脚即从文档的首页中删除。

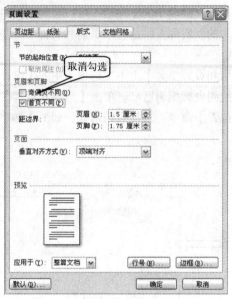

图 3-60　删除首页中的页眉或页脚

6. 更改页眉或页脚的内容

单击【插入】选项卡中【页眉和页脚】组的【页眉】或【页脚】按钮，在弹出的下拉菜单中选择【编辑页眉】或【编辑页脚】命令，可以更改页眉或页脚的内容。

7. 删除整个文档中的页眉或页脚

单击文档中的任意位置，在【插入】选项卡中【页眉和页脚】组中单击【页眉】或【页脚】，在弹出的下拉菜单中选择【删除页眉】或【删除页脚】命令，页眉或页脚即被从整个文档中删除。

8. 在含有多个节的文档中使用页眉和页脚

如果只想在文档中的一部分设置某些页面格式选项，例如行编号、列数或页眉页脚等属性，需要创建一个新的节来实现。也就是说，在含有节的文档中，可以在每一节插入不同的页眉和页脚；也可以在所有节中使用相同的页眉和页脚。

9. 为文档的某个部分创建不同的页眉或页脚

在希望创建不同页眉或页脚的节内单击鼠标，然后单击【插入】选项卡中【页眉和页脚】组的【页眉】或【页脚】按钮，选择【编辑页眉】或【编辑页脚】命令。

然后在【页眉和页脚工具】的【设计】选项卡的【导航】组中单击【链接到前一条页眉】按钮，如图 3-61 所示，就断开了新节中的页眉和页脚与前一节中的页眉和页脚之间的链接。当页眉或页脚的右上角不显示【与上一节相同】信息时，即可更改本节现有的页眉或页脚，或创建本节中新的页眉或页脚。

图 3-61　导航

10. 在文档的所有节中使用相同的页眉和页脚

双击要与前一节保持一致的页眉或页脚，在【页眉和页脚工具】的【设计】选项卡的【导航】组中单击【上一节】或【下一节】按钮，移到要更改的页眉或页脚位置。

单击【链接到前一条页眉】按钮，将当前节中的页眉和页脚重新链接到前一节中的页眉和页脚。此时 Word 2007 将会询问是否删除本节中的页眉和页脚，并链接到前一节的页眉和页脚中，如图 3-62 所示，单击【是】按钮即可。

图 3-62　询问是否删除页眉和页脚

3.3.6　设置文档背景

单击【页面布局】选项卡中【页面背景】组的【页面颜色】按钮，选择所需的颜色即可改变文档的背景颜色，如图 3-63 所示。

选择【填充效果】命令，打开【填充效果】对话框，如图 3-64 所示。在此对话框中可选择填充的渐变、纹理、图案、图片等各种特殊效果；通过背景的填充功能可以美化文档。

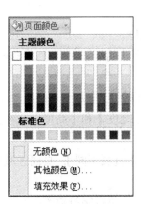

图 3-63　页面背景颜色设置

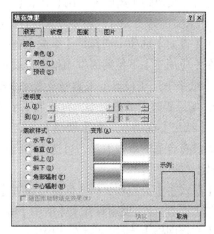

图 3-64　【填充效果】对话框

如果不需要设置或需要取消背景填充效果，可选择【页面布局】选项卡中【页面背景】组中【页面颜色】下拉按钮中的【无颜色】命令。

单击【页面布局】选项卡中【页面背景】组的【水印】按钮，可设置页面背景的水印效果。

3.3.7　页面设置

页面设置包括文字方向、纸张方向、页边距等设置。在【页面布局】选项卡中，页面设置直接决定文档的打印效果。单击【页面布局】选项卡中【页面设置】组的对话框启动器，可打开【页面设置】对话框，如图 3-65 所示。该对话框包括 4 个选项卡：【页边距】、【纸张】、【版式】和【文档网格】。

各选项卡的功能如下。

（1）【页边距】：Word 2007 设置的页边距是指文本与纸张边缘的距离，如图 3-66 所示。在设置页边距时，可以添加装订线，以便于装订；还可以为将在纸张两面打印的文档选定【对称页边距】。

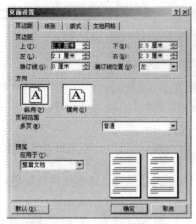

图 3-65 【页面设置】对话框

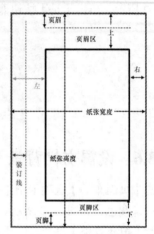

图 3-66 页边距设置

① 打开【页边距】选项卡，在【上】、【下】、【左】、【右】数值文本框中输入或选择具体的页边距值。如果文稿需要装订，还要设置装订线的位置。

② 在【方向】选项中选择是【纵向】还是【横向】。

③ 在【应用于】下拉列表框中指定所设置页边距的应用范围。

（2）【纸张】：用于设置纸张类型及纸张来源等。Word 2007 默认的纸张大小是 210mm×297mm 的 A4 纸，如果要改变纸张大小，可按如下步骤进行操作。

打开【纸张】选项卡，在【纸型】下拉列表框中选择要打印的纸张大小，例如，A3、A4、B5 等。如没有合适的纸张大小，可选择【自定义大小】，并在【宽度】和【高度】文本框中输入或选择自定义的尺寸。

（3）【版式】：【页眉和页脚】区域可设置【奇偶页不同】或【首页不同】；页面区域可设置页面的对齐方式，包括【顶端对齐】、【居中】和【底端对齐】。

（4）【文档网格】：设置文字在文档中的排列方式、每页行数、每行字符数等。

3.3.8 文档的分栏

分栏既可美化页面，又可方便阅读。分栏也可在文档中建立不同数量或不同版式的栏。Word 分栏功能具有很大的灵活性，可以控制栏数、栏宽以及栏间距。

1. 使用默认分栏设置

一般情况下，Word 文档的【分栏】下拉菜单中的【二栏】、【三栏】等都是 Word 默认的宽度。

设置分栏的方法是，单击【页面布局】选项卡中【页面设置】组的【分栏】下拉按钮，选择各分栏命令，如图 3-67 所示。

也可单击【页面设置】组中的对话框启动器，弹出【页面设置】对话框。然后选择【文档网格】选项卡，如图 3-68 所示。在【文字排列】组中设置【栏数】；并在【应用于】下拉列表框中选择【整篇文档】或【插入点之后】选项。

图 3-67　【分栏】下拉菜单

图 3-68　【文档网格】选项卡

【文档网格】选项卡中有两种分栏的范围，其含义见表 3-7。

表 3-7　　　　　　　　　　　　　　两种分栏的范围含义

范围	含义
整篇文档	将整篇文档设为多栏版式
插入点之后	将插入点之后的文本设为多栏版式
所选文字	只将选择的文本设为多栏版式，该选项只在打开对话框之前已经选择了文本时才会出现
所选节	将选择的节设为多栏版式，该选项只有在文档中已经插入了分节符时才会出现

2. 使用【分栏】对话框分栏

使用【分栏】对话框不仅可以设置等宽栏，还可以按照特殊要求设置不等宽栏或设置栏数大于 4 栏的文档。

选择【页面设置】组中【分栏】下拉菜单中的【更多分栏】命令，弹出【分栏】对话框，如图 3-69 所示。

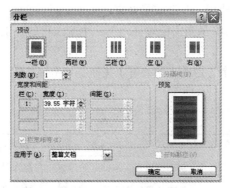

图 3-69　【分栏】对话框

对话框中的各参数设置见表3-8。

表 3-8　　　　　　　　　　　　　　分栏参数设置

名称		含义
预设	取消分栏	在【预设】栏中选择【一栏】项，可将多栏的文本恢复成单栏版式
	确定栏数	在【预设】栏中选择其他选项，如【两栏】、【三栏】、【左】和【右】
列数		当栏数大于3时，可在【列数】微调框中调整分栏的栏数（列数）
分隔线		选中该复选框，可在栏与栏之间设置分隔线，使各栏之间的界限更加明显
宽度和间距	栏	显示分栏的栏数，如显示数字3，表示将文档分成3栏
	宽度	显示分栏后每一栏的宽度
	间距	显示栏与栏之间的距离
	栏宽相等	设置两栏或两栏以上的栏数时，可设置该选项。若撤选该复选框，可对各栏中的宽度和间距进行更改；若选中该复选框，则分栏的宽度和间距均相等
预览		可预览分栏的效果

3. 平衡栏长

当对文档进行多栏的排版时，时常会出现栏与栏不等长，通过平衡栏长可以使各栏等长。将鼠标光标定位于需要分栏的文本末尾，单击【页面设置】组中的【分隔符】命令，打开【分隔符】对话框。选择【分节符类型】区域中的【连续】按钮，即可将文档分成等长栏。

3.3.9　文档排版的其他应用

1. 格式刷

格式刷能够将选定的文本格式复制应用到目标文本。首先选中已经设置好的文本，单击【开始】选项卡中【剪贴板】组的【格式刷】按钮 格式刷，然后选中要应用该格式的文本，即可完成格式的复制。

 单击【格式刷】按钮只能进行一次复制；双击【格式刷】按钮可以多次复制。如果被复制的文本中包含有多种格式，复制将以第一个字符格式进行。

2. 制表位

在输入文档时，经常会遇到要将文本垂直对齐的情况。使用空格键来对齐文本往往无法得到理想的效果，最好的方法是使用Tab键或制表位。

每按一次 Tab 键，光标将从当前位置移到下一个制表符的位置。在默认状态下，页面每隔0.75cm有一个制表符。

在水平标尺的左边有一个方形的【制表符】按钮，单击该按钮可以切换制表符的类型。常用的制表符见表3-9。

表 3-9　　　　　　　　　　　　　　制表符

制表符	说明
【左对齐制表符】	制表位设置文本的起始位置。在键入时，文本将移动到右侧
【居中制表符】	制表位设置文本的中间位置。在键入时，文本以此位置为中心显示

制表符	说明
【右对齐制表符】	制表位设置文本的右端位置。在键入时，文本移动到左侧
【小数点对齐制表符】	制表位使数字按照小数点对齐。无论位数如何，小数点始终位于相同的位置（只可按照十进制字符对齐数字；不能用小数点对齐式制表符按照另外的字符对齐数字，如连字符或 & 符号）
【竖线制表符】	制表位不定位文本。它在制表符的位置插入一条竖线

设置和使用制表位有两种操作方法：使用标尺设置制表位或使用对话框设置制表位。

（1）使用标尺设置制表位。

① 单击水平标尺左边的【制表符】按钮，根据需要选择制表位类型。

② 在标尺有数字标记的位置，使用鼠标在需设置制表位的标尺区域单击，就可产生相应的制表位。

③ 在输入文本时，使用 Tab 键，光标会移动至下一处制表位，输入的文本将以指定的制表位类型对齐。

④ 如果不需要或设置的制表位位置不恰当，可以用鼠标将制表位拖出标尺，或在标尺上移动制表位到合适的位置。

（2）使用对话框设置制表位。虽然使用标尺设置制表位非常便捷，但设置精度较差。要使制表位定位精确，可以使用对话框设置制表位。

双击标尺上已经设置的任意制表符，可以打开【制表位】对话框，如图 3-70 所示。

对话框中各选项功能如下：

①【制表位位置】对话框用于设置精确的制表位的位置。

②【默认制表位】微调框用于设置默认的制表位位置。

③【对齐方式】区域中提供了 5 种设置方式，用于设置文本对齐的方式。

④【前导符】区域中提供了 5 种前导符的设置方式，用于设置文本至前一制表位之间的填充符号。

⑤【设置】按钮用于设置制表位。

⑥【清除】按钮用于清除光标所在处的制表位。

⑦【全部清除】按钮用于清除光标所在行的所有制表位。

根据需要设定后，单击【确定】按钮使设置生效。如图 3-71 所示为设置的制表位效果。

3．项目符号和编号

当文档的某一个段落需要符号或编号时，Word 提供了项目符号和编号功能，这样可以大大地提高工作效率，特别是当需要修改或调整编号内容时，更能显示它的智能功能。

（1）自动创建项目符号或编号。

① 创建项目符号。首先在新段落的行首输入星号【*】或连字符【-】，后跟一个空格，然后再输入文本。当按 Enter 键时，星号会自动转换为黑色圆点的项目符号，并且在下一段落的行首自动添加相同的项目符号。

② 创建编号列表。首先在新段落的行首输入编号的第一个数字或字母，加上一个圆点、顿号或右括号，后跟一个空格，然后再输入列表的内容。当按 Enter 键时，Word 2007 会自动连续编号。

图 3-70 【制表位】对话框

图 3-71 设置的制表位效果

（2）手动添加项目符号。如果要将已经输入的若干个段落加上项目符号，可按下述步骤进行。

① 选择要添加项目符号的一个或多个段落。

② 单击【开始】选项卡中【段落】组的【项目符号】按钮 ☰，Word 2007 就会在选定的段落前添加项目符号。

Word 2007 中已经预先定义了 7 套项目符号，如图 3-72 所示。如果需要自定义项目符号，可以选择【定义新项目符号】命令，打开【定义新项目符号】对话框，如图 3-73 所示，从而设置不同风格的字符或图片作为项目符号或编号。

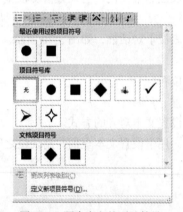

图 3-72 预先定义的项目符号

图 3-73 【定义新项目符号】对话框

（3）手动添加编号。如果要将已经输入的若干个段落加上编号，可按下述步骤进行。

① 选择要添加编号的一个或多个段落。

② 单击【开始】选项卡中【段落】组的【编号】按钮 ☰，Word 2007 就会在选定的段落前添加默认的数字或字母编号。

如果对这个工具按钮预设的编号形式不满意，而希望使用其他形式的编号，可以参照下面的方法进行更改。

① 选择要添加编号的一个或多个段落。

② 单击【开始】选项卡中【段落】组的【编号】下三角按钮 ☰，选择【定义新编号格式】选项，在弹出的菜单中设置编号样式，或自己输入编号格式。

4. 封面

Word 2007 中内置了封面样式库，用户可以方便快速地制作文档封面。插入封面的具体操作步骤如下。

（1）切换到【插入】选项卡，单击【页】组中的【封面】按钮 封面 ，在展开的内置封面库中单击需要插入的封面，如图 3-74 所示。

（2）插入日期年份。插入封面后，接下来输入需要内容，首先单击【年】内容控件右侧的下三角按钮，在展开的日历表中选择需要的日期年份。

（3）输入标题和副标题。单击文档中的【标题】内容控件，在其中输入标题，然后再用相同的方法输入副标题。

（4）输入摘要、作者名称和公司名称。

设置封面格式：从封面样式库中选择需要的封面模板。

（1）设置背景文本框的填充颜色。单击选中标题文本框，然后切换至【文本框工具】的【格式】选项卡，单击【文本框样式】组中的【形状填充】按钮，在展开的下拉菜单中选择填充颜色。

（2）更改图片样式。如果封面中插入了图片，为了使图片与封面融合，单击选中图片，切换至【图片工具】的【格式】选项卡，在【图片样式】组中选择需要的图片样式，如图 3-75 所示。

图 3-74　内置【封面】库

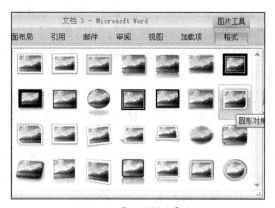

图 3-75　【图片样式】库

3.4　表格处理

在处理日常文档时，经常会遇到表格。Word 2007 提供了强大的表格制作功能，用户可以方便地建立、编辑、格式化表格，而且可以对数据进行排序、计算等。

3.4.1　创建表格

在 Word 2007 中创建表格有多种方法，如快速插入表格、通过对话框插入表格、绘制表格，也可以插入 Excel 电子表格和内置表格等，具体操作步骤如下。

1．使用【表格】菜单插入表格

（1）将光标放置在要插入表格的位置。

（2）单击【插入】选项卡中【表格】组的【表格】按钮，在展

图 3-76　插入表格的网格菜单

开的下拉菜单中拖动鼠标选择表格所需的行数和列数，如图 3-76 所示。

（3）释放鼠标左键即可。

2. 使用【插入表格】对话框创建表格

（1）将光标放置在要插入表格的位置。

（2）单击【插入】选项卡中【表格】组的【表格】按钮，在展开的下拉菜单中选择【插入表格】命令，弹出【插入表格】对话框，如图 3-77 所示。

图 3-77 【插入表格】对话框

（3）在【表格尺寸】区域输入创建的表格的列数和行数。

（4）确定行数和列数之后，可以使用【"自动调整"操作】选项组中的 3 个选项来调整列宽。

①【固定列宽】：表明表格的每列宽度是固定的，其右侧框中的【自动】选项是默认的宽度，也可以用微调按钮进行调整。

②【根据内容调整表格】：根据当前表格中的内容来确定宽度。

③【根据窗口调整表格】：根据当前窗口中的页面大小来确定表格的列宽。

3. 快速表格

Word 内置了大量的表格样式，若想在建立表格时使用一些特定样式，可单击【表格】按钮，在展开的下拉列表中选择【快速表格】命令，在弹出的菜单中选择内置的表格样式。

4. 自由绘制表格

利用插入表格的方法只能创建简单的表格，如果要制作比较复杂的表格，可采用绘制表格的方式。

（1）单击【表格】按钮，在展开的下拉列表中单击【绘制表格】按钮，进入绘制表格状态。

（2）按住鼠标左键，从表格的左上角拖曳至右下角，释放鼠标左键，表格的外框便出来了，同时在功能区中自动添加【表格工具】的【设计】选项卡（见图 3-78），以及【布局】选项卡（见图 3-79）。

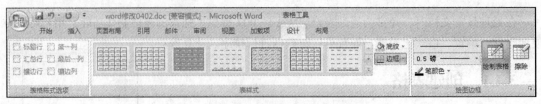

图 3-78 【表格工具】的【设计】选项卡

图 3-79 【表格工具】的【布局】选项卡

（3）如果对绘制的框线不满意，可单击【绘图边框】工具栏的【擦除】按钮，鼠标会变为

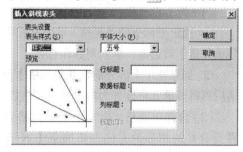

形状。将鼠标移动到要擦除的表格线上，按住鼠标左键拖动，就可以擦掉不需要的表格线。

5．绘制斜线表头

将光标定位于表格的表头位置，在【表格工具】→【布局】选项卡→【表】组中单击【绘制斜线表头】按钮，弹出【插入斜线表头】对话框，分别在【行标题】和【列标题】文本框中输入行列标题，如图 3-80所示。

图 3-80　【插入斜线表头】对话框

在【表头样式】下拉列表框中选择一种表头样式，即可在【预览】栏中显示该表头样式。

3.4.2　表格的基本操作

1．选择单元格、行、列或整个表格

（1）选择单元格。将鼠标指向单元格左下角，当指针变为"➚"时单击左键，便可选中该单元格；按住左键拖曳，则可选择连续的几个单元格。

（2）选择行。将鼠标移至该行最左边，当鼠标指针形状变为"➘"时单击左键，便可选中该行。

（3）选择列。将鼠标移动至待选列的顶端线上，当鼠标指针变成向下的黑箭头时单击左键，即可选中该列。

（4）选择表格。用鼠标单击表格左上角的选择柄"⊞"，整个表格即被选取。

2．插入、删除行（列）

（1）插入行（列）。将光标放置在表格需要添加行（列）的位置，单击【行和列】组中的【在上方插入（行）】、【在下方插入（行）】或【在左侧插入（列）】、【在右侧插入（列）】命令，即可插入一行（列）。

（2）将光标放置于某一行最右表格线外，按 Enter 键可直接插入一新行。

（3）删除行（列）：选定需要删除的行或列，单击【行和列】组中的【删除】按钮，在下拉菜单中选择【删除行】或【删除列】即可删除，如图 3-81 所示。

3．插入和删除单元格

（1）插入单元格。

① 选定若干单元格,因为选定的单元格数量决定了插入单元格的数量。

图 3-81　【删除】选项

② 单击【行和列】组中的对话框启动器，打开【插入单元格】对话框。

③ 如果选中【整行插入】单选按钮，则单击【确定】按钮后，在选定行的下方添加单元格。

如果选中【活动单元格下移】单选按钮，单击【确定】按钮后，所添加的单元格会出现在所选单元格的上方，选定的单元格和此列中其余的单元格都向下移动，同时在表格其他没有选定的列的最下边也添加同样的行数。

（2）删除单元格。选中需要删除的单元格，单击【行和列】组中的【删除】按钮，在下拉菜单中做相应选择后即可删除。

4. 拆分和合并单元格、表格

（1）拆分单元格。

① 选定要拆分的单元格，单击【布局】选项卡中【合并】组的【拆分单元格】按钮，打开【拆分单元格】对话框，输入列数和行数。

② 如果选中【拆分前合并单元格】复选按钮，则在拆分前先将多个单元合并为一个单元格，然后再将该单元格拆分为指定的单元格数。

（2）合并单元格。指将多个单元格合并成一个较大的单元格。选中需要合并的相邻单元格，切换至【表格工具】的【布局】选项卡，单击【合并】组中的【合并单元格】按钮；或选中需要合并的单元格并右键单击，在弹出的快捷菜单中选择【合并单元格】命令，如图 3-82 所示。

图 3-82 合并单元格

（3）拆分表格。就是将一个表格拆分成两个独立的表格。选中需要拆分的单元格，单击【合并】组中的【拆分单元格】按钮，即可打开【拆分单元格】对话框。

3.4.3 设置表格的属性

如果要精确地定制表格或修饰表格，可以设置表格属性。将插入点移至表格中的任何地方，打开【表格属性】对话框，如图 3-83 所示。

1. 设置整个表格属性

在【表格】选项卡中可设置表格的宽度、对齐方式、文字环绕等属性。

2. 重复使用表格标题

如果表格较大而被分成多页，可将表格标题用于同一表格的后续各页中。选定要作为后续表格标题的一行或多行（首行必选），在【表格属性】对话框中选择【行】选项卡，选中【在各页顶端以标题行形式重复出现】复选框，系统会自动在表格的后续各页中重复使用表格标题。

3. 设置单元格属性

选定单元格，打开【单元格】选项卡，可设置单元格的大小及文字在单元格中垂直方向上的对齐方式等。

图 3-83 【表格属性】对话框

4. 表格线的设定

在【表格属性】对话框中单击【边框和底纹】按钮，可打开【边框和底纹】对话框，对其进行设置。

（1）设置边框。选定需要设置边框的单元格，根据需要在【边框】选项卡中的【设置】区域中选择边框。

① 【无】：用于隐藏表格边框，但边框依然存在。

② 【方框】：用于只显示表格的边框，不显示内部网格。

③ 【全部】：用于显示表格中的所有边框，当改变边框的线型时，所有边框的线型随之变化。

④ 【网格】：用于显示表格所有的边框，与【全部】所不同的是，在选中该项时，在改变边框的线型时，只能改变表格的外围边框线型。

⑤【自定义】：用于自行设置表格的边框。

在【线型】样板中选择需要的线型。如果不显示表格的某些边框，则应当单击【预览】区域中的相应按钮或单击【预览】区域中相应的边框线。

（2）设置底纹。选定需要添加底纹的单元格或表格。在【填充】区域中可以选择底纹的颜色，在【图案】区域内的【样式】下拉列表框中选择系统提供的底纹图案样式库，用户根据实际的要求进行选择即可。

5.　调整表格的行高和列宽

创建表格时，Word 使用系统默认的行高和列宽。一般来说，这样的宽度与高度需要调整，调整的方法主要有以下几种。

（1）模糊调整。用鼠标直接在表格上进行调整。当鼠标指针移至表格的横线（最上一条除外）上时，指针变成"≑"，这时按住左键上下拖动鼠标可调整行高；当鼠标指针移至表格的竖线上时，指针变成"✛‖✛"，这时按住左键左右拖动鼠标可调整列宽。如果在使用鼠标调整列宽时同时按住 Alt 键，水平标尺栏中显示列宽的具体数值。如果在调整时同时按住 Ctrl 键，整个表格的宽度将随列宽的改变而改变。

（2）精确调整。

① 在出现的"表格工具"【布局】选项卡中单击【表】组中的【属性】按钮，打开【表格属性】对话框，如图 3-84 所示。

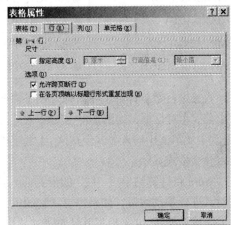

图 3-84　【表格属性】对话框

② 选中【行】、【列】选项卡中的【指定高度】复选框，在数字框中输入适当的行（列）高度（宽度）。

③ 用【上一行】或【下一行】按钮对表格中的各行（列）的高度进行设置。

④ 在【单元格】选择卡中指定单元格的大小及文字在单元格中的对齐方式。

⑤ 单击【确定】按钮退出。

3.4.4　表格数据的排序与计算

在 Word 文档中，插入表格可以增强文档中数据的可读性。对于表格中的数据，用户可以将列表中的内容按从高到低或者从大到小的顺序进行简单排序，也可以将一行或者一列中的数字进行相加等操作。

1.　数据排序

在页面视图中，将指针移到表格左上角，并选择出现的表格标签，以选择要进行排序的表格。在【表格工具】下的【布局】选项卡中单击【数据】组中的【排序】按钮。

在【排序】对话框中【主要关键字】、【次要关键字】、【第三关键字】3 个下拉列表均用于选择排序的依据。如果在"列表"区域中选择【有标题行】，则系统将认为选定的区域中的第一行为标题，其不参加排序。

2.　表格中数据的计算

在 Word 中可以对表内数据进行基本统计运算，如加、减、乘、除、求平均数、百分比等。在计算公式时，用大写英文字母 A、B、C……代表列，用阿拉伯数字 1、2、3……代表行，单元格用它所处的行列交叉位置表示，先列后行。如第 2 行第 3 列的单元格表示为 C2。然后利用对话框中的【粘贴函数】提供的函数进行计算。表 3-10 列举了常用的公式表达式。

表 3-10　　　　　　　　　　　　　　　　常用的公式表达式

表达式	表示含义
=SUM(LEFT)	对所有左边的有效数据求和
=SUM(RIGHT)	对所有右边的有效数据求和
=SUM(A2:D3)	对 A2 到 D3 中的所有单元格数据求和
=SUM(A3,C3,D5)	对 A3、C3、D5 这 3 个单元格求和
=MAX(A1:D3)	求 A1 到 D3 中所有的单元格数据的最大值
=MIN(A2:G5)	求 A2 到 G5 中所有的单元格数据的最小值
=AVERAGE(A2:G2)	求 A2 到 G2 中所有的单元格数据的平均值

　　直接进行数据计算，将鼠标定位于需要计算的单元格内，选择【表格】→【公式】命令，打开【公式】对话框，如图 3-85 所示。在【粘贴函数】下拉列表框中选择合适的函数，或是直接在【公式】文本框中输入公式表达式，【数字格式】下拉列表框提供以什么格式显示。

　　Word 将计算结果以"域"的形式插入到单元格中，用户无法对其进行手动编辑。如果想更新它的值，使用【更新域】命令或是按功能键 F9 来根据其计算表达式中的参数进行更新。

图 3-85　【公式】对话框

　　Word 提供了专门为表格计算数据的公式，并且还可以设置计算结果的格式等。在利用 Word 进行表格计算时，每个单元格将作为一个基本的参与单位来完成常用的数学计算。

　　将光标置于需要计算数据的单元格中，单击【布局】组中的【公式】按钮，弹出【公式】对话框。在该对话框中可以输入计算表格中的数据公式、设置结果的格式、所使用的函数和粘贴书签等。

3.4.5　表格与文本之间的转换

　　在 Word 中，用户可以将表格转换成文本格式，还可以将有规律的文本格式转换成表格，这样使表格更灵活地使用不同的信息源，或利用相同的信息源实现不同的工作目的。

　　1．将表格转换成文本

　　将光标置于表格中，选择【布局】选项卡，单击【数据】组中的【转换为文本】按钮 ，在弹出的【表格转换成文本】对话框中选择一种文字分隔符，如图 3-86 所示。

　　当选中【制表符】单选按钮时，在每个单元格后面产生一个制表符（Tab 键），并且每行为一个段落。

　　2．将文本转换成表格

　　要将文本转换成表格，可以使用段落标记、逗号、制表符或其他特定字符标记新列。选择需要转换的文本，并单击【表格】组中的【表格】下拉按钮，选择【文本转换成表格】命令 。在弹出的【将文字转换成表格】对话框中设置表格尺寸、【"自动调整"操作】和【文字分隔位置】等，如图 3-87 所示。单击【确定】按钮，即可将文本转换成表格。

图 3-86 【表格转换成文本】对话框

图 3-87 【将文字转换成表格】对话框

3.5　图文混排

Word 2007 提供了强大的美化图像功能。在文档中插入图片、自选图形以及艺术字等图形对象，可以使文档变得更加引人注目。

3.5.1　插入图片

1. 插入自定义图片

用户可以插入本地计算机中所保存的图片，也可以直接插入网页中的图片。

在【插入】选项卡中单击【插图】组中的【图片】按钮，如图 3-88 所示，在弹出的【插入图片】对话框中选择本地计算机上保存的图片。

在打开的网页中，右键单击图片并选择【复制】命令，然后在文档中右键单击空白处并选择【粘贴】命令，可以从网页中插入一幅图片。

2. 设置图片格式

插入图片后，可以对图片格式进行设置，如设置图片效果、设置图片的文字环绕等。

（1）调整图片大小。选择插入的图片，在【图片】工具栏的【格式】选项卡中设置【大小】组中的【高度】和【宽度】值，按 Enter 键即可调整图片的大小，如图 3-89 所示。

图 3-88 【插图】组中的【图片】按钮

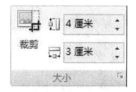

图 3-89 调整图片大小

在编辑图片时，有时只需要图片的某一部分，此时可以进行裁剪图片操作。在【大小】组中单击【裁剪】按钮，图片上会出现 8 个裁剪控制柄，如图 3-90 所示，在任意一个裁剪控制柄上按住鼠标左键拖动即可裁切图片。

（2）排列图片。在 Word 中可以把图形对象与文字结合在一个版面上，通过排列图片实现图文混排，从而设计出图文并茂的文档。通常情况下，在排列图片时可以设置图片位置、图片层次、文字环绕等。

① 设置图片位置。图片在文档中的排列方式主要分嵌入文本行中和文字环绕两大类,其中文字环绕又分为 7 种。要设置图片位置,先选择图片,然后选择【格式】选项卡,在【排列】组中单击【位置】下拉按钮,再从弹出的下拉菜单中选择不同的图片排列方式,如图 3-91 所示。

图 3-90　单击【裁剪】按钮出现的裁剪控制柄　　　　图 3-91　设置图片位置

② 文字环绕。在 Word 中,用于设置图片环绕文字的方式主要有 7 种,包括嵌入型、四周型环绕、紧密型环绕、衬于文字下方、浮于文字上方、上下型环绕及穿越型环绕。

选择文档中的图片,在【排列】组中单击【文字环绕】下拉按钮,选择不同的环绕方式命令,如图 3-92 所示,可以实现不同的环绕效果。

另外,在【文字环绕】下拉菜单中可选择【编辑环绕顶点】命令来修改环绕顶点。选择该命令后,在选择的图片四周显示环绕线(图片四周的红色虚线)和环绕控制点(在图片的顶点上出现的黑色实心正方形形状),单击环绕线上的某位置并拖动(此时将在该位置自动添加环绕控制点)或单击并拖动环绕控制点,即可改变环绕形状。

③ 调整图片叠放次序。当文档中存在多张图片时,可以设置图片的叠放次序。要设置图片的层次,可以在【排列】组中单击【置于底层】或【置于顶层】按钮,如图 3-93 所示。

④ 对齐方式。图形的对齐可以在页面中精确地设置图形位置,它的主要作用是使多个图形在水平或者垂直方向上精确定位。

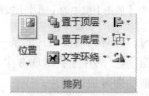

图 3-92　设置【文字环绕】方式　　　　图 3-93　调整图片叠放次序

选择要对齐的图片,单击【排列】组中的【对齐】按钮，,在下拉菜单中选择对齐的对象(相对页面对齐还是相对边距对齐),然后再选择对齐方式,如图 3-94 所示。

（3）组合图片。组合图形功能可以将多个图片合并成一个对象，便于移动、复制、统一设置图片格式。取消组合功能可以取消已合并图形的组合效果。当需要修改或者删除组合图形中的某个图形时，必须取消组合。

进行组合命令时，先选择一张图片，按住 Shift 键再选择其他图片，然后在【排列】组中单击【组合】下拉按钮，如图 3-95 所示，选择【组合】命令。

图 3-94 【对齐】下拉菜单　　　　　　　　　　　图 3-95 【组合】命令

（4）旋转图片。旋转图形功能用于改变图形方向，即使图形任意向左或者向右旋转；也可以在水平方向或者垂直方向翻转图形。

单击【旋转】下拉按钮，选择【其他旋转选项】命令，在弹出的对话框中可以设置图片的高度、宽度、旋转和缩放，如图 3-96 所示。

3. 插入剪贴画

剪贴画是系统自带的一种图片格式，用户可以将剪贴画插入到文档中，包括绘图、影片、声音或库存图片，以展示特定的概念。

单击【插图】组中的【剪贴画】按钮，弹出【剪贴画】任务窗格，如图 3-97 所示。

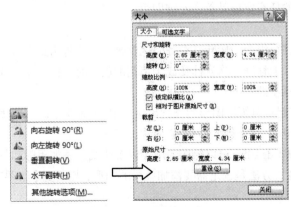

图 3-96 设置旋转选项　　　　　　　　　　　图 3-97 【剪贴画】任务窗格

单击【管理剪辑】按钮，在弹出的窗口中单击【Office 收藏集】展开按钮，选择相应的分类文件夹，如单击【保健】展开按钮。在窗口中选择要插入的图片，右键单击并选择【复制】命令，如图 3-98 所示。在 Word 文档中右键单击并选择【粘贴】命令，即可插入一张剪贴画，效果如图3-99 所示。

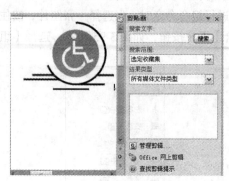

图 3-98 【剪辑管理器】窗口　　　　　　　　　　图 3-99 【插入剪贴画】效果

3.5.2　插入形状

在 Word 中可以通过【插图】组插入预置的形状，如矩形、圆、箭头、线条、流程图符号和标注等。

单击【插图】组中的【形状】下拉按钮，可插入许多所需要的形状，如图 3-100 所示。选择其中所需的图形，此时鼠标指针变为十字形，单击鼠标左键并拖动开始绘制，释放鼠标即可完成。

1．选中图形

将鼠标移到该图形上单击左键可以选定。如果需要同时选定多个图形，按住 Shift 键或 Ctrl键，然后依次单击其他图形。

需要同时选定多个位置比较集中的图形时，可通过【选择对象】按钮实现，方法如下。

（1）单击【开始】选项卡中【编辑】组的【选择】按钮。

（2）将鼠标指针移到文档编辑区，单击左键并拖动鼠标，屏幕上出现一个虚线框，可以通过按 Shift 键或 Ctrl 键配合选择。

（3）当虚线框包围所有的图形对象后，松开鼠标左键即可选定。

如果要取消选择对象，在文本区域的任意空白处单击左键即可。

2．设置图形格式

（1）和图片一样，用户可以对图形进行组合、旋转、对齐、调整叠放次序等格式设置。如果图形的位置不合适，可用鼠标指针在图形上移动，当光标变成十字花形箭头时，按住左键并拖动鼠标，图形就会随之移动，直至松开鼠标左键。

按住 Shift 键可在调整图形的 4 个控制点时锁定图形的长宽比例。如果调整图形时需要固定图形的中心位置，按住 Ctrl 键再使用鼠标拖动，图形即可以中心对称进行缩放。

（2）设置图形的阴影和三维效果。Word 2007 可以给图形应用内置样式、添加阴影和三维效果，并对效果大小、方向和颜色进行改变，方法是选定需要添加效果的图形，切换到【绘图工具】的【格式】选项卡，如图 3-101 所示。

给图形设置三维效果，可以调整三维效果图形的延伸程度、照明颜色、旋转度、角度、方向以及表面纹理等。

图 3-100 【形状】下拉按钮

图 3-101 设置图形的样式、阴影和三维效果

3.5.3 插入文本框

文本框是一种图形对象，是存放文本或者图形的容器，如图 3-102 所示。在 Word 文档中可插入两种类型的文本框，插入内置的文本框和插入带有方向的文本框。

选择【插入】选项卡，单击【文本】组中的【文本框】下拉按钮，如图 3-103 所示。【内置】栏中提供了 6 种文本框样式，用户可以根据需要进行选择。

图 3-102 在文本框中插入图片和文字

图 3-103 【文本框】下拉菜单

根据文本框中文本的排列方向，可以将文本框分为【横排】文本框和【竖排】文本框两种。

在【文本框】下拉菜单中选择【绘制文本框】或者【绘制竖排文本框】命令，然后在文档中拖动鼠标绘制文本框，此时功能区中会自动添加【文本框工具】的【格式】选项卡，用户可以对文本框进行效果处理，操作方法与设置图形格式类似。

3.5.4 插入艺术字

艺术字是一个文字样式库，用户可以将艺术字添加到文档中，以制作出装饰性效果，如带阴影的文字或镜像（反射）文字。

在【插入】选项卡的【文本】组中单击【艺术字】下拉按钮，系统提供了 30 种艺术字样式，如图 3-104 所示。用户只需选择相应的艺术字样式，并在弹出的【编辑艺术字文字】对话框的【文本】栏中输入相应的艺术字，并设置字体与字号，即可插入艺术字，如图 3-105 所示。

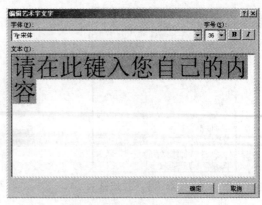

图 3-104　艺术字样式　　　　　　　　　图 3-105　编辑艺术字文字

3.5.5　插入 SmartArt 图形

SmartArt 图形是信息和观点的视觉表示形式，包括图形列表、流程图以及更为复杂的图形，例如维恩图和组织结构图。用户可以通过在多种不同布局中创建 SmartArt 图形，从而快速、轻松、有效地传达信息。

在【插入】选项卡的【插图】组中单击【插入 SmartArt 图形】按钮，弹出【图示库】对话框，如图 3-106 所示。该对话框中显示了创建 SmartArt 图形的几种类型，见表 3-11。

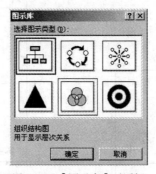

图 3-106　【图示库】对话框

表 3-11　　　　　　　　　　　　　　　创建 SmartArt 图形的类型

选项	说明	选项	说明
列表	显示无序信息	层次结构	显示决策树
流程	在流程或时间线中显示步骤	关系	对连接进行图解
循环	显示连续的流程	矩阵	显示各部分如何与整体关联
层次结构	创建组织结构图	棱锥图	显示与顶部或底部最大一部分之间的比例关系

3.6 Word 2010 新特性

Microsoft Word 2010 提供了目前世界上最出色的功能，其增强后的功能可创建专业水准的文档，可以更加轻松地与他人协同工作，并可在任何地点访问文件。Word 2010 旨在提供最上乘的文档格式设置工具，利用它还可更轻松、高效地组织和编写文档，并使这些文档唾手可得，无论何时何地灵感迸发，都可捕获这些灵感。

1. Word 2010 十大优势

（1）发现改进的搜索与导航体验。

（2）与他人协同工作，而不必排队等候。

（3）几乎可从任何位置访问和共享文档。

（4）向文本添加视觉效果。

（5）将文本转换为醒目的图表。

（6）为文档增加视觉冲击力。

（7）恢复认为已丢失的工作。

（8）跨越沟通障碍。

（9）将屏幕截图和手写内容插入到文档中。

（10）利用增强的用户体验完成更多工作。

2. Word 2010 新增功能

（1）Word 2010 中使用功能区查找所需命令。选项卡都是按面向任务型设计的，每个选项卡中都是通过组将一个任务分解为多个子任务，每个组中的命令按钮都执行一个命令或显示一个命令菜单。

（2）Word 2010 中使用新的"文档导航"窗格和"搜索"功能浏览长文档。在 Word 2010 中，可以在长文档中快速导航，还可以通过拖放标题而非复制和粘贴来方便地重新组织文档。可以使用增量搜索来查找内容，因此即使并不确切了解所要查找的内容也能进行查找。

（3）Word 2010 使用 OpenType 功能微调文本。Word 2010 提供了对高级文本格式设置功能的支持，包括一系列连字设置以及选择样式集和数字形式。可以将这些新增功能用于多种 OpenType 字体，以实现更高级别的版式润色。

（4）点几下鼠标 Word 2010，即可添加预设格式的元素。通过 Word 2010，可以使用构建基块将预设格式的内容添加到文档中。通过构建基块还可以重复使用常用的内容，帮助节省时间。

（5）利用 Word 2010 极富视觉冲击力的图形更有效地进行沟通。新的图表和绘图功能包含三维形状、透明度、投影以及其他效果。

（6）向图像添加艺术效果。Word 2010 可以向图片应用复杂的"艺术"效果，使图片看起来更像草图、绘图或油画。这可以轻松地优化图像，而无需使用其他照片编辑程序。

（7）即时对文档应用新的外观。可以使用样式对文档中的重要元素快速设置格式，例如标题和子标题。样式是一组格式特征，例如字体名称、字号、颜色、段落对齐方式和间距。使用样式来应用格式设置时，在长文档中更改格式设置会变得更为容易。例如，只需更改单个标题样式而无需更改文档中每个标题 的格式设置。

（8）添加数学公式。在 Word 2010 中向文档插入数学符号和公式非常方便。只需转到"插入"

选项卡，然后单击"公式"，即可在内置公式库中进行选择。使用"公式工具"上下文菜单可以编辑公式。

（9）轻松避免拼写错误。在编写让其他人查看的文档时，当然不希望出现影响理解或破坏专业形象的拼写错误。拼写检查器的新功能便于满怀信心地分发工作。

（10）在任意设备上使用 Word 2010。借助 Word 2010 可以根据需要在任意设备上使用熟悉的 Word 强大功能。可以从浏览器和移动电话查看、导航和编辑 Word 文档，而不会减少文档的丰富格式。

习　题

一、填空题

1. 在 Word 2007 中，要利用已经打开的 Word 组件创建新文档，可以通过单击 Office 按钮，选择_____命令，也可以按_____快捷键来完成。

2. 在 Word 2007 中，要将文档保存成与在 Word 97-2003 兼容的格式，应选择的保存类型为_____。

3. 在 Word 文档中，单击状态栏的_____按钮，或者按键盘上的_____键，即可实现插入状态和改写状态之间的切换。

4. 要选择文档中的文本，可以利用_____和_____两种方法进行。

5. 要在 Word 文档中选择一个连续的文本区域，可将光标置于该区域的第一个字符前，按住_____键不放，再到该区域最后一个字符后单击即可。

6. 要对文本进行移动或者复制操作，可以利用_____组中的【剪切】按钮和【复制】按钮。

7. 要在文档中显示结构图，应选择_____选项卡，选中_____组中的【文档结构图】复选框。

8. 要在文档中插入特殊字符，可以在【插入】选项卡中选择_____命令。

9. _____是指作为文本输入的汉字、字母、数字、标点以及特殊符号等，是文档格式化的最小单位。

10. 在设置字符格式时，可以通过【字体】组、_____和【字体】对话框 3 种方式进行设置。

11. 在【字符间距】选项卡中，不仅可以设置字符间距，还可以设置字符的_____和字符在垂直方向上的位置。

12. Word 2007 的【段落】组中共提供了_____种段落对齐方式。

13. 所谓段落格式是指以_____（即两个回车符之间的文本内容）为单位的格式设置。

14. 段落格式设置包含对段落_____的设置、段落缩进的设置以及段间距和行间距的设置等。

15. 使用 Word 的_____和_____功能，可以使文档条理清楚，内容层次分明，突出重点。

16. _____就是系统自带或用户自定义并保存的一系列排版格式。

17. 在 Word 文档中，可以将文档分为两栏、三栏甚至更多栏，若用户需要在分栏中添加分隔线，只需在_____对话框中选中_____复选框。

18. 在 Word 2007 中，插入图片的方法为在【插图】组中单击＿＿＿＿＿＿＿按钮。

19. 根据文本框中文本的排列方向，可以将文本框分为＿＿＿＿＿＿＿文本框和＿＿＿＿＿＿＿文本框两种。

20. 在 Word 文档中，进入页眉的编辑状态后，若需要返回编辑模式，除了可以单击【关闭页眉和页脚】按钮返回外，还可以＿＿＿＿＿＿＿或者按＿＿＿＿＿＿＿键返回编辑模式。

二、选择题

1. 在 Word 2007 中，以默认格式保存文档的组合键是＿＿＿＿＿＿＿，其文件扩展名为＿＿＿＿＿＿＿。
   A. Ctrl+A，.docx 　　　　　　　　 B. Ctrl+S，.docx
   C. Ctrl+N，.dotx 　　　　　　　　 D. Ctrl+B，.xml

2. 在 Word 文档中输入文本内容时，用户可通过＿＿＿＿＿＿＿查看统计的页数和字数。
   A. 标题栏 　　　 B. 编辑区 　　　 C. 状态栏 　　　　　 D. 选项卡

3. 下面关于 Word 中格式刷工具的说法中，不正确的是＿＿＿＿＿＿＿。
   A. 格式刷工具可以用来复制文字
   B. 格式刷工具可以用来快速设置文字格式
   C. 格式刷工具可以用来快速设置段落格式
   D. 双击【格式刷】按钮，可以多次复制同一格式

4. 在 Word 2007 中，定时自动保存功能的作用是＿＿＿＿＿＿＿。
   A. 定时自动地为用户保存文档，使用户可免存盘之累
   B. 为用户保存备份文档，以供用户恢复系统时使用
   C. 为防意外保存的文档备份，以供 Word 恢复系统时用
   D. 为防意外保存的文档备份，以供用户恢复文档时用

5. 在 Word 2007 中，若想以文档的标题层次显示文档内容，可以选择＿＿＿＿＿＿＿。
   A. 页面视图 　　 B. 大纲视图 　　 C. 普通视图 　　 D. Web 版式视图

6. 如果用户在 Word 文档中操作错误，可单击＿＿＿＿＿＿＿按钮纠正错误。
   A. 撤销 　　　 B. 恢复 　　　 C. 剪切 　　　 D. 重复

7. 在 Word 文档中，若要选择垂直文本块，按住＿＿＿＿＿＿＿键，同时在文本上拖动指针。
   A. Ctrl+Home 　 B. Shift+Home 　 C. Shift+End 　 D. Ctrl+End

8. 利用 Word 2007 中提供的＿＿＿＿＿＿＿功能，可以帮助用户快速转至文档中的任何位置。
   A. 查找 　　　 B. 替换 　　　 C. 定位 　　　 D. 改写

9. 在 Word 中，用户可以为段落设置多种对齐方式，其中＿＿＿＿＿＿＿对齐方式是系统默认的对齐方式。
   A. 左对齐 　　　 B. 两端对齐 　　 C. 分散对其 　　 D. 右对齐

10. 利用＿＿＿＿＿＿＿不可以设置段落的缩进方式。＿＿＿＿＿＿＿
   A.【字体】对话框 　　　　　　　 B. 水平标尺
   C.【段落】对话框 　　　　　　　 D.【页面布局】中的【段落】组

11. 设置段落缩进方式，可以使用【段落】组和【段落】对话框等多种方法。使用＿＿＿＿＿＿＿键，可以快速对段落进行左缩进。
   A. Ctrl 　　　 B. Shift 　　　 C. Alt 　　　 D. Tab

12. 要改变段落的格式，首先要将光标定位于段落中的＿＿＿＿＿＿＿位置。
   A. 段首 　　　 B. 段尾 　　　 C. 行首 　　　 D. 任意位置

13. 下列说法中，不正确的是_____。

　　A. 段落的对齐方式有 3 种

　　B. 使用【Ctrl+E】组合键可以使选择的段落居中对齐

　　C. 当段落不满一行时，若使用分散对齐，则该段落还是左对齐显示

　　D. 在默认状态下，段落的对齐方式是左对齐

14. 要更新文档目录，可按键盘上的_____键对创建的文档目录进行更新。

　　A. F9　　　　　　B. F8　　　　　　C. F5　　　　　　D. F1

15. 在对 Word 文档进行编排时，可以在水平标尺上直接进行_____操作。

　　A. 设置段落对齐方式　　　　　　B. 设置段落缩进

　　C. 建立表格　　　　　　　　　　D. 对文档进行分栏

16. 在 Word 2007 中使用表格时，单元格内可以填写的信息为_____。

　　A. 文字、符号、图像均可　　　　B. 只能是文字

　　C. 只能是图像　　　　　　　　　D. 只能是符号

17. 当光标置于表格最后一行的最后一个单元格时，按_____键可增加一行。

　　A. Enter　　　　B. Insert　　　　C. Tab　　　　D. Ctrl+Tab

18. 衬于 Word 文档内容下方的一种文本或图片形式，并通常用于增加趣味或标识文档状态，例如将一篇文档标记为草稿或机密，这种特殊的文本效果被称为_____。

　　A. 图形　　　　B. 插入图形　　　　C. 艺术字　　　　D. 水印

19. 当用户绘制正方形、圆或 30°、60°、90° 直线时，在选择【形状】下拉列表中的相应形状时，需要按住_____键来拖动鼠标完成绘制。

　　A. Ctrl　　　　B. Alt　　　　C. Shift　　　　D. Tab

20. 使用 Word 打印文件时，若当前处于【打印预览】界面下，下列说法中正确的是_____。

　　A. 必须按 Esc 键退出预览状态后才可以打印

　　B. 在打印预览状态下也可以直接打印

　　C. 在打印预览状态下不能直接打印

　　D. 只能在打印预览状态下打印

第4章
演示文稿软件

使用 PowerPoint 能够制作集文字、图形、图像、声音和视频剪辑等多媒体元素于一体的演示文稿。这些演示文稿可以通过计算机屏幕或投影仪等设备进行演示。

4.1 PowerPoint 概述

本节将介绍 PowerPoint 的基本概念及功能、演示文稿的制作步骤及原则等内容。

4.1.1 PowerPoint 的基本概念及功能

1. 基本概念

演示文稿就是指人们用 PowerPoint 制作的、用来介绍自身或组织单位情况、阐述计划和观点等的一系列演示材料。

在 PowerPoint 中,演示文稿和幻灯片这两个概念是不同的。利用 PowerPoint 制作的文档叫做演示文稿,它是一个文件。组成演示文稿的每一页称为幻灯片,它们是演示文稿中既相互独立又相互联系的内容。

2. PowerPoint 的功能

PowerPoint 是 Office 办公软件中的一个组件,可用来向其他人展示自己的创意和设计作品,公司和企业的产品销售情况、预算、计划等。PowerPoint 的功能可以归纳为以下几点。

(1)它可以被看作是一个媒体集成平台,能够集成文本、图形、图像、表格、声音、视频、动画等多种媒体元素,并有多种演播方式。

(2)它提供翻页动画和对象动画,使得页面和其中的元素能够"动"起来,产生良好的视觉效果。

(3)它提供现成的设计模板,用户在几分钟内就能创建一个清楚、简洁、美观的演示文稿。

4.1.2 演示文稿的制作步骤及原则

1. 演示文稿的制作步骤

(1)准备素材。主要是准备演示文稿中所需要的一些图片、声音、动画等文件。

(2)确定方案。对演示文稿的整个构架进行设计。

(3)初步制作。将文本、图片等对象输入或插入相应的幻灯片中。

(4)修饰处理。设置幻灯片中相关对象的要素(包括字体、大小、动画等),对幻灯片进行修饰处理。

（5）预演播放。设置播放过程中的一些要素，然后查看播放效果，满意后正式输出播放。

2. 演示文稿的制作原则

演示文稿的制作原则是：主题鲜明，文字简洁；结构清晰，逻辑性强；和谐醒目，美观大方；生动活泼，引人入胜。总之，要醒目，使人看得清楚，达到交流的目的。

4.1.3　PowerPoint 2007 的编辑窗口

PowerPoint 2007 的基本操作界面与 PowerPoint 2003 相比有一些变化，改变了界面整体风格，增加了 Office 按钮、快速访问工具栏、显示比例滑块，把 PowerPoint 2003 的菜单栏变成了"选项卡"，这些改动使得 PowerPoint 2007 看上去更加美观，操作更方便快捷。PowerPoint 2007 的基本操作界面如图 4-1 所示。

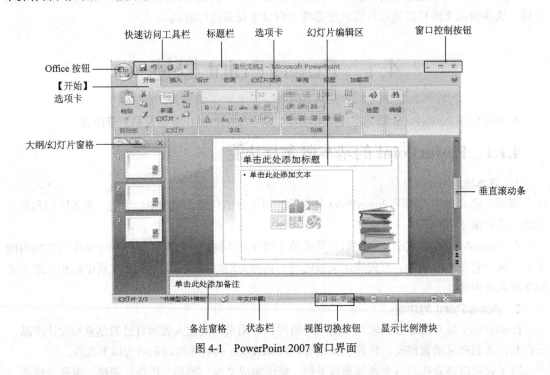

图 4-1　PowerPoint 2007 窗口界面

1. 快速访问工具栏

通过快速访问工具栏，用户可以方便地执行常用命令。默认情况下，快速访问工具栏在标题栏的左边，包括【保存】、【撤销键入】、【重复键入】3 个按钮。用户可以通过在任意选项卡上单击鼠标右键选择【自定义快速访问工具栏】命令（见图 4-2），弹出【PowerPoint 选项】对话框，如图 4-3 所示。在该对话框中，用户可以在快速访问工具栏上添加其他按钮。

2. 选项卡

PowerPoint 2007 将所有的命令分类集成到了选项卡内，便于用户寻找和操作。在菜单栏中单击某个选项，就可以显示对应的选项卡的命令。

3. 幻灯片编辑区

幻灯片编辑区是编辑幻灯片内容的区域，用户可以在这里为幻灯片添加和编辑文本，添加和设置图形、动画或声音，它是演示文稿的核心部分。

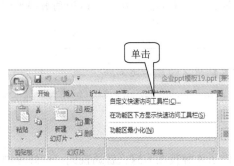

图 4-2　【自定义快速访问工具栏】命令　　　　　图 4-3　【PowerPoint 选项】对话框

4. 大纲/幻灯片窗格

大纲/幻灯片窗格位于 PowerPoint 2007 窗口的左侧，通过大纲/幻灯片窗格的选项卡可以在两个窗格间切换。

（1）幻灯片窗格。选择【幻灯片】选项卡可切换到【幻灯片】窗格，其中列出了当前演示文稿中所有幻灯片的缩略图，如图 4-4 所示。

（2）大纲窗格。选择【大纲】选项卡可切换到【大纲】窗格，以大纲的形式列出当前演示文稿中各张幻灯片的文本内容，如图 4-5 所示。

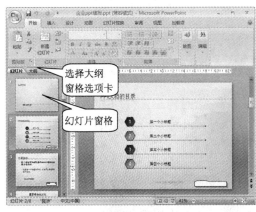

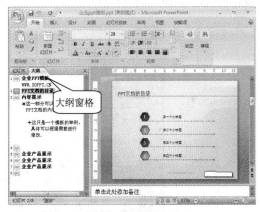

图 4-4　普通视图幻灯片窗格　　　　　　图 4-5　普通视图大纲窗格

5. 备注窗格

备注窗格位于幻灯片编辑区的下方。如果用户想为幻灯片添加备注说明，可以在其中输入内容。备注窗格中一般填写幻灯片的说明内容，使放映者可以更细致地讲解幻灯片中展示的内容。

6. 视图切换按钮

视图切换按钮位于备注窗格的下方，包括【普通视图】按钮、【幻灯片浏览视图】按钮、【幻灯片放映视图】按钮。单击其中的按钮可以切换到对应的幻灯片视图，如图 4-6 所示。

图 4-6　幻灯片视图切换按钮及显示比例滑块

7. 显示比例滑块

PowerPoint 2007 把显示比例命令做成了滑块，显示在状态栏的右边，用户可以拖动滑块来改变幻灯片编辑区的显示比例，如图 4-6 所示。

按住 Ctrl 键，滚动鼠标滚轮可以改变幻灯片编辑区的显示比例。

4.1.4 PowerPoint 2007 的视图方式

为了便于编辑或播放演示文稿，PowerPoint 2007 提供了 4 种视图方式：普通视图、幻灯片浏览视图、幻灯片放映视图、备注页视图。下面介绍普通视图、幻灯片浏览视图和幻灯片放映视图这 3 种常用视图方式。

1. 普通视图

单击【普通视图】按钮便可切换至普通视图，它是系统默认的视图模式，用于编辑某张幻灯片或演示文稿的总体结构。

2. 幻灯片浏览视图

单击【幻灯片浏览视图】按钮可切换至幻灯片浏览视图，如图 4-7 所示。在该视图中，幻灯片以列表方式横向排列，在其中可以改变幻灯片的版式、配色方案以及设计模式等，也可以重新排列、添加、复制或删除幻灯片。

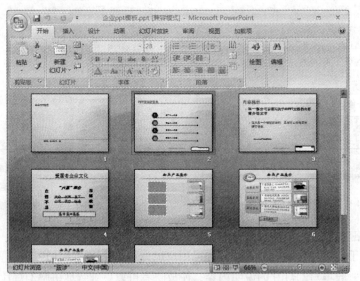

图 4-7　幻灯片浏览视图

3. 幻灯片放映视图

单击【幻灯片放映视图】按钮或按 F5 键，可进入幻灯片放映视图，此时幻灯片将按设定的效果进行放映。其作用主要是预览演示文稿的放映效果，并测试幻灯片的动画和声音效果。

通过操作【视图】选项卡中的命令也可以实现视图间的切换。

4.2　PowerPoint 2007 的基本操作

了解了演示文稿及 PowerPoint 的基本知识，就可以使用 PowerPoint 2007 制作演示文稿了。本节将介绍演示文稿的创建和打开，演示文稿的保存设置，添加、删除、移动和复制幻灯片等内容。

4.2.1　演示文稿的创建和打开

1. 创建演示文稿

用 PowerPoint 创建演示文稿有以下几种方式：如创建空演示文稿，使用设计模板新建演示文稿，使用主题模板新建演示文稿，使用内容提示向导新建演示文稿等。

（1）新建空演示文稿。通过【开始】菜单启动 PowerPoint 2007 后，PowerPoint 2007 会自动新建一个空白演示文稿，并自动建立一张幻灯片，如图 4-8 所示。

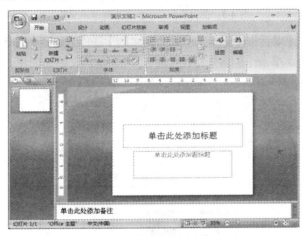

图 4-8　新建空演示文稿

　在打开的 PowerPoint 2007 工作界面中按【Ctrl+N】组合键，也可新建一个空白演示文稿。

（2）使用设计模板新建演示文稿。设计模板是一种以特殊格式保存的演示文稿，在 PowerPoint 中可利用系统自带的各种设计模板快速新建演示文稿。下面使用设计模板创建演示文稿，操作步骤如下。

单击 Office 按钮，选择【新建】命令，打开【新建演示文稿】对话框，单击左侧的【已安装的模板】选项，如图 4-9 所示。在【已安装的模板】列表框里选择一个适合的设计模板，单击【创建】按钮，完成演示文稿的创建。

　设计模板中包括幻灯片的背景图案、配色方案、字体格式等样式。

（3）使用主题新建演示文稿。PowerPoint 2007 不仅提供了各种设计模板，还提供了多种主题，这是 PowerPoint 2007 在以往版本的基础上增加的新内容。主题中设置了背景、文本及段落格式等。使用主题新建演示文稿的具体操作如下。

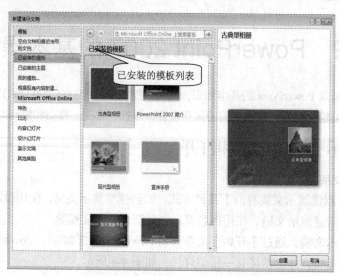

图 4-9　使用已安装的模板创建演示文稿

在【新建演示文稿】对话框中选择【已安装的主题】选项，如图 4-10 所示，在【已安装的主题】列表框中选择主题，单击【创建】按钮，完成演示文稿的创建。

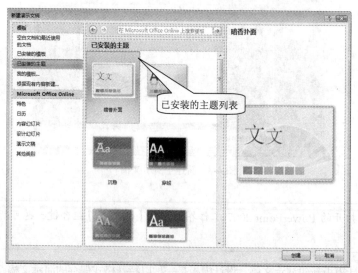

图 4-10　使用已安装的主题创建演示文稿

（4）通过【我的模板】新建演示文稿。PowerPoint 2007 的用户可以将已有的模板保存到【我的模板】文件夹中，新建演示文稿时就可以选择【新建演示文稿】对话框中的【我的模板】来完成演示文稿的创建，具体操作如下。

在【新建演示文稿】对话框中选择【我的模板】选项，打开【新建演示文稿】对话框中的【我的模板】选项卡，如图 4-11 所示。选择列表框中的模板，单击预览窗口下方的【确定】按钮，即可完成使用【我的模板】新建演示文稿。

使用【我的模板】新建演示文稿时，需要事先将所需的模板放入 Office 2007 的模板文件夹（Templates 文件夹）中。

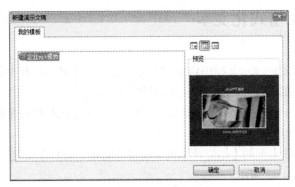

图 4-11　用【我的模板】创建演示文稿

2. 打开演示文稿

若要在当前演示文稿中打开其他已有文稿，常用的方法有如下两种。

（1）单击 Office 按钮，选择【打开】命令，弹出【打开】对话框，在该对话框中的左侧窗口或地址栏中找到所在目录，选择要打开的演示文稿，单击【打开】按钮。

（2）按【Ctrl+O】组合键，弹出【打开】对话框，在对话框中左侧窗口或地址栏中找到所在目录，选择要打开的演示文稿，单击【打开】按钮。

4.2.2　演示文稿的保存设置

新建的演示文稿需要保存，保存 PowerPoint 2007 演示文稿常用的方法有如下 3 种。

（1）单击 Office 按钮，选择【保存】命令。

（2）单击快速访问工具栏上的【保存】按钮。

（3）使用组合键【Ctrl+S】或【Shift+F12】。

第一次保存新建的演示文稿时，会弹出【另存为】对话框，如图 4-12 所示。通过【保存位置】目录选择演示文稿要存放的位置，在【保存类型】下拉列表框中选择文件类型为 "PowerPoint 演示文稿（*.pptx）"，在【文件名】下拉列表框中输入文件名，单击【保存】按钮，即可完成演示文稿的保存操作。

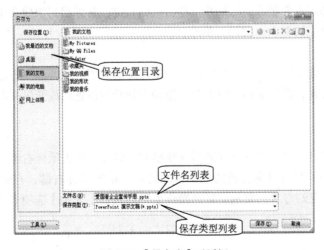

图 4-12　【另存为】对话框

4.2.3　编辑和格式化文本

1．添加幻灯片

根据不同的方法创建的演示文稿中包含的幻灯片数量也不同，当其中的幻灯片数量不能满足实际需要的时候，可增加幻灯片的数量，并组织和编辑幻灯片。

（1）在普通视图下，确定需要添加新幻灯片的位置，在左侧幻灯片窗格中选定需要添加新幻灯片位置之前的那张幻灯片。

（2）在【开始】选项卡下的【幻灯片】组中单击【新建幻灯片】按钮 下方的 按钮，展开幻灯片版式列表，如图4-13所示。

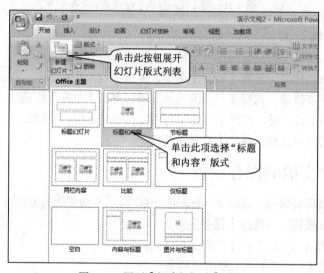

图4-13　展开【新建幻灯片】列表

（3）单击【标题和内容】版式，即可完成新幻灯片的添加。

2．删除幻灯片

如果在对幻灯片进行编辑的过程中发现不需要某一幻灯片，则可以将它删除。在普通视图或幻灯片浏览视图下选定需要删除的幻灯片，单击鼠标右键，在弹出的快捷菜单中选择【删除幻灯片】命令，或按键盘上的 Delete 键即可删除。

3．移动幻灯片

在对幻灯片进行编辑时，有时需要移动某些幻灯片的位置。在普通视图或幻灯片浏览视图下选择需要移动的幻灯片，按住鼠标左键不放，拖动它到新的位置后放开鼠标左键，即可实现幻灯片的移动。

4．复制幻灯片

在普通视图或幻灯片浏览视图下选择需要复制的幻灯片，单击鼠标右键，在弹出的快捷菜单中选择【复制】命令，找到目标位置的上一张幻灯片，单击鼠标右键，在弹出的快捷菜单中选择【粘贴】命令，实现幻灯片的复制。复制操作也可以通过【开始】选项卡中的【复制】按钮 来实现。

5．输入文本

在 PowerPoint 2007 幻灯片中有两种占位符：文本占位符和项目占位符。文本占位符是一种带有虚线标记的边框，用于输入文本内容；项目占位符以图标形式出现在幻灯片的中心，用于插入图片、图表、表格、媒体剪辑等媒体对象，如图 4-14 所示。

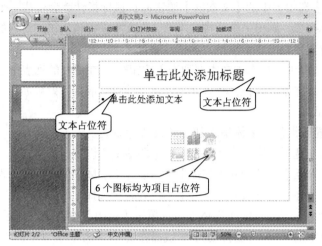

图 4-14　文本占位符和项目占位符

（1）在标题框和正文框中输入文本。在幻灯片占位符中输入文本有两种方法：一种是在幻灯片编辑区中输入；另一种是在大纲窗格中输入。

① 在幻灯片编辑区中输入文本。在 PowerPoint 2007 工作界面的幻灯片窗格中选择一张幻灯片，在幻灯片编辑区单击需要输入文本的占位符，即可以输入文本。

打开演示文稿，选中一张幻灯片，在主标题和副标题框中分别输入幻灯片的主标题和副标题，如图 4-15 所示。

② 使用大纲窗格输入文本。在大纲窗格中的幻灯片图标后面可输入内容，按【Shift+Enter】组合键切换到正文层次，输入正文内容，按 Enter 键输入相同层次的内容，再按【Ctrl+Enter】组合键切换到下一层次，输入内容。

如果想调整文本层次，如把标题变成正文，可用鼠标拖曳的方式来改变文本层次。将鼠标指针放在需要移动的某行文字左边的项目符号上，当鼠标指针变为十字指针时拖曳即可，如图 4-16 所示。

图 4-15　在第一张幻灯片中输入标题

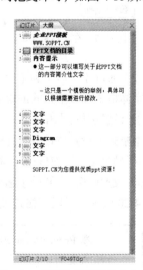

图 4-16　使用大纲窗格输入文本

（2）在文本框中输入文本。在普通视图中，除了可以在标题框和正文框中输入文本，也可以自己设定输入文本的位置。

① 单击【插入】选项卡中的【文本框】按钮，鼠标指针就会变成一个箭头形光标，在幻灯片左上角按住鼠标拖曳，画出一个横排文本框，在文本框内输入该幻灯片的标题。用同样的方法在标题下方正文位置再画出 3 个横排文本框，输入文本内容。

② 在【插入】选项卡中单击【文本框列表】按钮，在展开的列表中选择【竖排文本框】命令，在幻灯片中画出竖排文本框，输入文本内容。编辑完成后，效果如图 4-17 所示。

6. 设置文本格式

文本格式的设置通常包括字体格式和段落格式的设置。

（1）通过【开始】选项卡中的【字体】组和【段落】组设置文本格式。

① 设置字体：【开始】选项卡→【字体】组→展开【字体】下拉列表→选择【黑体】。

② 设置字号：【字体】组→展开【字号】下拉列表→选择【四号】。

③ 设置加粗、倾斜、下画线：【字体】组→单击【加粗】按钮、【倾斜】按钮或【下画线】按钮，完成文字的加粗、倾斜、加下画线操作。

④ 设置字体颜色：【字体】组→单击【字体颜色】按钮右边的三角→展开字体颜色列表→选择适合的颜色。

删除线、文字阴影、字符间距、更改大小写设置同以上设置方法类似。

设置文本格式后的效果如图 4-18 所示。

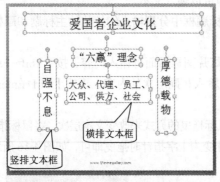

图 4-17　在文本框中输入文本后的效果

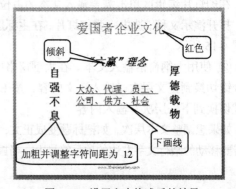

图 4-18　设置文本格式后的效果

（2）通过【字体】和【段落】对话框设置文本格式。

字体格式和段落格式的设置也可以通过【字体】对话框和【段落】对话框来完成。

① 设置字体：【开始】选项卡→【字体】组右下角的对话框启动器→打开【字体】对话框，对文本格式进行具体设置，包括【中文字体】、【字体样式】、【大小】、【字体颜色】、【下画线线型】、【下画线颜色】、【字符间距】等，如图 4-19 所示。

② 设置段落：【开始】选项卡→【段落】组右下角的对话框启动器→打开【段落】对话框，如图 4-20 所示，对段落格式进行具体设置，包括【对齐方式】、【缩进】、【间距】等。

提示　　在 PowerPoint 2007 中也可通过【开始】选项卡中【剪贴板】组的【格式刷】按钮进行格式复制。

图 4-19 【字体】对话框

图 4-20 【段落】对话框

4.2.4 在演示文稿中插入对象

在幻灯片中插入各种效果的艺术字和图片，可以实现图文混排，使幻灯片更加丰富和美观。

1. 插入文本类对象

文本类对象包括艺术字、应用程序对象等。

（1）插入艺术字。在幻灯片中插入艺术字的步骤如下。

① 展开【插入】选项卡→【文本】组→单击【艺术字】按钮 ，展开【艺术字】下拉菜单。

② 在菜单中选择所需的艺术字样式，幻灯片中会出现"请在此键入您自己的内容"文本占位符，单击此文本占位符，输入文本内容即可。

③ 插入艺术字后，在选项卡中会出现【格式】选项卡。通过【格式】选项卡中的【形状样式】组和【艺术字样式】组可以设置艺术字的样式，包括"文本填充"、"文本轮廓"、"文本效果"；也可以设置艺术字边框样式，包括"形状填充"、"形状轮廓"、"形状效果"等。选中已插入的艺术字，对其各种样式进行设置，插入艺术字后的效果如图 4-21 所示。

（2）插入应用程序对象。使用 PowerPoint 2007 可以在幻灯片中插入应用程序对象，包括 Excel、Word 等。例如在幻灯片中插入一个 Excel 表格，其步骤如下。

【插入】选项卡→【文本】组→单击【对象】按钮 ，弹出【插入对象】对话框，如图 4-22 所示，在【对象类型】列表框中选择【Microsoft Office Excel 97-2003 工作表】，单击【确定】按钮 ，即可在幻灯片中插入一个空白的 Microsoft Office Excel 97-2003 工作表。

图 4-21 插入艺术字后的效果

图 4-22 【插入对象】对话框

通过【插入对象】对话框还可以插入 Flash 文档对象、Microsoft Office Word 文档对象、公式对象等多种应用程序对象。

（3）插入其他文本类元素。通过【插入】选项卡的【文本】组还可以插入幻灯片编号、页眉和页脚、日期和时间以及特殊符号等幻灯片元素。

2. 插入插图类对象

插图类对象包括图片、剪贴画、形状（自选图形）、SmartArt 图形、图表等。

（1）插入图片。插入图片的步骤如下。

① 【插入】选项卡→【插图】组→单击【图片】按钮 ，弹出【插入图片】对话框，如图 4-23 所示。

② 在【插入图片】对话框中通过左侧窗口或地址栏找到需要插入的图片文件，选择所需图片，单击【插入】按钮 。

③ 插入图片后，功能区出现【图片工具】的【格式】选项卡，找到该选项卡的【图片样式】组，单击【金属框架】按钮 。插入图片后，效果如图 4-24 所示。

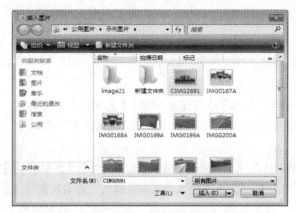

图 4-23 【插入图片】对话框 | 图 4-24 插入图片后的效果

 单击幻灯片项目占位符中的【图片】按钮 ，在打开的【插入图片】对话框中也可完成图片的插入操作。

（2）插入剪贴画。插入剪贴画的步骤如下。

① 【插入】选项卡→【插图】组→单击【剪贴画】按钮 ，或单击项目占位符中的【剪贴画】按钮 ，窗口右侧出现【剪贴画】任务窗格，如图 4-25 所示。

图 4-25 【剪贴画】任务窗格

② 展开【搜索范围】列表框→选择搜索范围→单击任务窗格中的【搜索】按钮 搜索 →等待 Office 将自带的剪贴画搜索出来→在搜索结果中单击所需的剪贴画，即可完成剪贴画的插入。

③ 插入剪贴画后，功能区出现【图片工具】的【格式】选项卡，找到该选项卡的【图片样式】组，单击【金属框架】按钮 。

 如果找不到合适的剪贴画，用户可以通过【管理剪辑】按钮 将所需的图片添加到剪辑管理器的收藏集中。

（3）插入形状。在幻灯片中插入自选图形的方法与 Word 类似，操作步骤如下。

选择一张幻灯片→【插入】选项卡→【插图】组→单击【形状】按钮 →展开图形下拉列表框，在其中单击所需的图形，鼠标指针会变成十字形指针，此时可根据需要进行以下操作。

① 在该幻灯片中相应的位置单击鼠标左键，自动插入预定大小的图形。

② 在该幻灯片中相应的位置按住鼠标左键并拖动，插入所需大小的图形。

③ 拖动鼠标时按住 Shift 键不放，插入保持长宽比例的图形。

图形被插入后，可以在图形中输入文字。在图形被选中的情况下，会出现【绘图工具】的【格式】选项卡，通过该选项卡中的【插入形状】组和【形状样式】组可以对所插入的图形进行样式设置；还可以通过【艺术字样式】组对图形中的文字进行样式设置。

（4）插入 SmartArt 图形。SmartArt 图形是 PowerPoint 2007 的新特性之一，使用 SmartArt 图形可以形象地说明各种流程、层次关系。在幻灯片中插入 SmartArt 图形的具体操作如下。

① 选择一张幻灯片→【插入】选项卡→【插图】组→单击【SmartArt】按钮 →打开【选择 SmartArt 图形】对话框，选择【垂直块列表】SmartArt 图形，单击【确定】按钮 确定 ，如图 4-26 所示，即可在幻灯片中插入选定的【垂直块列表】SmartArt 图形，如图 4-27 所示。

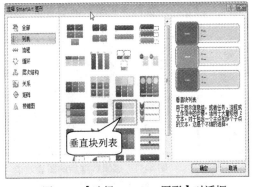
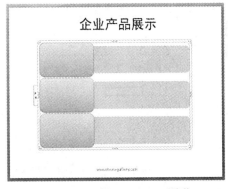

图 4-26　【选择 SmartArt 图形】对话框　　　　图 4-27　插入 SmartArt 图形

② 选择 SmartArt 图形后，在选项卡中将出现 SmartArt 工具中的【设计】选项卡和【格式】选项卡，在其中可以对图形颜色、样式、图形中的文本格式等进行具体设置。

③ 【设计】选项卡→【SmartArt 样式】组→单击下拉列表按钮 ，展开 SmartArt 样式菜单，在菜单中选择【金属场景】样式，在【垂直块列表】SmartArt 图形中编辑文字。插入图形类对象后的效果如图 4-28 所示。

 单击项目占位符中的【SmartArt 图形】按钮 ，也可以完成 SmartArt 图形的插入操作。

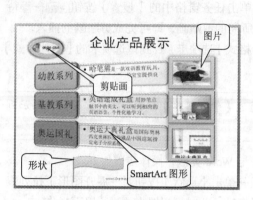

图 4-28　插入图形类对象后的效果

图 4-29　【插入图表】对话框

（5）插入图表。插入图表的步骤如下。

① 选择一张幻灯片→【插入】选项卡→【插图】组→单击【图表】按钮 🖾 →打开【插入图表】对话框，如图 4-29 所示。

② 在其中选择【簇状柱形图】，单击【确定】按钮 确定 ，可在幻灯片中插入所选的簇状柱形图图表，同时系统自动打开 Excel 程序来进行数据编辑，在其中相应的单元格中按年度编辑产品销售数据，如图 4-30 所示。最后生成统计图表，如图 4-31 所示。

图 4-30　插入图表时编辑数据

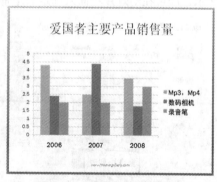

图 4-31　编辑数据后的图表效果

③ 编辑完数据后，即可关闭 Excel 程序。选中幻灯片中的图表，在选项卡中将出现【图表工具】的【设计】选项卡、【布局】选项卡和【格式】选项卡，在其中对图表的布局、样式、图表中的数据等进行具体设置。

　单击项目占位符中的【插入图表】按钮 🖾 ，也可以打开【插入图表】对话框，完成图表的插入操作。

3. 插入媒体剪辑

（1）插入剪辑管理器中的影片或声音。插入剪辑管理器的影片或声音可通过【剪切画】窗格来完成，其操作步骤如下。

① 选择幻灯片→【媒体剪辑】组→单击【影片】或【声音】按钮下方的文字，展开下拉菜单，选择【剪辑管理器中的影片】或【剪辑管理器中的声音】命令。

② 在幻灯片窗口右侧打开【剪贴画】窗格，在列表框中显示出 Office 2007 剪辑管理器中的影片或声音文件，在列表框中单击所需的文件即可插入到幻灯片中。

（2）插入文件中的影片或声音。在幻灯片中插入来自 Office 2007 剪辑库外部的影片或声音的方法与插入外部图片的方法相似：【插入】选项卡→【媒体剪辑】组→单击【影片】按钮🎬或【声音】按钮🔊，或者选择下拉菜单中的【文件中的影片】命令或【文件中的声音】命令，都可以直接弹出【插入影片】对话框或【插入声音】对话框，在对话框中左侧窗口或地址栏找到需要插入的声音所在目录，选择所需文件，单击【确定】按钮 ⬚确定，如图 4-32 所示，即可完成影片或声音的插入。插入影片和声音后的效果如图 4-33 所示。

图 4-32　【插入声音】对话框

图 4-33　插入声音和影片后的效果

在向幻灯片中插入影片或声音时，会自动弹出一个提示对话框，如图 4-34 所示，询问用户在幻灯片放映时如何播放影片或声音，用户可以单击【自动】按钮 ⬚自动(A)，在放映幻灯片时自动播放该媒体文件。也可以单击【在单击时】按钮 ⬚在单击时(C)，在放映幻灯片时单击鼠标，媒体开始播放。

4. 插入表格

选择幻灯片→【插入】选项卡→【表格】组→单击【表格】按钮，弹出【插入表格】下拉菜单，如图4-35所示。

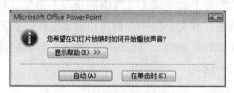

图4-34　提示对话框　　　　　　　　　图4-35　【插入表格】下拉菜单

（1）将鼠标移动到表格矩阵中，选择适当长度和宽度的表格，单击鼠标，即可在幻灯片中插入表格。

（2）也可以单击【插入表格】命令，弹出【插入表格】对话框，在【插入表格】对话框中的【列数】文本框和【行数】文本框中输入所需的列数和行数，单击【确定】按钮，将在选定幻灯片中插入表格。

（3）选择插入的表格后，选项卡中会出现【表格工具】的【设计】选项卡和【布局】选项卡，在其中可对表格的样式、边框、行和列、表格尺寸及排列等进行具体设置。插入表格后的幻灯片如图4-36所示。

　　单击项目占位符中的【表格】按钮，在【插入表格】对话框中输入行数和列数，单击【确定】按钮，也可以完成插入表格操作。

5. 插入特殊符号

（1）选择要插入特殊符号的幻灯片→【插入】选项卡→【特殊符号】组→单击【符号】按钮，展开【符号】下拉列表。

（2）选择【更多】命令，弹出【插入特殊符号】对话框，如图4-37所示。

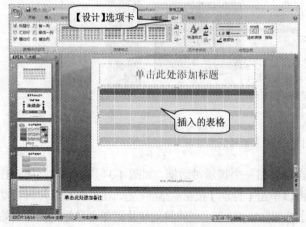

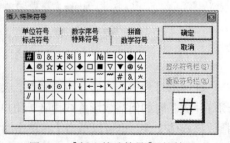

图4-36　插入表格后的效果　　　　　　　图4-37　【插入特殊符号】对话框

（3）根据需要在对话框中选择不同符号类别的选项卡，找到所需符号并选中，单击【确定】按钮 确定 ，完成特殊符号的插入。

4.2.5　幻灯片页面设置

打印演示文稿或幻灯片之前，首先要进行页面设置，包括幻灯片的打印尺寸、幻灯片的方向和起始编号等，具体操作如下。

（1）打开演示文稿→【设计】选项卡→【页面设置】组→单击【页面设置】按钮，弹出【页面设置】对话框，如图 4-38 所示。在【幻灯片大小】下拉列表框中选择所需的选项，并可在【宽度】和【高度】微调框中输入值。

（2）在【方向】栏中的【幻灯片】子栏中选中【纵向】单选按钮 纵向(O) 或【横向】单选按钮 横向(L) 来设置幻灯片的方向。演示文稿中的所有幻灯片必须保持同一方向。

（3）在【备注、讲义和大纲】子栏中选中【纵向】单选按钮 纵向(O) 或【横向】单选按钮 横向(L)，设置备注页、讲义和大纲的方向；如果不想用数字"1"作为幻灯片的起始编号，可在【幻灯片编号起始值】数值框中输入合适的数值。

在 PowerPoint 中可以为幻灯片添加页眉和页脚（添加的页眉和页脚将出现在幻灯片母版中），具体操作如下。

（1）打开演示文稿→【插入】选项卡→【文本】组→单击【页眉和页脚】按钮，弹出【页眉和页脚】对话框，选择【幻灯片】选项卡，如图 4-39 所示。

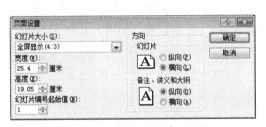

图 4-38　【页面设置】对话框

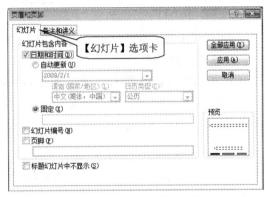

图 4-39　【页眉和页脚】对话框

（2）选中【日期和时间】复选框 日期和时间(D) 可为幻灯片添加日期和时间，选中其下的【自动更新】单选按钮 自动更新(U) 则可自动更新添加的日期和时间；选中【固定】单选按钮 固定(X) 并在下面的文本框中输入要显示的日期和时间，则以后打开演示文稿时都将显示该日期和时间。

（3）选中【幻灯片编号】复选框 幻灯片编号(N) 可以在幻灯片的页脚位置处添加编号，当删除或增加幻灯片时，编号会自动更新；若选中【标题幻灯片中不显示】复选框 标题幻灯片中不显示(S)，则第一张幻灯片中不会出现编号。

（4）选中【页脚】复选框 页脚(F)，并在其下的文本框中输入需显示的内容，可在幻灯片的底部显示该内容。

（5）设置完成后，单击【全部应用】按钮 全部应用(Y)，可使设置应用于所有幻灯片；单击【应用】按钮 应用(A)，则只应用于当前幻灯片。

4.2.6 演示文稿打印和打包

1. 演示文稿打印

打开需要打印的演示文稿，单击 Office 按钮，选择 Office 菜单中的【打印】命令，展开【预览并打印文档】菜单。【预览并打印文档】菜单中有 3 个命令：【打印】命令、【快速打印】命令和【打印预览】命令，其作用如下。

（1）选择【打印】命令，会弹出【打印】对话框，如图 4-40 所示。通过【打印】对话框可以详细设置打印输出信息。

① 在【打印机】选项区中显示当前打印机信息，在【名称】文本框中可以选择打印机。

② 在【打印范围】选项区中可以对打印的范围进行设置。若选中【全部】单选按钮，则可以打印全部演示文稿；若选中【当前幻灯片】单选按钮，则可以打印当前幻灯片（演示文稿的当前插入点所在的页）；若选中【幻灯片】单选按钮，则可以对打印演示文稿的页码范围进行设置。

③ 单击【打印内容】下拉箭头，选择打印的内容，可以选择【幻灯片】、【讲义】、【备注页】、【大纲视图】。

④ 单击【颜色/灰度】下拉表框中的下拉箭头，可以在其中对打印的颜色进行设置。

⑤ 在【份数】选项区中的【打印份数】下拉列表框中可以对打印的份数进行设置。

⑥ 单击【预览】按钮，可以预览打印效果。

⑦ 设置完毕后，单击【确定】按钮，即可按当前设置打印演示文稿。

（2）选择【快速打印】命令，系统会按照默认的打印设置信息直接打印出演示文稿的相关内容。

（3）选择【打印预览】命令，会出现【打印预览】选项卡，同时看到打印预览效果。

2. 演示文稿打包

（1）打开需要打包的演示文稿，单击 Office 按钮，选择 Office 菜单中的【发布】命令，展开【发布】菜单，选择【CD 数据包】命令，弹出【打包成 CD】对话框，如图 4-41 所示。

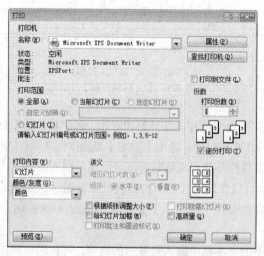

图 4-40 【打印】对话框

图 4-41 【打包成 CD】对话框

（2）在【将 CD 命名为】文本框中输入一个 CD 的名称。

（3）单击【添加文件】按钮，添加更多想要放在 CD 里的 PowerPoint 演示文件。

（4）单击【选项】按钮 选项(O)... ，弹出【选项】对话框。

（5）在【选项】对话框中的【程序包类型】一栏中选择适合的程序包类型。

（6）在【选项】对话框中的【包含这些文件】一栏中选择要包含的文件。

（7）在【选项】对话框中的【增强安全性和隐私保护】一栏中进行安全性设置。

（8）单击【选项】对话框中的【确定】按钮 确定 ，保存【选项】对话框的信息设置，并关闭【选项】对话框。

（9）在【打包成 CD】对话框中单击【复制到文件夹】按钮 复制到文件夹(F)... ，可存储文件到文件夹；单击【复制到 CD】按钮 复制到 CD(C) ，可复制文件到指定的 CD。

（10）复制完成后，单击【关闭】按钮 关闭 。

4.3　幻灯片外观设置

为了加强视觉效果，通常需要对演示文稿中的幻灯片进行美化和修饰，加入多媒体元素，设置对象特效。通过美化和修饰可以制作出生动形象、引人入胜的演示文稿。

4.3.1　幻灯片的背景设计

单击【设计】选项卡中【背景】组的【背景样式】按钮 背景样式 ，或通过【背景设置】对话框，可以对演示文稿的页面背景进行设置，如图 4-42 所示。

图 4-42　【设计】选项卡中的【背景】组

设置演示文稿页面背景的步骤如下。

（1）打开演示文稿→选中其中的一张幻灯片→【设计】选项卡→【背景】组→单击【背景样式】按钮右侧的下拉箭头 背景样式 ，展开背景样式下拉菜单，如图 4-43 所示。

（2）在内置【背景样式】选项区中，可以选择【背景样式 6】，当前幻灯片将变成如图 4-44 所示的效果。

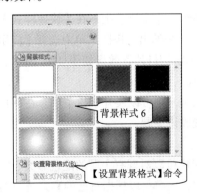

图 4-43　展开的背景样式下拉菜单

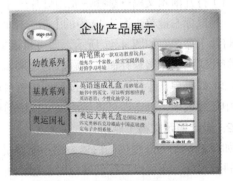

图 4-44　设置背景样式后的效果

（3）若选择【设置背景格式】命令，则可以打开【设置背景格式】对话框的【填充】选项卡。

（4）【填充】选项卡→选中【图片或纹理填充】单选按钮→单击【纹理】按钮右侧的下拉箭头 ，从其弹出的下拉列表框中选择【纸莎草纸】纹理，如图 4-45 所示。单击【确定】按钮 后，当前幻灯片将变成如图 4-46 所示的效果。

（5）如果选择【填充】选项卡→【插入自】选项区→单击 文件(F)... 、 剪贴板(C) 、 剪贴画(R)... 任意一个按钮，即可打开相应的界面插入相应的图片作为幻灯片背景。

图 4-45 【设置背景格式】对话框

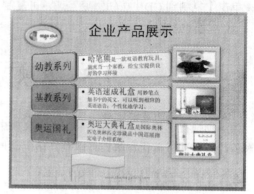

图 4-46 设置纹理背景后的效果

（6）选择所需的图片后，单击【插入】按钮 插入(S) 或【确定】按钮 确定 ，即可返回到【填充】选项卡。单击【关闭】按钮 关闭 关闭【填充】选项卡，即可将选中的图片或剪贴画填充为所选幻灯片背景。

（7）若要重置背景，可以单击【设计】选项卡中【背景】组的【背景样式】按钮右侧的下拉箭头 背景样式 ，从其弹出的下拉菜单中选择【重置幻灯片背景】命令，即可将幻灯片背景去掉。

4.3.2 演示文稿的主题设计

演示文稿主题是一组颜色、字体和图形设计等元素统一的内置样式。通过应用演示文稿主题，可以快速地设置幻灯片的文本格式和颜色搭配、背景颜色搭配、整体效果等。

1. 应用演示文稿内置主题

通过应用【设计】选项卡中【主题】组的内置主题，可以快捷地设置演示文稿的样式，同时改变在演示文稿中使用的其他样式。

（1）打开演示文稿→选择一张幻灯片→【设计】选项卡→【主题】组→在【快速样式】按钮区中→用鼠标右键单击图 4-47 中的【暗香扑面】主题按钮，在弹出的快捷菜单中选择【应用于选定幻灯片】命令，如图 4-47 所示，即可将该主题应用于选定幻灯片，效果如图 4-48 所示。将当前幻灯片应用了【暗香扑面】主题后的效果如图 4-49 所示。

（2）如果单击【快速样式】按钮列表右侧的下拉箭头 ，则可以展开下拉菜单。在下拉菜单中选中任意选项，单击即可将该演示文稿中的幻灯片设置成该主题。

2. 设计演示文稿主题

如果 PowerPoint 提供的内置主题不能满足需要，则用户可以对现有主题的配色方案、字体和效果进行选择，还可以自行创建新的主题。通过新建主题，用户可以根据自己的喜好进行幻灯片中文字颜色及背景色的搭配、主题字体和主题效果的选择。

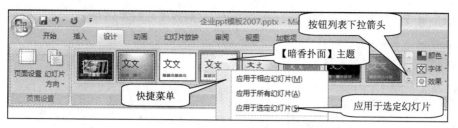

图 4-47　【主题】组中的【暗香扑面】主题

图 4-48　使用【暗香扑面】主题后的效果

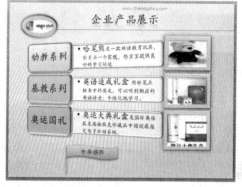

图 4-49　使用【暗香扑面】主题后的当前幻灯片效果

（1）更改主题的配色方案、字体方案。更改现有主题的配色方案、字体方案和效果的步骤如下。

① 打开演示文稿，选择一张幻灯片。

② 展开【设计】选项卡→【主题】组→单击【颜色】按钮 ■ 颜色 →展开主题【配色方案】下拉菜单（见图 4-50），选择内置配色方案中的【跋涉】配色方案。

③ 单击【颜色】按钮下方的【字体】按钮 字体 ，展开主题【字体方案】下拉菜单，如图 4-51 所示，选择内置字体方案中的【沉稳】字体方案。

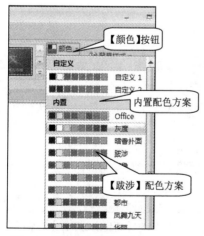

图 4-50　【配色方案】列表

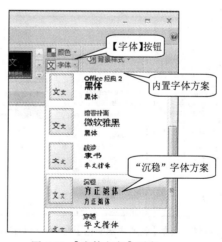

图 4-51　【字体方案】列表

④ 单击【字体】按钮下方的【效果】按钮 效果 ，展开主题【效果方案】下拉菜单，如图 4-52 所示，选择内置效果方案中的【顶峰】效果方案。

至此，【暗香扑面】主题更改完毕，更改并应用后的效果如图4-53所示。

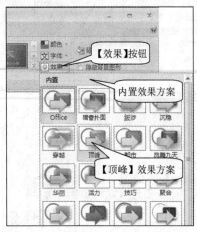

图4-52 【效果方案】下拉菜单　　　　　　　　　图4-53 【暗香扑面】主题更改后的效果

（2）新建主题配色方案和字体方案。在演示文稿中可以创建属于自己的个性化主题，创建步骤如下。

① 打开演示文稿→选择一张幻灯片→展开【设计】选项卡→【主题】组→单击【颜色】按钮█颜色▾，展开主题【配色方案】下拉菜单，选择【新建主题颜色】命令，弹出【新建主题颜色】对话框（见图4-54），在其中根据需要选择对象颜色，在【名称】选项中输入新配色方案的名称，单击【保存】按钮 保存(S)，完成新主题配色方案的创建，在主题【配色方案】下拉菜单中将出现新的自定义配色方案。

② 选中新的自定义配色方案→单击【字体】按钮 文 字体▾，展开主题【字体方案】下拉菜单，选择【新建主题字体】命令，弹出【新建主题字体】对话框（见图4-55），在其中可以选择适合的标题字体和正文字体，输入名称，单击【保存】按钮 保存(S) 即可。

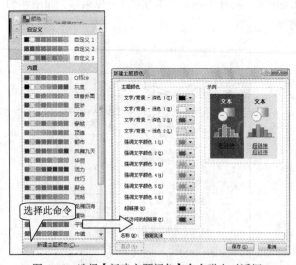

图4-54 选择【新建主题颜色】命令弹出对话框　　　　图4-55 【新建主题字体】对话框

4.3.3 幻灯片的母版制作

如果要为演示文稿中的每一张幻灯片均添加相同的背景或内容，设置相同的格式，可以先为演示文稿设计一个母版。

（1）单击【视图】选项卡→【演示文稿图示】组→单击【幻灯片母版】按钮，进入幻灯片母版视图，同时出现【幻灯片母版】选项卡，如图4-56所示。

 提示　　讲义母版和备注母版分别用于设置讲义及备注内容的格式，其设置方法与幻灯片母版的设置方法相似。

（2）在【编辑主题】组可以设置整个演示文稿的主题样式、字体格式和颜色等。

（3）在标题占位符中单击鼠标，出现文本插入点，然后通过【格式】选项卡将其设置为所需的格式。

（4）选择项目占位符，在其中选择需要设置格式的标题级别，并设置其文本格式和段落格式。

（5）设置幻灯片背景。选择一张幻灯片，单击【背景】组的【背景样式】按钮，在弹出的下拉菜单中选择【设置背景格式】命令，弹出【设置背景格式】对话框，在【填充】选项卡中选择所需的填充效果，如图4-57所示。

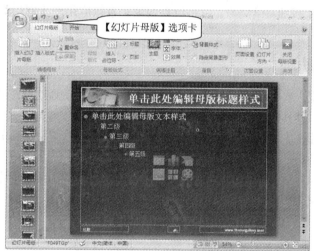

图4-56　幻灯片母版视图　　　　　　　　　　图4-57　设置【背景格式】对话框

（6）单击【幻灯片母版】选项卡中【关闭】组的【关闭母版视图】按钮，退出幻灯片母版视图。此时，演示文稿中的所有幻灯片便已使用了设置的格式。

4.4　幻灯片的动画设置与放映

幻灯片动画效果设置不仅包括切换幻灯片，还包括设置一张幻灯片中各个对象的播放顺序和每个对象的动画效果。

4.4.1　设置幻灯片切换效果

切换幻灯片是指在幻灯片放映过程中，幻灯片进入屏幕、离开屏幕、强调内容时的一种显示效果。设置切换幻灯片的具体操作如下。

（1）打开演示文稿→选中第一张幻灯片→【动画】选项卡→【切换到此幻灯片】组→单击【切换方案】下拉列表按钮，展开【切换方案】下拉菜单，选择【楔入】切换效果。

（2）单击【切换声音】下拉列表按钮，展开【切换声音】下拉菜单，选择【风铃】作为幻灯片切换声音。

（3）单击【切换速度】下拉列表按钮，展开【切换速度】下拉菜单，选择【快速】作为幻灯片切换速度。

（4）【换片方式】组→选中【单击鼠标时】复选框 ☑ 单击鼠标时，表示在放映幻灯片时可以单击鼠标切换幻灯片，如图 4-58 所示。

图 4-58　设置幻灯片切换效果

（5）设置完成后，单击【全部应用】按钮 🖳全部应用，可将设置的效果直接应用于所有幻灯片中。

4.4.2　动画方案及自定义动画

若想对幻灯片的动画进行更多的设置，或为幻灯片中的文字、图形等对象设置动画效果，可以通过【自定义动画】窗格来实现操作，其具体操作如下。

（1）打开演示文稿→选择一张幻灯片→【动画】选项卡→【动画】组→选择【自定义动画】命令 🎞自定义动画，打开【自定义动画】窗格。

（2）选择当前幻灯片中的对象（例如剪贴画）→【自定义动画】窗格→单击【添加效果】按钮 ☆添加效果▼，在【添加效果】下拉菜单中选择【进入】→【百叶窗】动画效果，完成自定义动画。

【添加效果】下拉菜单包含了 4 种设置，如图 4-59 所示，各种设置的含义如下。

① 进入：用于设置在幻灯片放映时文本及对象进入放映界面的动画效果，如百叶窗、飞入或菱形等效果。

② 强调：用于在放映过程中对需要强调的部分设置动画效果，如放大或缩小等。

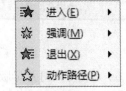

图 4-59　【添加效果】下拉菜单

③ 退出：用于设置放映幻灯片时相关内容退出放映界面时的动画效果，如百叶窗、飞出或菱形等效果。

④ 动作路径：用于指定放映相关内容时所通过的轨迹，如向下、向上或对角线向上等。设置后将在幻灯片编辑区中以红色箭头显示其路径的起始方向。

动画列表框中的每个效果选项前都有一个用于表示该动画效果在播放时的顺序的数字，以 1 开始向后顺序播放。若要改变顺序，可在动画列表框中选择需改变的动画效果进行拖动，或单击下面的【重新排序】按钮 ⬆ 重新排序 ⬇ 将其移到所需的位置。

（3）要修改某一动画效果，可在动画列表框中将其选中，此时【添加效果】按钮 ☆添加效果▼ 将变成【更改】按钮。单击该按钮，在弹出的下拉菜单中重新选择所需的动画效果，完成修改。如果想删除已添加的某个动画效果，可单击【删除】按钮将其删除。

（4）【修改】组的【开始】下拉列表框用于设置选择对象的动画效果的开始时间。其中有【单击时】（单击鼠标启动动画）、【之前】（与上一项目同时启动动画）或【之后】（当上一项目的动画结束时启动动画）3 个选项，如图 4-60 所示。

图 4-60　【自定义动画】窗格

若需设置一个不需单击就可启动的动画效果，则可将此项目移到动画列表框的顶部，并在【开始】下拉列表框中选择【之前】选项。

（5）【方向】下拉列表框一般用于设置某一对象进入屏幕的方向。

（6）【速度】下拉列表框用于设置选择对象动画效果的速度。

（7）设置完成后，可以单击窗格下部的【播放】按钮或【幻灯片放映】按钮进行预览。

若想在自定义动画的同时预览到设置的动画效果，则需选中【自定义动画】窗格底部的【自动预览】复选框。

4.4.3　设置幻灯片的链接及按钮的交互

用户可以在演示文稿中添加超链接，在播放时利用超链接可以跳转到演示文稿的某一页、其他演示文稿、Microsoft Word 文档、Microsoft Excel 电子表格，甚至是 Internet 中的 Web 网站或电子邮件地址等。

创建超链接的方法有两种：使用【插入】选项卡中【链接】组的【超链接】按钮或【动作】按钮。

1. 使用【超链接】按钮创建链接

（1）超链接到当前演示文稿中的某幻灯片。打开演示文稿→选择一张幻灯片→选中其中的一行文字，作为超链接起点的对象→【插入】选项卡→【链接】组→单击【超链接】按钮，或右键单击选定对象，在弹出的快捷菜单中选择【超链接】命令，弹出【插入超链接】对话框，在【链接到】列表框中单击【本文档中的位置】按钮，选择右侧中第 5 张幻灯片的标题，单击【确定】按钮，完成超链接到本文档中的指定幻灯片，如图 4-61 所示。

（2）超链接到其他文件、应用程序或 Web 地址。打开演示文稿→选择一张幻灯片→选中其中的一行文字作为超链接的对象→【插入】选项卡→【链接】组→单击【超链接】按钮，弹出【插入超链接】对话框，在【链接到】列表框中单击【原有文件或网页】按钮，在右侧栏中选择要跳转到的文件，单击【确定】按钮 确定 ，完成超链接到指定的文件或网页。

如果在【链接到】列表框中单击【新建文档】按钮，在右侧栏中选择或输入要跳转到的新文档名称，单击【确定】按钮 确定 即可。

如果在【链接到】列表框中单击【电子邮件地址】按钮，在【电子邮件地址】文本框中输入要链接到的电子邮件地址，在【主题】文本框中输入电子邮件的主题，即可通过邮件管理软件（Outlook）链接到指定的电子邮件（邮箱）。

要编辑超链接，用鼠标右键单击幻灯片的超链接对象→在弹出的右键菜单中选择【编辑超链接】命令→弹出【编辑超链接】对话框→对已设置的超链接进行编辑修改。

要删除超链接，用鼠标右键单击幻灯片的超链接对象→在弹出的右键菜单中选择【删除超链接】命令→完成超链接的删除操作。

2. 使用【动作】按钮创建链接

使用【动作】按钮为幻灯片中的对象创建链接，可以方便地实现跳转到下一张、上一张、第一张、最后一张幻灯片，以及播放声音，甚至运行程序等功能。

使用【动作】按钮创建链接的步骤如下。

（1）打开演示文稿→选择一张幻灯片→插入要添加动作的图形按钮等对象（绘制一个形状  ），并选中该对象。

（2）选择【插入】选项卡→【链接】组→单击【动作】按钮，弹出【动作设置】对话框，如图 4-62 所示。

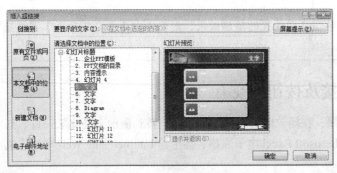

图 4-61 【插入超链接】对话框

图 4-62 【动作设置】对话框

（3）选择【单击鼠标】选项卡，选中【超链接到】单选按钮 ⊙超链接到(H) （可链接到当前演示文稿中指定的幻灯片上。可以链接到下一张、上一张、第一张、最后一张幻灯片、最近观看的幻灯片，也可以结束放映），展开【超链接到】下拉列表框，选择【下一张幻灯片】选项。

（4）也可以选中【运行程序】单选按钮 ⊙运行程序(R) ，单击【浏览】按钮，链接到指定的程序和可执行文件。

（5）选中【播放声音】复选框 ☑播放声音(P) （在动作执行时伴随声音播放。可以直接选择 Office 自带的内部声音，也可以选择【其他声音】命令，使用弹出的【添加声音】对话框插入外部声音文件），展开【播放声音】下拉列表框，可根据情境选择合适的声音。

（6）选中【单击时突出显示】复选框，表示单击动作对象时，对象会出现缩放效果。

　　要编辑动作对象的超链接，右键单击要编辑的动作对象，在快捷菜单中选择【编辑超链接】命令，在弹出的【动作设置】对话框中对已设置的超链接进行编辑修改。

　　要删除动作对象的超链接，右键单击要删除超链接的动作对象，在快捷菜单中选择【编辑超链接】命令，弹出【动作设置】对话框，选择【无动作】选项，完成删除动作对象链接操作。

4.4.4　设置放映方式

　　为了适应不同的放映场合，幻灯片应该有不同的放映方式，在【幻灯片放映】选项卡中可进行相应的设置。单击【设置】组的【设置放映方式】按钮，可打开【设置放映方式】对话框，如图 4-63 所示。

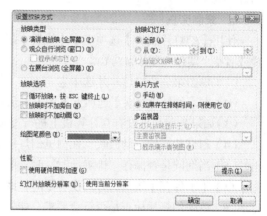

　　演示文稿中几种放映类型的作用如下。

　　（1）演讲者放映。这是一种便于演讲者演讲的放映方式，也是传统的全屏幻灯片放映方式。在该方式下，用户可以手动切换幻灯片和动画，也可以使用【幻灯片放映】选项卡上的【排练计时】命令来设置排练时间。

　　（2）观众自行浏览。这是一种让观众自助观看幻灯片的放映方式。此方式将在标准窗口中放映幻灯片，其中包含自定义菜单和命令，便于观众浏览演示文稿。

图 4-63　【设置放映方式】对话框

　　（3）在展台浏览。使用全屏模式放映幻灯片，如果 5 分钟内没有收到任何指令，便会重新开始放映。在该方式下，观众可以切换幻灯片，但不能更改演示文稿。

4.4.5　放映幻灯片

　　根据幻灯片放映场合的不同，需要设置幻灯片的放映方式。为了达到更佳的演示效果，在放映前还可以进行排练计时。

1.　放映幻灯片设置

　　设置好放映方式后即可放映幻灯片了，在【幻灯片放映】选项卡的【开始放映幻灯片】组中可选择放映的方式，包括【从头开始】、【从当前幻灯片开始】以及【自定义幻灯片放映】3 种方案。如果单击【从头开始】按钮或按 F5 键，系统便自动切换到幻灯片的放映模式下并从当前幻灯片开始放映。

2.　设置排练计时幻灯片放映

　　通过排练计时功能，为每一张幻灯片中的动画效果定义具体时间（但不能改变其顺序），这样可以编辑出自定义的放映效果。其具体操作如下。

　　（1）打开"企业宣传"演示文稿→【幻灯片放映】选项卡→【设置】组→单击【排练计时】按钮，进入全屏放映状态，在屏幕中出现【预演】工具栏，如图 4-64 所示。

　　（2）系统开始自动为第一个动画效果计时，显示在【预演】工具栏中间的文本框中。单击【暂停】按钮可暂停计时，也可直接在其中输入需要播放的时间。

　　（3）单击【下一项】按钮切换到下一个动画效果，系统从零开始重新为该动画效果计时。当为所有的动画效果都设置了所需的播放时间后，【预演】工具栏的最右侧将显示所用的总时间。

　　（4）为所有的动画效果都设置好时间后，按 Esc 键或单击【预演】工具栏上的【关闭】按钮，将打开一个提示对话框，其中显示放映该幻灯片所用的总时间，如图 4-65 所示。

图 4-64 【预演】工具栏

图 4-65 提示框

（5）单击对话框中的【是】按钮，可在以后放映时采用预演计时所设置的时间来控制幻灯片的播放。

3．录制旁白

使用【幻灯片放映】选项卡中【设置】组的【录制旁白】按钮，可以给指定的幻灯片或者整个演示文稿添加旁白。

（1）单击第一个幻灯片并选中它。

（2）在【幻灯片放映】选项卡下单击【录制旁白】按钮，显示【录制旁白】对话框。

（3）如果先前从来没有在计算机上进行过录制，则要先做一些更改，单击【确定】按钮。

（4）幻灯片开始自动放映，在浏览幻灯片的过程中录制旁白，直到放映完毕或退出。

（5）当询问是否保存"排练计时"时，单击【保存】按钮，保存每个幻灯片的记录时间。单击【不保存】按钮，旁白没有限时，而是自动按时放映。

（6）放映幻灯片检查是否符合要求，如果不符合，则可以重新录制。

4.5　PowerPoint 2010 新特性

1．新建中的新内容

PowerPoint 2010 在新建中提供多种新类型模版，可以给 PPT 生成不同的内容，还有在样本模板中有一些现成的相册，可以直接运用。

2．保存格式增加了新内容

PowerPoint 2010 可以将 PPT 保存为 pdf 文档格式或 wmv 视频格式，保存视频格式中可以兼容内部的视频和音频，但不包括 flash。

3．新增备注一次性清除功能

PPT 的备注常常给我们带来方便，但删除却是一件很麻烦的事情，PowerPoint 2010 可以将演示文稿备注和文档属性等信息一次全部删除。

4．新增形状组合功能

我们常常需要几个图形组合成的形状，以前只能用其他工具（如 Photoshop）完成，现在使用 PowerPoint 2010 只要简单几步就可以完成。形状组合效果如图 4-66 所示。

图 4-66 形状组合效果

5．新增多种 SmartArt 图形

SmartArt 图形是体现内容逻辑良好的展现方式，PowerPoint 2010 中新增了很多种类和模式。

6. 新增形状多样化编辑功能

之前版本中,形状的外形都是固定的,PowerPoint 2010 中可以对固定的形状进行多样化编辑,使其适应用户的个性化需求。

7. 新增音频视频处理功能

PowerPoint 2010 音频视频性能大幅度提升,表现在诸多方面,多格式兼容,增加默认文件嵌入功能,内含了剪辑器,如图 4-67 所示。增加音频视频出现和结束实现淡进淡出的效果,视频标牌框架使用相当于给自己的视频穿了一件个性化的外衣,视频有多种呈现样式,如图 4-68 所示。

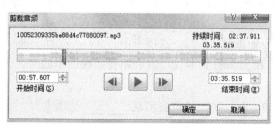

图 4-67 剪辑器

图 4-68 视频样式

8. 新增图片处理功能

PowerPoint 2010 增加了多种图片着色方案,如图 4-69 所示。增加了标记、铅笔灰度、马赛克气泡、玻璃、混泥土、素描、影印、边缘发光等艺术效果,如图 4-70 所示。在动画图片处理完成之后,如果觉得原图片不合适,可以使用更换图片功能。当我们需要图标式的图片,即无背景的图片,面对复杂的图片背景,PowerPoint 2010 实现了删除背景的功能。

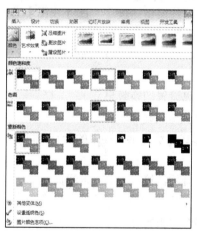

图 4-69 着色方案

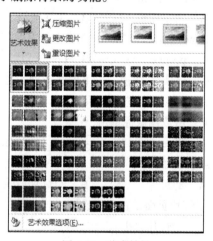

图 4-70 艺术效果

习　　题

一、填空题

1. 利用 PowerPoint 2007 制作的多媒体演示文稿的扩展名为_____。
2. 默认情况下,PowerPoint 2007 的快速访问工具栏中包括_____、撤销和恢复 3 个按钮。

3. 为幻灯片设置背景时，若直接单击某一样式，会将新的设置应用于＿＿＿＿＿＿。右键单击某一样式并选择＿＿＿＿＿命令，可以将新的设置应用于选定幻灯片。

4. 在 PowerPoint 2007 中，用文本框在幻灯片中添加文本时，在【插入】选项卡中应选择＿＿＿＿＿组下的文本框命令。

5. 在 PowerPoint 2007 中，插入声音的操作应选择【插入】选项卡中＿＿＿＿＿组下的＿＿＿＿＿命令。

6. 在 PowerPoint 2007 中，设置文本的字体时，可在＿＿＿＿＿选项卡中的【字体】组中进行设置。

7. PowerPoint 2007 中包含预定义的格式和配色方案，可以应用到任何演示文稿中创建独特外观的模板是＿＿＿＿＿。

8. 在 PowerPoint 2007 中，【自定义动画】命令在＿＿＿＿＿选项卡中。

9. 在 PowerPoint 2007 中，如果只想集中精力编辑文本，可以利用普通视图中的＿＿＿＿＿窗格。

10. 在 PowerPoint 2007 中，选中文本框的图框，功能区将会出现＿＿＿＿＿选项卡。

二、选择题（1～12 单选，13～15 多选）

1. 下列关于 PowerPoint 2007 的特点，叙述正确的是＿＿＿＿＿。
   A. 其制作的幻灯片不可包含声音和视频
   B. PowerPoint 2007 不可以插入 Microsoft Office Word 对象
   C. PowerPoint 2007 不可以将演示文稿保存为 HTML 格式
   D. 幻灯片上的对象、文本、形状、声音和图像均可以设置动画

2. 普通视图中，显示幻灯片具体文本内容的窗格是＿＿＿＿＿。
   A. 大纲窗格　　　B. 备注窗格　　　C. 幻灯片窗格　　　D.【视图】工具栏

3. PowerPoint 2007 演示文稿不可以保存的格式类型是＿＿＿＿＿。
   A. potm　　　B. ppt　　　C. pptx　　　D. exe

4. 关于幻灯片切换，以下说法正确的是＿＿＿＿＿。
   A. 可以设置进入效果　　　B. 可以设置切换效果
   C. 可以用鼠标单击　　　D. 以上全正确

5. 在 PowerPoint 中，＿＿＿＿＿视图以缩略图的形式显示演示文稿中的所有幻灯片，用于组织调整幻灯片的顺序。
   A. 幻灯片　　　B. 幻灯片放映　　　C. 幻灯片浏览　　　D. 备注页

6. 幻灯片页面设置不能设置＿＿＿＿＿。
   A. 幻灯片大小　　　B. 幻灯片页脚
   C. 幻灯片起始编号　　　D. 幻灯片方向

7. PowerPoint 2007 中对页面进行设置，下列哪步操作正确＿＿＿＿＿。
   A. 选择【视图】选项卡中的【显示比例】命令
   B. 选择【开始】选项卡中的【版式】命令
   C. 选择【插入】选项卡中的【对象】命令
   D. 选择【设计】选项卡中的【页面设置】命令

8. 如果要将当前演示文稿中的所有宋体字变为楷体字，最快速的方法是＿＿＿＿＿。
   A. 将所有幻灯片都选中，然后设置字体为楷体

B．利用【开始】选项卡中的【替换字体】命令

C．利用【开始】选项卡中的【更改大小写】命令

D．对幻灯片中的宋体依次选定，并依次进行设置

9．【视图】选项卡中_____与幻灯片当前窗口大小有关。

    A．标尺　　　　　　B．显示比例　　　　C．网格线　　　　　　D．宏

10．PowerPoint 2007 中不可以插入_____对象。

    A．Microsoft Office Excel 97-2003　　　　B．Flash 文档

    C．AutoCAD 图形　　　　　　　　　　　　D．HTML 文档

11．在【开始】选项卡的【字体】中无法实现_____设置。

    A．更改字体　　　　　　　　　　　B．更改字号

    C．更改字符间距　　　　　　　　　D．更改字体背景颜色

12．下列_____文件可以完全不用安装 PowerPoint 即可浏览。

    A．扩展名为.ppt 的文件　　　　　　B．扩展名.html 的文件

    C．扩展名为.pps 的文件　　　　　　D．扩展名为.pot 的文件

13．在 PowerPoint 中，可以打印_____。

    A．幻灯片　　　　　B．大纲　　　　　　C．讲义　　　　　　　D．备注页面

14．普通视图下，在左侧的大纲选项卡中可以_____。

    A．对大纲中的文字进行升、降级　　B．删除幻灯片

    C．改变幻灯片的次序　　　　　　　D．以上操作均不能实现

15．放映下一张幻灯片的快捷键有_____。

    A．空格键　　　　　B．Enter 键　　　　C．PageDown 键　　D．字母 N 键

三、简答题

1．PowerPoint 2007 有哪几种视图方式？

2．演示文稿的制作过程一般要经历哪几个阶段？

3．简述在幻灯片中插入艺术字的完整步骤。

4．如何为演示文稿中的对象设置自定义动画？

5．PowerPoint 2007 中主题的作用是什么？

第5章
电子表格软件

Excel 是一个功能强大的电子表格软件，是 Office 办公系列软件的重要组件之一，广泛应用于财务、金融、经济、审计和统计等众多领域。Excel 2007 不仅可以用于数据处理和报表制作等方面，也能够高效地完成各种表格和图形的设计。还具有强大的数据计算和分析能力，而且还增添了许多更实用的图像功能，可以帮助用户创建具有精美外观且感染力极强的电子表格。

5.1　Excel 2007 概述

Excel 2007 提供了一个全新的工作界面，本节介绍 Excel 2007 的工作界面、工作簿的组成和本章所用到的 3 个示例工作表。

5.1.1　Excel 2007 工作界面

单击【开始】按钮，执行【所有程序】→【Microsoft Office】→【Microsoft Office Excel 2007】，启动 Excel 2007 应用程序，打开其窗口界面，如图 5-1 所示。

与 Word 2007 一样，Excel 2007 的工作界面也是由选项卡和选项卡中的组构成的。Excel 2007 工作区域的组成及其作用如下。

单元格：工作表中的最小单位，用户可以在单元格中输入各种类型的数据、公式和对象等内容。

名称框：用于定义单元格或单元格区域的名称，或者根据名称寻找单元格或单元格区域。如果无特殊定义，即显示当前活动单元格（以黑色粗边框显示的单元格）的地址。

编辑栏：显示活动单元格中的数据或公式。每当输入数据到活动单元格时，数据将同时显示在编辑栏和活动单元格中，而且在编辑栏中还可以运行运算公式。

行号：用数字来标识每一行，单击行号可以选择整行单元格。

列标：用字母来标识每一列，单击列标可以选择整列单元格。

工作表标签：工作表标签用于工作表之间的切换和显示当前工作表的名称。例如，选择 Sheet3 标签，即可将 Sheet3 切换为当前工作表，右键单击该标签，即可对工作表进行重命名、复制等操作。

翻页按钮：在默认情况下，每个工作簿只有 3 张工作表，用户可以根据需要向工作簿中添加所需工作表，当用户添加的工作表过多时，可以单击翻页按钮来查看工作表标签。

拆分按钮：双击该工作表窗口中的拆分按钮，可将窗口拆分为两个窗口，以便用户查看同一个工作表中的不同数据部分。

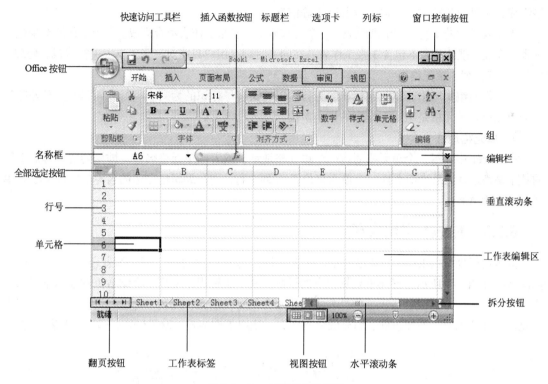

图 5-1　Excel 2007 窗口界面

5.1.2　工作簿专用术语

为方便用户在使用 Excel 2007 的过程中对其进行操作，本节介绍 Excel 中常用的一些专用术语，如图 5-2 所示。

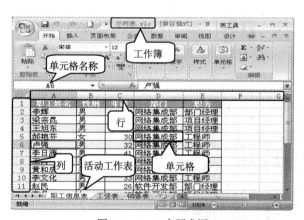

图 5-2　Excel 专用术语

1．工作簿

一个 Excel 文件就是一个工作簿，其扩展名为.xlsx。当启动 Excel 时，系统会自动创建一个工作簿，该工作簿的默认名称为 Book1。

2．工作表

在 Excel 中，用于存储和处理数据的主要文档被称为工作表，也称电子表格。工作表由单元格组成，它可以包括文字、数字以及公式等信息。

工作表是由若干行、若干列组成。一个工作簿由许多张工作表集合而成。一个工作簿至少包含一张工作表，默认状态下包含 3 张工作表。在同一时刻，用户只能对一张工作表进行编辑、处理。

3. 行、列、单元格

在工作表编辑区中，以数字标识的为行，以英文字母标识的为列。一行和一列的交叉处即为一个单元格，单元格是组成工作表的最小单位。

4. 单元格地址

在 Excel 中，每一个单元格对应一个单元格地址，或者叫单元格名称，即用列的字母加上行的数字来表示。如果当前选择一个单元格位于 A 列 3 行，则在编辑栏左边的名称框中即显示该单元格地址为 A3。

5.1.3 Excel 应用实例

为了更好地掌握 Excel 的基本应用，本章将围绕“公司工资表”、“职工信息表”和“销售表”，如图 5-3 和图 5-4 所示，展开重要知识点的讲解。其中工资表主要用于介绍数据的显示格式、对齐方式、公式、分类汇总，职工信息表主要用于介绍自动填充、复制、筛选和调整行高，销售表主要用于介绍列宽、添加边框、填充颜色和图案、使用条件格式、设置样式、函数、图表、排序。

2009年06月 智联科技资讯发展公司工资表

职工姓名	部门	职务	基本工资	加班金额	病假扣款	事假扣款	失业保险金	养老保险金	实发金额
李辉	网络集成部	部门经理	5,000.00	0.00	0.00	0.00	50.00	70.00	￥4,423.00
梁宗昆	网络集成部	项目经理	4,000.00	0.00	0.00	0.00	40.00	56.00	￥3,593.40
王旭东	网络集成部	项目经理	4,000.00	0.00	0.00	0.00	40.00	56.00	￥3,593.40
郝艳芬	网络集成部	工程师	3,000.00	100.00	0.00	0.00	30.00	42.00	￥2,848.80
卢强	网络集成部	工程师	3,000.00	160.00	0.00	70.00	30.00	42.00	￥2,840.30
李日源	网络集成部	工程师	3,000.00	0.00	0.00	0.00	30.00	42.00	￥2,760.20
王岗	网络集成部	工程师	3,000.00	80.00	0.00	0.00	30.00	42.00	￥2,831.80
黄和成	网络集成部	工程师	3,000.00	20.00	80.00	0.00	30.00	42.00	￥2,706.20
李文化	网络集成部	工程师	3,000.00	100.00	100.00	0.00	30.00	42.00	￥2,760.20
赵民	软件开发部	部门经理	5,000.00	50.00	0.00	0.00	50.00	70.00	￥4,465.50
李月	软件开发部	项目经理	4,000.00	100.00	0.00	90.00	40.00	56.00	￥3,601.90
王丽丽	软件开发部	程序员	3,000.00	0.00	0.00	0.00	30.00	42.00	￥2,760.20
马健	软件开发部	程序员	3,000.00	150.00	0.00	0.00	30.00	42.00	￥2,891.30
贾彤	软件开发部	程序员	3,000.00	200.00	50.00	0.00	30.00	42.00	￥2,891.30
蒋为东	软件开发部	程序员	3,000.00	40.00	0.00	50.00	30.00	42.00	￥2,751.20
赵为明	软件开发部	程序员	3,000.00	60.00	0.00	0.00	30.00	42.00	￥2,814.20
李雅淇	软件开发部	助理	2,000.00	0.00	50.00	0.00	20.00	28.00	￥1,836.80
彭树峰	管理部	部门经理	5,000.00	0.00	0.00	0.00	50.00	70.00	￥4,423.00
王南	管理部	助理	2,000.00	100.00	0.00	0.00	20.00	28.00	￥1,971.80
黄敏	财务部	会计	2,000.00	0.00	0.00	0.00	20.00	28.00	￥1,881.80
胡松龄	财务部	会计	2,000.00	0.00	0.00	0.00	20.00	28.00	￥1,881.80

图 5-3 公司工资表

职工姓名	性别	年龄	部门	职务
李辉	男	36	网络集成部	部门经理
梁宗昆	男	28	网络集成部	项目经理
王旭东	男	26	网络集成部	项目经理
郝艳芬	女	30	网络集成部	工程师
卢强	男	32	网络集成部	工程师
李日源	男	41	网络集成部	工程师
王岗	男	26	网络集成部	工程师
黄和成	男	28	网络集成部	工程师
李文化	男	33	网络集成部	工程师
赵民	男	26	软件开发部	部门经理
李月	女	27	软件开发部	项目经理
王丽丽	女	23	软件开发部	程序员
马健	男	27	软件开发部	程序员
贾彤	女	30	软件开发部	程序员
蒋为东	男	32	软件开发部	程序员
赵为明	男	28	软件开发部	程序员
李雅淇	女	26	软件开发部	助理
彭树峰	男	32	管理部	部门经理
王南	女	26	管理部	助理
黄敏	女	24	财务部	会计
胡松龄	男	26	财务部	会计

销售额（单位：元）

姓名	三月	四月	五月	六月
赵玉龄	27500	33200	34500	39600
钱晓红	31000	40600	36000	40600
张　池	35800	31600	26500	42100
纪贵明	32800	34000	26500	28650
陈　洁	42100	32800	37500	32800
李　娜	30000	32750	36250	44000

图 5-4 职工信息表和销售表

5.2　Excel 2007 的基本操作

要对 Excel 文件进行编辑操作，首先应掌握其基本操作方法。本节介绍 Excel 工作簿的启动、退出和创建的方法，以及完成创建后如何对其进行保存。

5.2.1　Excel 2007 的启动与退出

当需要对创建好并保存过的 Excel 工作簿重新进行编辑，或者对工作簿的编辑已经完成时，可以打开或者关闭该工作簿。

1．启动工作簿

用户可以直接打开 Excel 工作簿。找到要打开的 Excel 工作簿后，右键单击该文件，执行【打开】命令即可。例如，右键单击"学生成绩表"工作簿，执行【打开】命令，或者双击要打开的 Excel 工作簿图标。

也可以通过已经打开的 Excel 工作簿打开其他 Excel 工作簿。单击【Office】按钮，执行【打开】命令，在弹出的【打开】对话框中选择要打开的工作簿即可。

另外，在【我的电脑】窗口中找到需要打开的 Excel 工作簿文件，双击或右键单击该文件，执行【打开】命令，也可以打开工作簿。

可以按【Ctrl+O】组合键，在弹出的【打开】对话框中选择文件进行打开。

2．退出工作簿

关闭工作簿是将内存中的工作簿清除，并关闭当前工作簿的工作窗口。关闭的方法有以下几种。

（1）单击工作簿窗口右上角的【关闭】命令。

（2）单击 Office 按钮，执行【关闭】命令。

（3）双击 Office 按钮，关闭工作簿。

（4）按【Ctrl+F4】组合键，或者按【Alt+F4】组合键，关闭工作簿。

（5）右键单击任务栏上的工作簿图标，执行【关闭】命令。

若需要同时关闭多个工作簿，可以在按住【Shift】键的同时单击 Office 按钮，执行【关闭】命令。

5.2.2　工作簿的创建与保存

利用 Excel 制作电子表格前，首先应创建工作簿，可以通过以下方式来创建新的工作簿。

1．利用 Office 按钮创建工作簿

单击【Office】按钮，执行【新建】命令，在弹出的如图 5-5 所示的对话框中选择【空工作簿】图标，单击【创建】按钮，即可创建一个名为 Book1 的新工作簿。

2．利用快速访问工具栏创建工作簿

单击【自定义快速访问工具栏】下拉按钮，在其下拉列表中选择【新建】选项，如图 5-6 所

示。然后单击快速访问工具栏中的【新建】命令，即可创建一个新的工作簿。

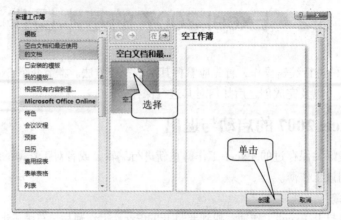

图 5-5　【新建工作簿】对话框

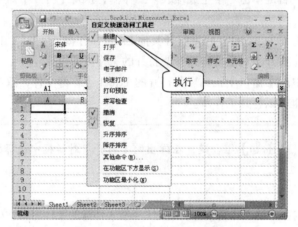

图 5-6　自定义快速访问工具栏

 可以按【Ctrl+N】组合键创建新的 Excel 工作簿。在创建工作簿时，Excel 将自动以 Book1、Book2、Book3……的默认顺序为新工作簿命名。

当完成对 Excel 工作簿的编辑后，应及时对其进行保存。保存 Excel 工作簿可以通过以下几种方法。

1. 保存未命名工作簿

要保存当前文件，可以单击快速访问工具栏中的【保存】按钮，或者单击 Office 按钮，执行【保存】命令。然后在弹出的【另存为】对话框中设置文件要保存的位置，输入要保存的文件名称，并单击【保存类型】下拉按钮，选择一种文件类型。

2. 以新文件名保存工作簿

如果想以新的文件名保存当前文件，可以单击 Office 按钮，执行【另存为】命令。然后在弹出的【另存为】对话框中重新设置文件名称即可，如图 5-7 所示。

3. 设置自动保存

单击 Office 按钮，并单击【Excel 选项】按钮，在弹出的如图 5-8 所示的对话框中选择【保存】选项卡，并在右侧的【保存工作簿】栏中进行相应的设置。例如，设置保存格式、自动恢复时间以及默认的文件位置等。

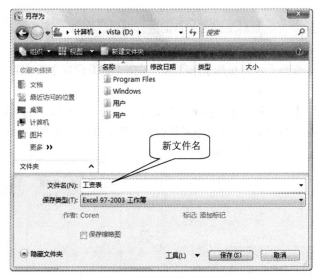

图 5-7　【另存为】对话框

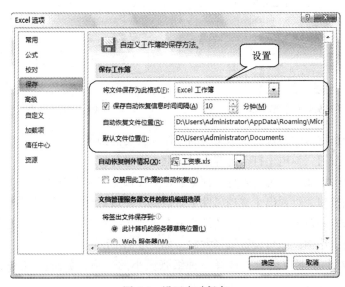

图 5-8　设置自动保存

4．加密保存

首先，在保存文件的时候不要直接单击【保存】按钮，单击 Office 按钮 ，执行【另存为】命令。然后，在弹出的【另存为】对话框中单击左下角【工具】按钮右边的下拉按钮，选择【常规选项】，在弹出的【常规选项】对话框中即可设置密码。

打开密码即可以打开，修改密码即打开后能否修改。两个密码可以不一样。在确认后会首先让你再输入一次打开密码，再确认修改密码，要确保分别和前面的一样。这样 Excel 文件密码设置就完成了。

5.2.3　打印工作簿

制作完电子表格后，用户可以先对其进行页面设置，然后打印预览观看效果，如果是用户期望的结果，即可打印工作表。

1. 页面设置

在打印工作表之前，首先要对工作表的页面进行设置。在 Excel 中进行页面设置与在 Word 中进行页面设置基本相同，下面简单介绍工作表的页面设置方法。

（1）设置页边距。选择【页面布局】选项卡，单击【页面设置】组中的【页边距】下拉按钮，选择【普通】项，如图 5-9 所示。

另外，在【页边距】下拉列表中执行【自定义边距】命令。在弹出的【页面设置】对话框中，可对其上、下、左、右、页眉和页脚页边距进行设置，并可设置页面的居中方式，如图 5-10 所示。

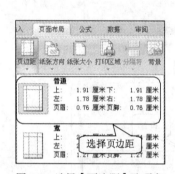

图 5-9　选择【页边距】选项卡

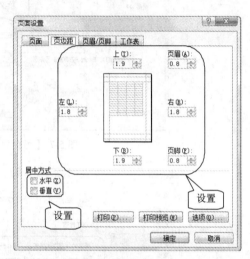

图 5-10　设置页边距

在【页边距】选项卡中还包括 3 个主要的按钮，其功能如下。

打印：单击该按钮，弹出【打印内容】对话框，可进行打印设置。

打印预览：单击该按钮，可进入打印预览窗口界面预览工作表内容。

选项：单击该按钮，可弹出【文档属性】对话框，在该对话框中可设置布局和纸张/质量。

（2）设置纸张方向及大小。工作表的纸张方向主要包括横向和纵向，单击【纸张方向】下拉按钮，选择【横向】选项，即可设置纸张方向，如图 5-11 所示。

单击【纸张大小】下拉按钮，选择一种纸张大小的选项，如选择 Legal 项，如图 5-12 所示。

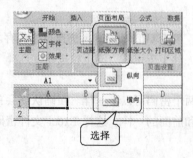

图 5-11　设置纸张方向

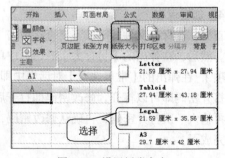

图 5-12　设置纸张大小

（3）设置打印区域和标题。可以运用设置打印区域功能，标记需要打印的特定工作表区域。

例如，选择要标记为打印区区域的单元格区域，并单击【打印区域】下拉按钮，执行【设置打印区域】命令，如图 5-13 所示。

如果有一个很长的列表需要打印很多张，每打印一张都需要重复打印标题和表头，则可单击【打印标题】按钮，弹出的【页面设置】对话框如图 5-14 所示，在【顶端标题行】框中直接输入打印区域，或单击【顶端标题行】框右边的按钮，在工作表中选择打印区域。

图 5-13　设置打印区域

图 5-14　设置打印标题和打印选项

如果某一列或多列要在每一张纸上重复打印，则可在【左端标题列】框中进行设置，方法同上。

【打印】区域中包含了许多功能，如网格线、单色打印、批注、行号列标以及草稿等，其功能如下。

【网格线】：如果要打印工作表中的垂直或水平网格线，请选中该复选框。如果工作表中已经设置了边框线，应清除该复选框。

【单色打印】：如果选择的工作表中包含色彩数据，而使用的是单色打印机，应选中该复选框。这样，打印时将不考虑背景的颜色和图案。

【草稿品质】：如果选中该复选框，可以加快打印速度，将不打印网格线，同时图形将以较简单的方式输出。

【行号列标】：如果选中该复选框，将在打印的工作表中加上行号和列标。

【批注】：用户可以决定是否打印单元格的批注。如果从列表框中选择【无】选项，则不打印单元格的批注；如果从列表框中选择【工作表末尾】选项，则在工作表的末尾打印批注；如果从列表框中选择【如同工作表中的显示】选项，则在批注显示的位置打印。

以上的参数设置好后，可以单击【打印预览】按钮查看页面格式，然后可以单击【打印】按钮将工作表从打印机上输出。

2. 预览工作表

打印预览窗口中的显示效果与打印机实际输出的效果完全一样，所以一般在打印前要进行打印预览。单击 Office 按钮，执行【打印】→【打印预览】命令，即可弹出【打印预览】窗口，如图 5-15 所示。必要时还可以在【打印预览】窗口中对打印效果进行设置，其中包括页眉页脚、页边距、打印质量、比例、是否打印网格线等。

图 5-15 【打印预览】窗口

提示

按【Ctrl+F2】组合键，也可以进行打印预览。

3. 打印工作表

当对打印预览的效果满意后，可对工作表进行输出，即打印工作表。单击 Office 按钮，执行【打印】→【打印】命令，即可弹出【打印内容】对话框，如图 5-16 所示。

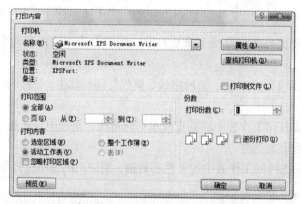

图 5-16 【打印内容】对话框

该对话框中主要包含 4 个选项栏，其功能见表 5-1。

表 5-1   打印内容选项功能

选项		功能
打印机	名称	在此列表中，选择已安装并且要使用的打印机
	状态	指示该打印机的状态，例如空闲、忙碌或打印作业之前的文件数量
	类型	指示所选打印的类型
	位置	指示该打印机的位置或者该打印机连接到哪个端口
	备注	指示用户可能需要知道的有关此打印机的任何其他信息
打印范围	全部	选择该单选按钮可打印文件中的所有工作表
	页	选择该单选按钮并在文本框中添加页码或页面范围，则只打印定义的页面范围内的工作表页

续表

选项		功能
打印内容	选定区域	打印工作表中选择的单元格区域
	活动工作表	打印当前被激活的工作表
	忽略打印区域	忽略工作表中选择的打印区域，打印整个工作表
	整个工作表	打印工作簿中的所有工作表
份数	打印份数	在此微调框中输入或调整要打印的文档份数
	逐份打印	如果希望打印作业按照用户在文档中创建的顺序打印，则启用此复选框

单击【打印内容】对话框中的【预览】按钮，即可进入打印预览界面。

5.3　工作表基本操作

在 Excel 中，工作簿下面是各种同类的工作表，工作表下面由以单元格为单位的行列组成，是具体存放数据的基本单位。在单元格中可以存放数据或公式。

5.3.1　编辑工作表

1．单元格的数据输入

在 Excel 2007 中，向单元格输入的数据有两种类型：一是常量，二是公式。其中常量包括文本、数字、日期和时间等。公式是指输入的值需要计算得到，公式以等号"="开始，将在 5.4 节中介绍公式的使用。下面先介绍 Excel 2007 中输入常量的规则。

向单元格中输入数据，首先选中要输入数据的单元格，键入数字、文字或其他符号。输入过程中如果发现有错误，可用 Backspace 键删除。然后按回车键或用鼠标单击编辑栏中出现的【输入】按钮✔完成输入，若要取消，可直接按 Esc 键或用鼠标单击编辑栏中出现的红色【取消】按钮✖。

（1）文本的输入。单元格中的文本可包括任何字母、数字和其他符号的组合，以左对齐方式显示。如果单元格的宽度容纳不下文本串，可占用相邻单元格的显示位置（相邻单元格本身并没有被占据），如果相邻单元格已经有数据，就截断显示。

如果要在同一单元格中显示多行文本，选择【开始】选项卡中【对齐方式】栏的右下角按钮，打开【设置单元格格式】对话框，选择【对齐】选项卡，选中【自动换行】复选框。如果要在单元格内换行，可按【Alt+Enter】组合键。

（2）数字的输入。数字由 0～9、正号"+"、负号"–"、小数点"."、百分号"%"、千分位号","等符号组成。输入数值型数据时，Excel 会自动将数据沿单元格右边对齐。

当单元格容纳不下一个未经格式化的数字时，就用科学记数法显示它（如 3.45E+12）；当单元格容纳不下一个格式化的数字时，就用若干个"#"号代替。

输入正数：直接输入即可，不用在其前面加正号"+"，即使加了也将被忽略。

输入负数：必须在数字前加一个负号，或者给数字加上圆括号。

输入分数：应在输入的分数前加 0，然后输入一个空格，再输入分数内容。例如输入 1/2，应先输入数字 0，然后输入一个空格，再输入分数 1/2。若分数前不加 0，则作为日期处理，例如输入 1/2，则表示 1 月 2 日。

提示

如果把数字作为文本输入时，在第一个数字前加单引号'。如输入 '123456789，单元格中显示左对齐方式的 123456789，则该 123456789 是文本而非数字，虽然表面上看起来是数字。

（3）日期和时间的输入。输入日期时，年、月、日之间使用反斜杆"/"或连字符"-"隔开。例如，要输入 2009 年 9 月 6 日，可输入 2009/9/6 或 2009-9-6，整个日期格式则用 YYYY–MM–DD 的形式。输入时间时，时、分、秒之间用冒号":"隔开，例如要输入 8 点 45 分 30 秒，可输入8:45:30。

Excel 中的时间是以 24 小时制表示的，如果要按 12 小时制输入时间，请在时间后留一空格，并输入 AM 或 PM 分别表示上午或下午。

如果要在同一单元格中键入日期和时间，请在中间用空格分离。如想要输入 2009 年 5 月 16 日下午 4:30，则可输入 2009–5–16 16:30。

提示

快速输入当前日期，可按下【Ctrl+；】组合键；快速输入当前时间，可按下【Ctrl+Shift+；】组合键。

2. 单元格与区域的选择

在编辑工作表的时候，首先应选择相应的单元格或区域，单元格与区域的选择分为以下几种情况。

（1）选择单个单元格。用鼠标直接在工作表中单击所需选择的单元格。

（2）选择相邻单元格区域。一个活动单元区是由左上角和右下角两个单元格来确定的。例如左上角为 B3，右下角为 D6，则该单元格区记为 B3:D6。

用鼠标选择某一单元格，然后按下鼠标左键拖曳到另一单元格。如果单元格超出屏幕，可将光标拖曳到工作窗口边线让其翻动至单元格出现后进行选择。或用鼠标先单击左上角的单元格，然后按住 Shift 键同时再单击右下角的单元格。

（3）选择不相邻单元格区域。选择第一个单元格区域，然后在按住 Ctrl 键的同时选择其他单元格区域。

（4）选择整行、整列。将光标置于要选择行的行号处，当光标变成"向右"箭头 → 时，单击行号，即可选择整行；将光标置于要选择列的列标处，当光标变成"向下"箭头 ↓ 时，单击列标，即可选择整列。

连续行、列的选择，可以拖曳行、列头进行选择；不连续的行、列选择时，需同时按下 Ctrl 键。

（5）选中工作表的所有单元格。单击行号与列标的交叉处，即单击工作表的【全部选定】按钮，或者按【Ctrl+A】组合键。

3. 自动填充数据

在 Excel 中输入的数据之间有一定的规律时，为了避免烦琐的输入数据，可以采用自动填充数据功能实现数据的快速输入。

（1）使用填充柄填充。可以运用填充柄填充相邻单元格中的数据。填充柄是当选择单元格或者单元格区域时，位于选定区域右下角的黑色"实心十字"形状 ✚。

使用填充柄可以填充两种类型的数据：以序列填充以及以相同数据填充。例如，在单元格中输入数据后，将鼠标置于该单元格的填充柄上，拖动鼠标至要填充的单元格区域即可，如图 5-17 所示。

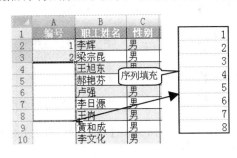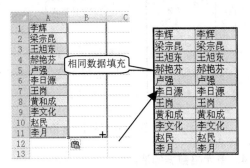

图 5-17　填充柄的使用

利用填充柄填充数据后，在单元格右下角的位置会出现【自动填充选项】下拉按钮，单击该按钮，用户可以在其列表中进行选择。

（2）使用填充命令填充数据。输入数据后，选择要填的数据区域，然后单击【编辑】组中的【填充】按钮，执行相应的命令，即可填充数据。

（3）成组工作表填充。当需要在不同的工作表中输入相同的数据时，即可使用该功能来填充单元格数据。在按住 Ctrl 键或者 Shift 键的同时，分别单击工作表标签，例如，单击职工工资表和工资表工作表标签，创建工作组。此时，在 Excel 工作簿标题栏中出现"工作组"文字，如图 5-18 所示。

在其中一个工作表中输入数据，例如，在职工信息表中输入数据，即可发现同一工作组中工资表的相同位置上显示相同的数据，如图 5-19 所示。

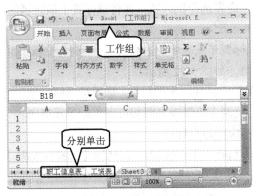

图 5-18　建立工作组　　　　　　　　　图 5-19　输入数据

单击工作组之外的工作表标签，取消对工作表的选择。然后选择职工信息表，更改其字体格式，如图 5-20 所示。

选择工作组中的所有工作表，并选择更改过格式的单元格。在【填充】下拉列表中执行【成组工作表】命令，弹出【填充成组工作表】对话框，如图 5-21 所示，并选择【全部】单选按钮。这样职工信息表和工资表中相同位置上的数据同时发生变化。

（4）序列填充。如果选择的单元格区域中包含数字，可以利用该命令控制要创建的序列类型。选择要填充的单元格区域后，执行【填充】→【系列】命令。

图 5-20　设置字体格式　　　　　　　　图 5-21　【填充成组工作表】对话框

4. 单元格数据的清除

在 Excel 2007 中，清除单元格数据只能删除该单元格中的内容，如数据、数据格式、批注，而该单元格本身不会被删除。

选定要清除数据的单元格，选择【开始】选项卡中【编辑】组中的【清除】按钮，打开其下一级子菜单。其中【全部清除】表示要清除单元格格式、内容与批注；【清除内容】表示要清除单元格的内容，而不清除单元格格式和批注；【清除格式】表示只清除单元格格式，使用系统的默认格式；【清除批注】表示只清除单元格批注。

如果选定单元格后按 Delete 或 Backspace 键，Excel 2007 将只清除单元格中的内容，而保留其中的批注和单元格格式。

5. 移动和复制单元格数据

移动单元格数据是指将单元格或区域中的数据转移到另外的一个位置上，原来位置的内容不存在，而复制单元格数据是指将单元格或区域中的数据复制到其他位置上，原来位置的内容保持不变。

（1）利用鼠标拖动。要移动单元格区域中的数据，应先选择该区域，并将鼠标置于该区域的边缘上，然后直接拖动到指定的位置即可。

要复制单元格区域中的数据，选择该区域，并将鼠标置于该区域的边缘线上，当光标变成"四向"箭头时，按住 Ctrl 键拖动鼠标到指定的位置即可，如图 5-22 所示。

（2）利用剪贴板。可以利用剪贴板来移动或者复制单元格区域中的数据。选择单元格区域后，分别通过单击【剪贴板】组中的【剪切】按钮或者【复制】按钮来剪切或者复制单元格内容。然后选择目标单元格，单击【粘贴】下拉按钮，执行相应的命令即可。

复制单元格数据后，也可进行选择性粘贴。单击【粘贴】下拉按钮，执行【选择性粘贴】命令，可以在弹出的如图 5-23 所示的对话框中选择需要的选项。

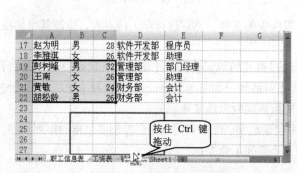
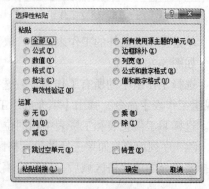

图 5-22　利用鼠标复制数据　　　　　　图 5-23　【选择性粘贴】对话框

该对话框中包含【粘贴】和【运算】两栏内容，且含有多项不同的单选按钮及复选框，其选项的作用见表 5-2。

表 5-2　　　　　　　　　　　　【选择性粘贴】对话框中各选项的作用

类型	名称	功能
粘贴	全部	粘贴所复制的数据的所有单元格内容和格式
	公式	仅粘贴在编辑栏中输入的所复制数据的公式
	数值	仅粘贴在单元格中显示的所复制数据的值
	格式	仅粘贴所复制数据的单元格格式
	批注	仅粘贴附加到所复制的单元格批注
	有效性验证	将所复制的单元格的数据有效性验证规则粘贴到粘贴区域
	所有使用源主题的单元	粘贴使用复制数据应用的文档主题格式的所有单元格内容
	边框除外	粘贴应用到所复制的单元格的所有单元格内容和格式，边框除外
	列宽	将所复制的某一列或某个列区域的宽度粘贴到另一列或另一个列区域
	公式和数字格式	仅粘贴所复制的单元格中的公式和所有数字格式选项
	值和数字格式	仅粘贴所复制的单元格中的值和所有数字格式选项
运算	无	制定没有数学运算要用到所复制的数据
	加	指定要将所复制的数据与目标单元格或单元格区域中的数据相加
	减	指定要从目标单元格或单元格区域中的数据中减去所复制的数据
	乘	指定所复制的数据乘以目标单元格或单元格区域中的数据
	除	指定所复制的数据除以目标单元格或单元格区域中的数据
跳过空单元		启用此复选框，则当复制区域中有空单元格式，可避免替换粘贴区域中的值
转置		启用此复选框，可将所复制数据的列变成行，将行变成列

提示　　　按下【Ctrl+Alt+V】组合键；也可打开【选择性粘贴】对话框。

（3）粘贴为超链接。粘贴为超链接选项可以在所复制的单元格或者单元格区域和原始数据之间建立超链接。

例如，选择工资表中的"王南"文字，复制后选择一个目标单元格，并执行【粘贴为超链接】命令，将粘贴一个带下画线的蓝色字体的超链接文字，只需将光标置于该单元格上，当光标变成"手状"时，单击即可链接到原始数据，如图 5-24 所示。

图 5-24　粘贴超链接数据

（4）以图片格式复制。选择要移动或复制的单元格区域，执行【粘贴】→【以图片格式】→【复制为图片】命令，即可弹出【复制图片】对话框，可在该对话框中进行相应的选择，如图 5-25 所示。

选择一个目标单元格，执行【粘贴】→【以图片格式】→【粘贴为图片】命令，可将原始数据粘贴为图片，如图 5-26 所示；若执行【粘贴】→【以图片格式】→【粘贴图片链接】命令，那么对原始单元格区域所作的任何修改都会及时反映到图片当中。

图 5-25　复制图片

图 5-26　粘贴为图片

6. 调整行高和列宽

在编辑工作表时，经常需要根据字符串的长短和字号的大小来适当地调整单元格的行高和列宽。

（1）调整行高。选择要更改行高的单元格或者单元格区域，并选择【开始】选项卡，单击【单元格】组中的【格式】下拉按钮，执行【行高】命令。在弹出的对话框中输入要设置的行高值，即可更改所选单元格的行高，如图 5-27 所示。

图 5-27　调整行高

单击【格式】下拉按钮，执行【自动调整行高】命令，即可自动调整工作表中的行高至合适的高度。

另外，可以将鼠标置于要调整行高单元格的行号处，当光标变成"单竖线双向"箭头✛时，拖动可调整工作表某行的行高；若双击，即可自动调整该行的行高。

（2）调整列宽。调整列宽的方法和调整行高的方法基本相同。选择要调整列宽的单元格或单元格区域，执行【列宽】命令，在弹出的对话框中输入要调整的列宽值即可。

另外，可以将鼠标置于要调整列宽单元格的列标处，当光标变成"单竖线双向"箭头╪时，拖动即可调整列宽；若双击，即可自动调整该列的列宽。

7. 使用批注

在 Microsoft Office Excel 2007 中，可以通过插入批注来对单元格添加注释。可以编辑批注中的文字，也可以删除不再需要的批注。

（1）添加批注。单击要添加批注的单元格。在【审阅】选项卡上的【批注】组中单击【新建批注】。在批注文本框中键入批注文字。要设置文本格式，请选择文本，然后使用【开始】选项卡上【字体】组中的格式设置选项。键入完文本并设置格式后，单击批注框外部的工作表区域。

单元格边角中的红色小三角形表示单元格附有批注。将指针放在红色三角形上时会显示批注。

（2）编辑批注。单击包含要编辑的批注的单元格。在【审阅】选项卡上的【批注】组中单击【编辑批注】；或者在【审阅】选项卡上的【批注】组中单击【显示/隐藏批注】以显示批注，然后双击批注中的文字。在批注文本框中编辑批注文本。要设置文本格式，请选择文本，然后使用【开始】选项卡上【字体】组中的格式设置选项。

（3）删除批注。单击包含要删除的批注的单元格。在【审阅】选项卡上的【批注】组中单击【删除】；或者在【审阅】选项卡上的【批注】组中单击【显示/隐藏批注】以显示批注，双击批注文本框，然后按 Delete 键。

5.3.2　管理工作表

在 Excel 2007 中，一个工作簿可以包含多个工作表，默认为 3 个，管理工作表主要是对工作表进行插入、删除、移动和复制等操作。

1. 插入和删除工作表

在 Excel 2007 中，工作簿中工作表的数目不受系统默认数目的限制，可以根据需要添加和删除多个工作表。

（1）插入工作表。选择【开始】选项卡，单击【单元格】组中的【插入】下拉按钮，执行【插入工作表】命令，即可在工作簿中插入一个新的工作表。

另外，要在工作簿中插入新工作表，还可以单击工作表标签后的【插入工作表】按钮，或者按【Shift+F11】组合键，还可以右键单击工作表标签，执行【插入】命令，在弹出的【插入】对话框中选择【工作表】选项即可。

（2）删除工作表。要删除工作簿中的工作表，应先选择要删除的工作表，单击【单元格】组中的【删除】下拉按钮，执行【删除工作表】命令。

还可以右键单击要删除的工作表的标签，执行【删除】命令。

2. 重命名工作表

为了方便对工作表的管理，可以对工作表的名称进行更改。

要更改工作表名称，可以右键单击该工作表标签，执行【重命名】命令，此时，工作表标签处于编辑状态，输入要修改的工作表名称，按 Enter 键即可。

另外，还可以单击【单元格】组中的【格式】下拉按钮，执行【重命名工作表】命令。

3. 隐藏和取消隐藏工作表

为了避免屏幕上显示的工作表数目太多，可以选择隐藏工作表。隐藏的工作表仍然是打开的，其他文档仍然可以使用其信息。同样，也可以隐藏未被使用或不希望其他用户看到的行和列。

（1）隐藏工作表。选定要隐藏的工作表，选择【开始】选项卡，单击【单元格】组中的【格式】下拉按钮，执行【隐藏和取消隐藏】命令的下一级子菜单【隐藏工作表】，即可隐藏工作表。

（2）取消隐藏工作表。选择【开始】选项卡，单击【单元格】组中的【格式】下拉按钮，执行【隐藏和取消隐藏】命令的下一级子菜单【取消隐藏工作表】，打开【取消隐藏】对话框，在【取消隐藏工作表】列表框中双击想要取消隐藏的工作表名称，即可取消工作表的隐藏。

（3）隐藏行或列。选定需要隐藏的行或列，选择【开始】选项卡，单击【单元格】组中的【格式】下拉按钮，执行【隐藏和取消隐藏】命令的下一级子菜单【隐藏行】或【隐藏列】命令。

（4）显示隐藏的行或列。如果要显示被隐藏的行，则同时选定其上方和下方的行；如果要显示被隐藏的列，则同时选定其左侧和右侧的列，选择【开始】选项卡，单击【单元格】组中的【格式】下拉按钮，执行【隐藏和取消隐藏】命令的下一级子菜单【取消隐藏行】或【取消隐藏列】命令即可完成操作。

如果隐藏了工作表的首行和首列，选择【编辑】组中【查找和选择】下拉按钮，执行【转到】命令，在打开的【定位】对话框中，在【引用位置】输入框中输入"A1"，然后单击【确定】按钮。接着执行上述显示隐藏行或列的步骤。

4. 移动和复制工作表

在 Excel 2007 中，可以采用两种方法来移动和复制工作表：一种是使用命令移动和复制工作表；另一种是使用鼠标来移动和复制工作表。

（1）使用命令移动和复制工作表。首先单击需要移动的工作表标签，使其成为当前活动工作表。选择【开始】选项卡，单击【单元格】组中的【格式】下拉按钮，执行【移动或复制工作表】命令，打开【移动或复制工作表】对话框。在【工作簿】下拉列表中选择当前选定工作表要移动到的目标工作簿的名称。在【下列选定工作表之前】列表框中选择一个工作表，当前选定的工作表将移动到该工作表之前。如果是复制操作，选中【建立副本】复选框，单击【确定】按钮，完成工作表的移动工作。

（2）使用鼠标移动和复制工作表。将鼠标指向将要移动的工作表标签，按住鼠标左键拖动工作表标签，拖动到指定位置后，松开鼠标左键即可完成操作。如果是复制操作，按住鼠标左键的同时需要按住 Ctrl 键。

5.3.3 格式化工作表

一个完整的工作表通常由数据和格式两部分组成，设置单元格格式会使工作表更美观、更漂亮。格式设置包括数据的显示格式、对齐方式、单元格边框和填充颜色等。

1. 设置数据的显示格式

在 Excel 中，可根据需要对工作表和工作表中的单元格数据设置不同的格式，使工作表的外观更加合理美观。

Excel 为用户提供了多种数字显示格式，默认情况下为常规格式。

单击【数字】组中的【对话框启动器】按钮，可弹出【设置单元格格式】对话框。选择【分类】组中的【货币】选项，设置【小数位数】为 0，并在【货币符号（国家/地区）】下拉列表中选择一种货币符号，如图 5-28 所示。

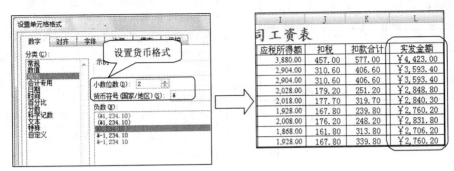

图 5-28　设置数字格式

在【分类】栏中包含多个数据格式选项，见表 5-3。

表 5-3　　　　　　　　　　　　　　　　单元格数据格式

名称	功能
常规	不包含特定的数字格式
数值	用于一般数字的表示，包括千位分隔符、小数位数以及指定负数的显示方式
货币	用于一般货币值的表示，包括货币符号、小数位数以及指定负数的显示方式
会计专用	与货币一样，但小数或货币符号是对齐的
日期	把日期和时间序列数值显示为日期值
时间	把日期和时间序列数值显示为时间值
百分比	将单元格乘以 100 并添加百分号，还可以设置小数点的位置
分数	以分数显示数值中的小数，还可以设置分母的位数
科学记数	以科学记数法显示数字，还可以设置小数点位置
文本	在文本单元格格式中数字作为文本处理
特殊	用来在列表或数字数据中显示邮政编码、电话号码、中文大写数字和中文小写数字
自定义	用于创建自定义的数字格式

2. 设置对齐方式

所谓对齐是指显示单元格中的内容时，相对单元格上下左右的位置和文字方向等。

选择要设置对齐的单元格区域，在【对齐方式】组中选择相应的对齐方式，即可设置单元格的对齐方式。

在【对齐方式】组中还可以设置单元格中文字的方向。单击该组中的【方向】下拉按钮，在该下拉列表中共有 5 种对齐方式，分别为逆时针角度、顺时针角度、竖排文字、向上旋转文字和向下旋转文字，可根据需要进行选择。

在【对齐方式】组中还可以单击【合并后居中】下拉按钮来设置单元格合并后居中的方式，如图 5-29 所示。

3. 设置单元格边框

在 Excel 中，平时看到的单元格外侧的线条不是表格的边框线，而是网格线，在打印时不会显示出来。为了增加表格的视觉效果，并且打印出来的表格具有边框线，可以为表格添加边框。

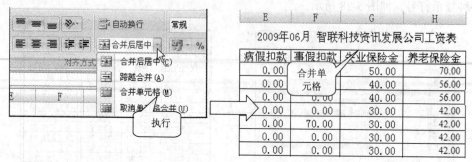

图 5-29　合并后居中

（1）添加边框。选择要添加边框的单元格区域，单击【字体】组中的【边框】下拉按钮 ，在该下拉列表中提供了 13 种边框样式，只需在【边框】下拉列表种选择一种边框样式，即可添加边框，如图 5-30 所示。

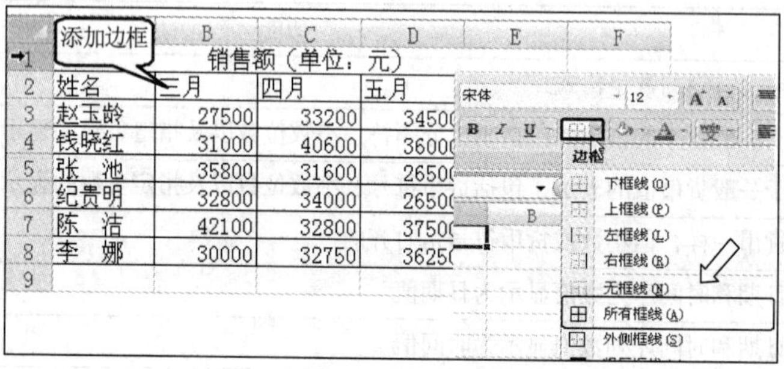

图 5-30　添加边框线

（2）绘制及删除边框。Excel 为用户提供了绘制或删除边框的功能，用户可以运用该功能快速地为工作表添加或删除边框。

单击【边框】下拉按钮 ，在【绘制表格】栏中选择【绘制边框】项，则光标此时变成"铅笔"形状 ，在工作表中拖动即可绘制边框线，如图 5-31 所示。若在【绘制表格】栏中选择【绘制边框网格】项，则此时光标变成"带网格的铅笔"形状 ，在工作表中拖动，即可沿着网格线绘制表格，如图 5-32 所示。

图 5-31　绘制边框线

图 5-32　绘制边框网格

选择【擦除边框】项，当光标变成"橡皮擦"形状 时，在需要擦除边框的单元格区域中拖动，即可清除单元格区域的边框，如图 5-33 所示。

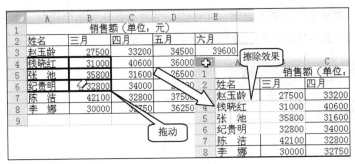

图 5-33　擦除边框

 提示　　在【线条颜色】级联菜单中选择相应的色块，然后为所选择的单元格区域添加边框，此时即可添加带有线条颜色的边框。若在【线型】级联菜单中选择一种线型，然后为所选择的单元格区域添加边框，则可以设置不同线型的边框。

4. 设置填充颜色和图案

在设置工作表格式时，不仅可以为单元格添加背景颜色，还可以添加不同的填充效果，例如图案颜色和图案样式，以美化工作表的外观。

选择要填充底纹的单元格区域，并在【设置单元格格式】对话框中选择【填充】选项卡。然后在【背景色】栏中选择"灰色"色块；并在【图案颜色】下拉列表中选择"白色"色块；在【图案样式】下拉列表中选择一种图案样式，如图 5-34 所示；在【填充】选项卡中，也可以通过单击【填充效果】及【其他颜色】按钮来设置单元格的颜色填充。

图 5-34　填充颜色和图案

5. 使用条件格式

条件格式功能可以根据指定的公式或数值来确定搜索条件，然后将格式应用到符合搜索条件的选定单元格中，并突出显示要检查的动态数据。下面以"销售表"为例，设置红色填充与字体突出显示"销售额"高于 40000 的单元格。

打开"销售表"，选定 B3:E8 单元格区域，在【开始】选项卡的【样式】组中单击【条件格式】下拉按钮，选择【突出显示单元格规则】→【大于】命令，弹出【大于】对话框，如图 5-35 所示。在文本框中输入 40000，如果是表中的数据值，可以单击文本框后面的【折叠】按钮，此时【大于】对话框折叠显示，然后在销售表中选定的单元格区域内选择一个数据值，并单击【展开】按钮，返回【大于】的展开对话框。在【设置为】后的下拉列表中选择【浅红填充色深红色文本】选项，单击【确定】按钮，即可看到设置完条件格式后的数据表效果，如图 5-36 所示。

6. 设置单元格和表格样式

样式就是字体、字号和缩进等格式设置特性的组合，将这一组合作为集合加以命名和存储，应用样式时，将同时应用该样式中所有的格式设置指令。Excel 2007 中自带了多种表格和单元格样式，可以对表格和单元格方便地套用这些样式，节省格式化表格的时间。下面以在"销售表"中套用单元格样式和表格样式为例，介绍套用样式的方法。

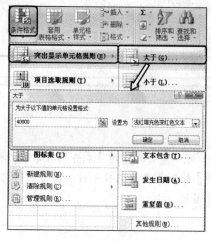

图 5-35 设置条件格式

图 5-36 条件格式显示

打开"销售表"工作簿，选择其中若干个单元格，在【开始】选项卡的【样式】组中单击【单元格样式】下拉按钮，选择其中一种单元格样式【强调文字颜色 5】选项，效果如图 5-37 所示。

打开"销售表"工作簿，在【开始】选项卡的【样式】组中单击【套用表格样式】下拉按钮，选择【表样式深色 2】选项，在打开的【套用表格式】对话框中单击文本框后面的【折叠】按钮，此时【套用表格式】对话框折叠显示，然后在销售表中选定单元格区域 A2:E8，并单击【展开】按钮，返回【套用表格式】展开对话框，选中【表包含标题】复选框，单击【确定】按钮，效果如图 5-38 所示。

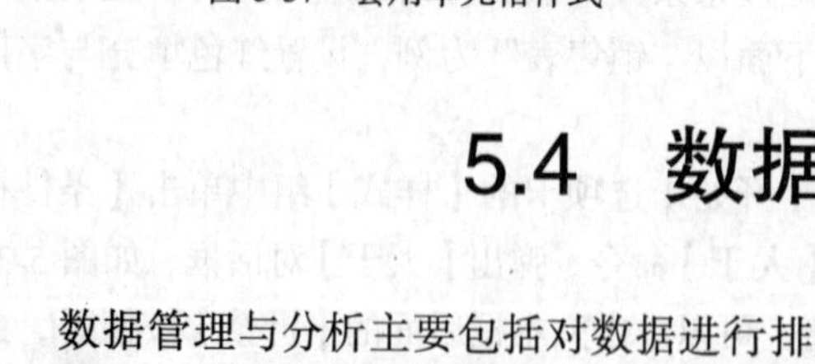

图 5-37 套用单元格样式

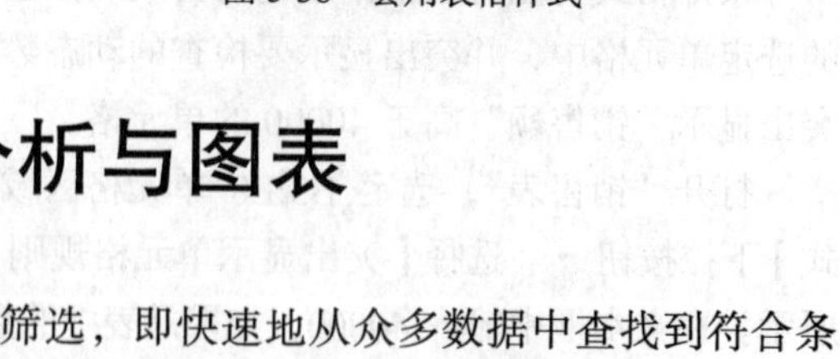

图 5-38 套用表格样式

5.4 数据分析与图表

数据管理与分析主要包括对数据进行排序和筛选，即快速地从众多数据中查找到符合条件的数据。还包括利用分类汇总和数据透视表功能在适当的位置加上统计数据，使工作表的内容更清晰。

5.4.1 公式和函数

在电子表格中，不仅可以存放数据信息，还可以对表格中的信息进行汇总分析和建立分析模型，有些工作是利用公式完成的。使用公式可以对工作表数值进行加法、减法和乘法等简单运算，也可以完成如财务、统计和科学计算等很复杂的计算，还可以完成比较或者操作文本和字符串等工作。

1. 运算符类型

在 Excel 2007 中，公式遵循一个特定的语法或次序：最前面是等号 "="，后面是参与计算的数据对象和运算符。每个数据对象可以是常量数值、单元格或引用的单元格区域、名称等。运算符用来连接要运算的数据对象，并说明进行了哪种公式运算。Excel 2007 中包含 4 种类型的运算符：算术运算符、比较运算符、文本运算符和引用运算符，本节将介绍公式中的运算符。

（1）运算符的优先级。当公式中同时用到多个运算符，Excel 2007 将会依照运算符的优先级来依次完成运算。如果公式中包含相同优先级的运算符，则 Excel 将从左到右进行计算。Excel 2007 中的运算符优先级见表 5-4，其中运算符优先级从上到下依次降低。

表 5-4　　　　　　　　　　　　运算符的优先级

运算符	说明
:（冒号） （单个空格） ,（逗号）	引用运算符
–	负号
%	百分比
^	乘幂
*和/	乘和除
+和–	加和减
&	连接两个文本字符串
= < > <= >= <>	比较运算符

提示

如果要更改求值的顺序，可以将公式中需要计算的部分用括号括起来。

（2）算术运算符。如果要完成基本的数学运算，如加法、减法和乘法，连接数据和计算数据结果等，可以使用表 5-5 所示的算术运算符。

表 5-5　　　　　　　　　　　　算术运算符

算术运算符	含义	示例
+（加号）	加法运算	3+3
–（减号）	减法运算或负数	3–1
*（星号）	乘法运算	2*2
/（正斜线）	除法运算	4/3
%（百分号）	百分比	20%
^（插入符号）	乘幂运算	3^2

（3）比较运算符。使用表 5-6 所示的运算符可以比较两个值的大小。当用运算符比较两个值时，结果为逻辑值，比较成立则为 TRUE，反之则为 FALSE。

表 5-6   比较运算符

算术运算符	含义	示例
=（等号）	等于	A=B
>（大于号）	大于	A>B
<（小于号）	小于	A<B
>=（大于等于号）	大于或等于	A>=B
<=（小于等于号）	小于或等于	A<=B
<>（不等号）	不相等	A<>B

（4）文本运算符。使用"和号"（&）可以加入或连接一个或更多文本字符串以产生一串新的文本，表 5-7 为文本连接运算符的含义与示例。

表 5-7   文本运算符

文本运算符	含义	示例
&（和号）	将两个文本值串连起来以产生一个连续的文本值	"北京" & "奥运会"

（5）引用运算符。单元格引用是用于表示单元格在工作表上所处位置的坐标集。使用表 5-8 所示的引用运算符可以将单元格区域合并计算。

表 5-8   引用运算符

引用运算符	含义	示例
:（冒号）	区域运算符，产生对包含在两个引用之间的所有单元格的引用	(A1:A5)
,（逗号）	联合运算符，将多个引用合并为一个引用	SUM（A3:A6，C3:C6）
（空格）	交叉运算符，产生对两个引用共有的单元格引用	(B7:D7 C6:C8)

2. 编辑公式

在工作表中输入数据后，可通过 Excel 2007 中的公式对这些数据进行自动、精确、高速的运算处理。在学习应用公式时，需要掌握的基本操作包括如何使用公式计算数据以及公式的 3 种引用。

（1）使用公式计算数据。在 Excel 2007 中输入公式的方法与输入文本的方法类似，具体步骤为：选择要输入公式的单元格，然后在编辑栏或单元格中直接输入"="符号，然后输入公式的内容，按 Enter 键即可将公式运算结果显示在所选单元格中。例如要在工资表中使用公式计算应发金额。

打开"工资表"工作簿，选择 F4 单元格，在编辑栏中输入公式"=D4+E4"，并按 Enter 键在 F4 单元格显示公式的计算结果，如图 5-39 所示。

在 Excel 默认设置下，在单元格中只会显示公式的计算结果，而公式本身则显示在编辑栏中。为了方便用户检查公式的正确性，可以设置在单元格中显示公式。具体方法为：在【公式】选项卡的【公式审核】组中单击【显示公式】按钮。若要取消在单元格中显示公式，则再次在【公式审核】组中单击【显示公式】按钮即可。使用【Ctrl+~】组合键可以快速切换单元格中公式的显示模式。

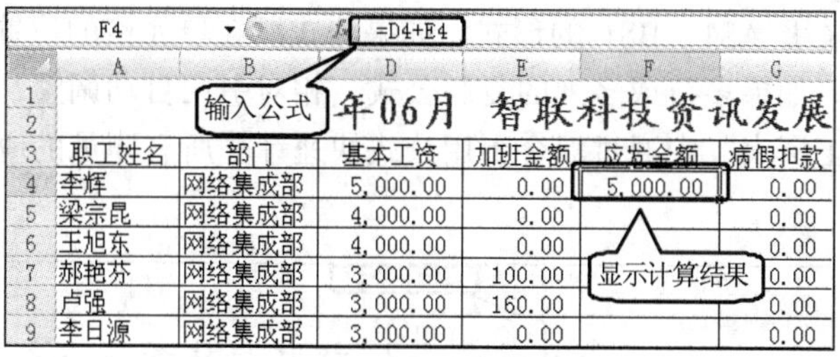

	A	B	D	E	F	G
1-2			年06月　智联科技资讯发展			
3	职工姓名	部门	基本工资	加班金额	应发金额	病假扣款
4	李辉	网络集成部	5,000.00	0.00	5,000.00	0.00
5	梁宗昆	网络集成部	4,000.00	0.00		0.00
6	王旭东	网络集成部	4,000.00	0.00		0.00
7	郝艳芬	网络集成部	3,000.00	100.00		0.00
8	卢强	网络集成部	3,000.00	160.00		0.00
9	李日源	网络集成部	3,000.00	0.00		0.00

图 5-39　使用公式计算数据

（2）相对引用公式。公式的引用就是对工作表中的一个或一组单元格进行标识，从而告诉公式使用哪些单元格的值。通过引用，可以在一个公式中使用工作表不同部分的数据，或者在几个公式中使用统一单元格的数值。相对引用包含了当前单元格与公式所在单元格的相对位置。默认设置下，Excel 2007 使用的都是相对引用，当改变公式所在的单元格的位置时，引用也随之改变。例如在“工资表”中通过相对引用公式快速计算所有职员的应发金额。

在 F4 单元格中输入公式“=D4+E4”，并右键单击该单元格，在弹出的菜单中选择【复制】命令，选择 F5:F24 单元格区域，打开【开始】选项卡，在【剪贴板】组中单击【粘贴】按钮，相对引用快速计算所有职员的应发金额，如图 5-40 所示。

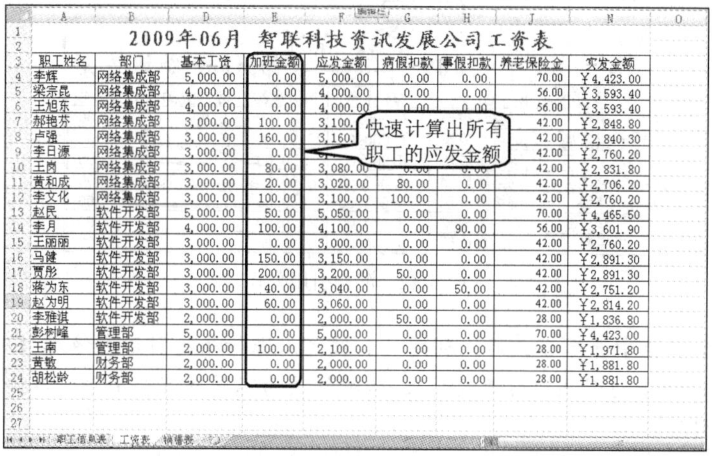

	A	B	D	E	F	G	H	J	N
1-2	2009年06月　智联科技资讯发展公司工资表								
3	职工姓名	部门	基本工资	加班金额	应发金额	病假扣款	事假扣款	养老保险金	实发金额
4	李辉	网络集成部	5,000.00	0.00	5,000.00	0.00	0.00	70.00	￥4,423.00
5	梁宗昆	网络集成部	4,000.00	0.00	4,000.00	0.00	0.00	56.00	￥3,593.40
6	王旭东	网络集成部	4,000.00	0.00	4,000.00	0.00	0.00	56.00	￥3,593.40
7	郝艳芬	网络集成部	3,000.00	100.00	3,100.			42.00	￥2,848.80
8	卢强	网络集成部	3,000.00	160.00	3,160.			42.00	￥2,840.30
9	李日源	网络集成部	3,000.00	0.00				42.00	￥2,760.20
10	王岗	网络集成部	3,000.00	80.00	3,080.00	0.00	0.00	42.00	￥2,831.80
11	黄和成	网络集成部	3,000.00	20.00	3,020.00	80.00	0.00	42.00	￥2,706.20
12	李文化	网络集成部	3,000.00	100.00	3,100.00	100.00	0.00	42.00	￥2,760.20
13	赵民	软件开发部	5,000.00	50.00	5,050.00	0.00	0.00	70.00	￥4,465.50
14	李月	软件开发部	4,000.00	100.00	4,100.00	0.00	90.00	56.00	￥3,601.90
15	王丽丽	软件开发部	3,000.00	0.00	3,000.00	0.00	0.00	42.00	￥2,760.20
16	马健	软件开发部	3,000.00	150.00	3,150.00	0.00	0.00	42.00	￥2,891.30
17	贾彤	软件开发部	3,000.00	200.00	3,200.00	50.00	0.00	42.00	￥2,891.30
18	蒋为东	软件开发部	3,000.00	40.00	3,040.00	0.00	50.00	42.00	￥2,751.20
19	赵为明	软件开发部	3,000.00	60.00	3,060.00	0.00	0.00	42.00	￥2,814.20
20	李雅淇	软件开发部	2,000.00	0.00	2,000.00	50.00	0.00	28.00	￥1,836.80
21	彭树峰	管理部	5,000.00	0.00	5,000.00	0.00	0.00	70.00	￥4,423.00
22	王南	管理部	2,000.00	100.00	2,100.00	0.00	0.00	28.00	￥1,971.80
23	黄敏	财务部	2,000.00	0.00	2,000.00	0.00	0.00	28.00	￥1,881.80
24	胡松龄	财务部	2,000.00	0.00	2,000.00	0.00	0.00	28.00	￥1,881.80

图 5-40　相对引用公式

（3）绝对引用公式。绝对引用就是公式中单元格的精确地址，与包含公式的单元格的位置无关。它在列标和行号前分别加上美元符号$。例如，$B$2 表示单元格 B2 的绝对引用，而$B$2:$E$6 表示单元格区域 B2:E6 的绝对引用。例如，同样在“工资表”中通过绝对引用公式快速计算所有职员的应发金额，效果就不是我们想要的了。

选定 F4 单元格，将其中公式修改为“=$D$4+$E$4”，将 F4 单元格中的公式绝对引用至 F5 单元格，F5 单元格仍然计算 D4 与 E4 单元格的数据，如图 5-41 所示。这样就不能计算出所有职工的应发金额。

通过以上的例子可以发现，绝对引用与相对引用的区别是：复制公式时，若公式中使用相对引用，则单元格引用会自动随着移动的位置相对变化；若公式中使用绝对引用，则单元格引用不会发生变化，仍完全套用原位置单元格中的公式。

（4）混合引用公式。混合引用指的是在一个单元格引用中，既有绝对引用，同时也包含有相对引用，即混合引用具有绝对列和相对行，或具有绝对行和相对列。绝对引用列采用$A1、$B1

的形式，绝对引用行采用 A\$1、B\$1 的形式。如果公式所在单元格的位置改变，则相对引用改变，而绝对引用不变。如果多行或多列的复制公式，相对引用自动调整，而绝对引用不进行调整。例如，还是在"工资表"中通过混合引用公式快速计算所有职员的应发金额，效果也不是我们想要的。

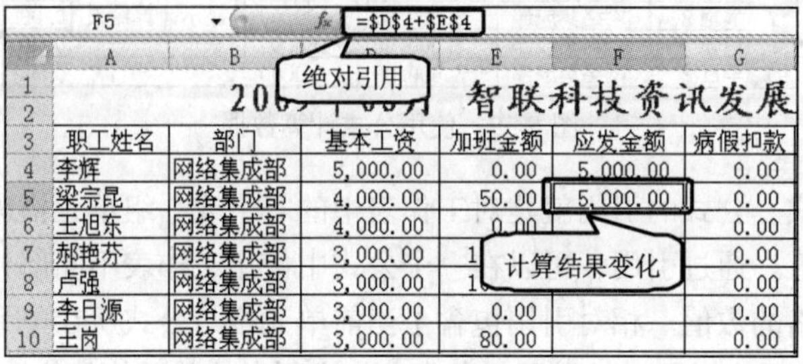

图 5-41　绝对引用公式

选定 F4 单元格，将其中公式修改为"=\$D\$4+E4"，将 F4 单元格中的公式混合引用至 F5 单元格，F5 单元格仍然计算 D4 与 E5 单元格的数据，如图 5-42 所示。这样也不能正确计算出所有职工的应发金额。

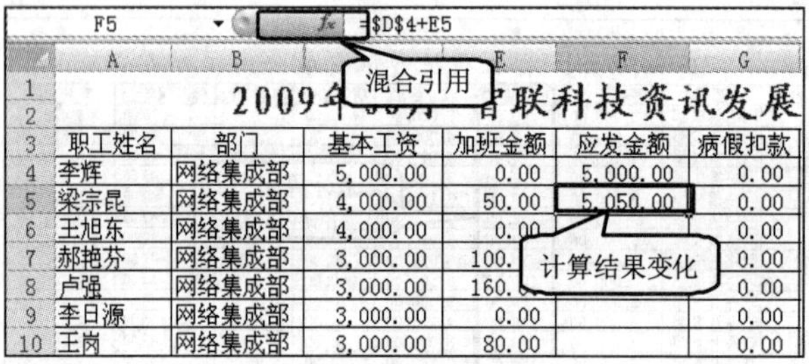

图 5-42　混合引用公式

在编辑栏中选择公式后，利用 F4 键可以进行相对引用和绝对引用的切换，按一次 F4 键转换成绝对引用，继续按两次 F4 键转换为不同的混合引用，再按一次 F4 键可还原为相对引用。

3. 使用函数

Excel 2007 将具有特定功能的一组公式组合在一起以形成函数。与直接使用公式进行计算相比较，使用函数进行计算的速度更快，同时减少了错误的发生。Excel 共提供了 9 大类 300 多个函数，包括：数学函数与三角函数、统计函数、数据库函数、逻辑函数等。

函数一般包含 3 个部分：等号、函数名和参数，如"=SUM（A1:F10）"，表示对 A1:F10 单元格区域内所有数据求和。

函数的参数可以是具体的数值、字符、逻辑值，也可以是表达式、单元地址、区域、区域名字等。函数本身也可以作为参数。

（1）使用函数计算数据。在 Excel 2007 中打开【公式】选项卡，在【函数库】组中可以插入 Excel 2007 自带的任意函数。例如在"销售表"中使用求和函数和平均值函数计算总销售额和平均销售额。

打开"销售表"，选择 F3 单元格，打开【公式】选项卡，在【函数库】组中单击【插入函数】按钮 *fx*，弹出【插入函数】对话框，如图 5-43 所示。在【或选择类别】中选择【常用函数】，在

【选择函数】列表中选择 SUM 函数，单击【确定】按钮，弹出【函数参数】对话框，如图 5-44 所示。单击 Number1 文本框后面的【折叠】按钮，此时【函数参数】对话框折叠显示。然后在 "销售表"中选择要进行求和的单元格区域 B3:E3，并单击【展开】按钮，返回【函数参数】的展开对话框，单击【确定】按钮，即可求出总销售额。

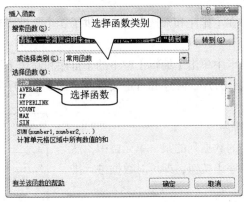

图 5-43　【插入函数】对话框

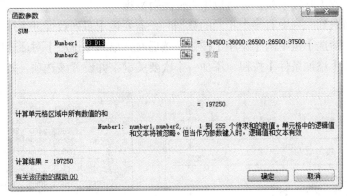

图 5-44　【函数参数】对话框

（2）常用函数的使用。Excel 2007 将各类别的函数分别排列在了【公式】选项卡的【函数库】组中，可以通过该组进行数据的计算，只需选择要插入函数的单元格，然后单击函数所在的类别下拉按钮，选择其所需的函数即可。

在【函数库】组中单击【自动求和】下拉按钮，在其下拉列表中为用户提供了几种最常用的函数，其格式及功能见表 5-9。

表 5-9　　　　　　　　　　　　　　　　　常用函数及功能

函数	格式	功能
求和	=SUM(num1,num2,…,numn)	返回单元格区域中所有数字的和
平均值	=AVERAGE(num1,num2,…)	计算所有参数的算术平均值
计数	=COUNT(num1,num2,…)	计算参数表中的数字参数和包含数字的单元格个数
最大值	=MAX(num1,num2,…)	返回一组参数的最大值，忽略逻辑值及文本字符
最小值	=MIN(num1,num2,…)	返回一组参数的最小值，忽略逻辑值及文本字符

5.4.2 排序与筛选

在工作中所接触到的工作表中的数据顺序往往是杂乱无章的，为了便于进行下一步的工作，就必须对数据进行简单的排序操作。

1. 排序工具按钮

选择【数据】选型卡，在【排序和筛选】组中提供了3个与排序相关的工具按钮，分别为升序、降序和排序。

另外，在【开始】选项卡中单击【编辑】栏中的【排序和筛选】下拉按钮，在其下拉列表中为用户提供了3种排序方式：升序、降序和自定义排序。这3种排序方式与上述3个工具按钮的功能相同。

2. 根据一列数据进行排序

将光标置于要进行排序的数据列的某一单元格中，然后单击【升序】按钮或【降序】按钮，即可对数据进行排序，如图5-45所示。

图5-45 对一列数据进行排序

3. 根据多列数据进行排序

单击【升序】或【降序】按钮，可以很方便地对数据进行排序，但是当遇到一列中有多个相同的数据时，需要运用多列数据进行排序。

单击【排序和筛选】组中的【排序】按钮，然后在弹出的【排序】对话框中设置【主要关键字】的选项。单击【添加条件】按钮，添加一个次要关键字并设置该选项，效果如图5-46所示。

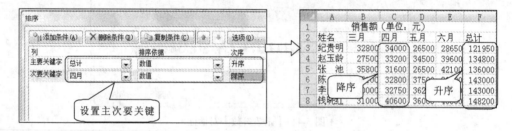

图5-46 多列排序

提示

启用【数据包含标题】复选项，表示排序后的数据中保留字段名行，若禁用则表示排序时原来的字段名行也参与数据排序，并将该行按相应的排序方式分布于数据表格中。

筛选是一种用于快速查找工作表中数据的方法。对数据可以使用自动筛选和高级筛选两种方法。用户可以根据条件将符合条件的数据显示出来，不满足条件的数据隐藏。

1. 自动筛选

自动筛选是一种快速筛选方法，用户可以通过单击【筛选】按钮，启动列筛选器，只需要单击该列筛选器下拉按钮，便可以从其下拉列表中选择相应选项，对数字、文本及日期进行筛选，其筛选方法类似，下面以数字筛选为例进行介绍。

单击【年龄】右侧的列筛选器下拉按钮，在如图5-47所示的【数字筛选】级联菜单中执行相应命令，如执行【等于】命令。在弹出的【自定义自动筛选方式】对话框中设置【年龄】为"等于26"，如图5-48所示。

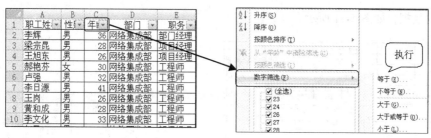

图 5-47 执行【等于】命令

单击【确定】按钮，即可显示出筛选结果，效果如图 5-49 所示。

图 5-48 自定义自动筛选方式

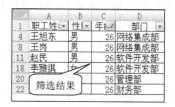

图 5-49 筛选结果

在筛选前应选择工作表中的数据单元格区域，或者激活任何一个包含数据的单元格，否则执行【自动筛选命令】后，屏幕上会出现一条出错信息。

在【自定义自动筛选方式】对话框中，最多可以设置两个筛选条件。筛选条件可以是数据列中的数据项，也可以自定义筛选条件。在筛选数据时，通过【自定义自动筛选方式】对话框可以设置按照多个条件进行筛选，在此对话框中设置条件的方式有两种。

与：同时需要满足两个条件；

或：需要满足两个条件之一。

提示

如果想取消对数据所有列的筛选，可单击【排序和筛选】组中的【清除】按钮 ，或者启用【数字筛选】级联菜单中的【全选】复选框。如果想退出自动筛选状态，可单击【排序和筛选】组中的【筛选】按钮，此时，显示在字段名右侧的下三角按钮也一起消失。

---

2. 高级筛选

使用高级筛选功能可以对某个列或者多个列应用多个筛选条件。"条件区域"是包含一组搜索条件的单元格区域，可以用它在【高级筛选】对话框中筛选数据清单的数据，条件区域内的筛选条件还存在着这样的关系：处于同一行上的条件之间是并列关系；不同行的条件之间则是或关系。

例如，从职工信息表中筛选出符合下列条件的职工记录：性别为男，年龄>30。

将筛选条件输入工作表任意空白区域中。单击数据表中任意位置后，选择【数据】选项卡，单击【排序和筛选】组中的【高级】按钮 ，弹出【高级筛选】对话框，如图 5-50 所示。在【高级筛选】对话框中将自动选择【列表区域】的单元格地址，单击【条件区域】右边的按钮，选择筛选条件所在单元格区域。再单击【条件区域】右边的按钮，返回【高级筛选】对话框，在【方式】区域中选中【在原有区域显示筛选结果】单选按钮，筛选结果将显示在原有区域的位置上，且原有数据区域被覆盖。单击【高级筛选】对话框中的【确定】按钮，即可筛选出符合性别为男，年龄>30 的数据，如图 5-51 所示。

图 5-50　设置高级筛选

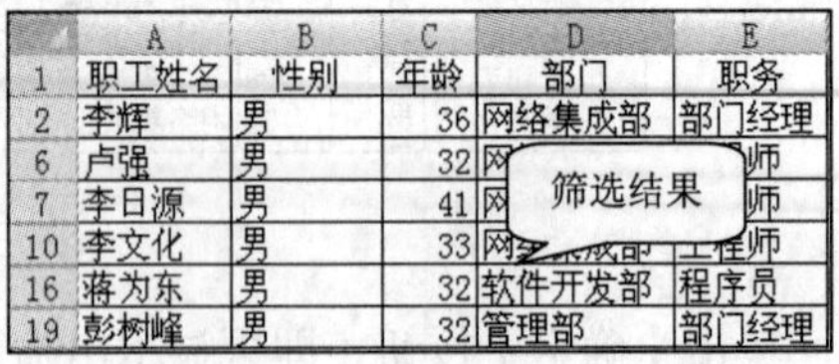

图 5-51　筛选结果

如果选择将筛选结果复制到其他位置，筛选的结果显示在选择的【复制到】单元格区域中，且保留原有数据区域。

5.4.3　分类汇总

分类汇总是将工作表中的数据进行分类操作，并按照类别对数据进行汇总。对于一个工作表中的数据，如果能在适当的位置加入分类汇总后的统计数据，将使数据内容更加清晰、易懂。

1. 分类汇总

在进行分类汇总前，应先对数据进行排序。如将光标置于"部门"字段名下的任意一个单元格中，单击【排序和筛选】组中的【升序】按钮，即可完成对部门字段中文本的排序，如图 5-52 所示。

将光标置于进行分类汇总的数据单元格中，并选择【数据】选项卡，单击【分级显示】组中的【分类汇总】按钮。然后在弹出的如图 5-53 所示的对话框中选择【汇总方式】为"求和"项，并在【选定汇总项】栏中启用【实发金额】复选框，单击【确定】按钮，即可完成分类汇总，如图 5-54 所示。

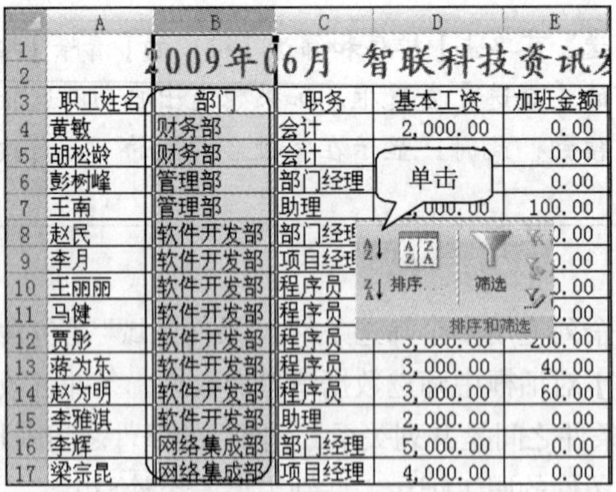

图 5-52　对分类字段升序排序

图 5-53　分类汇总设置

在【分类汇总】对话框下方还有 3 个指定汇总结果位置的复选框，其含义如下。

替换当前分类汇总：用本次分类汇总的结果替换以前分类汇总的结果。

每组数据分页：汇总的每个组都作为单独的一页存放。

汇总结果显示在数据下方：汇总的结果插入在每组数据行的最下端。系统默认是放在本类的第一行。

		2009年06月　智联科技资讯发展公司工资表						
	职工姓名	部门	职务	基本工资	加班金额	扣税	扣款合计	实发金额
4	黄敏	财务部	会计	2,000.00	0.00	70.20	118.20	￥1,881.80
5	胡松龄	财务部	会计	2,000.00	0.00	70.20	118.20	￥1,881.80
6		财务部 汇总						￥3,763.60
7	彭树峰	管理部	部门经理	5,000.00	0.00	457	577.00	￥4,423.00
8	王南	管理部	助理	2,000.00	10		128.20	￥1,971.80
9		管理部 汇总						￥6,394.80
10	赵民	软件开发部	部门经理	5,000.00	50.00	464.50	584.50	￥4,465.50
11	李月	软件开发部	项目经理	4,000.00	100.00	312.10	498.10	￥3,601.90
12	王丽丽	软件开发部	程序员	3,000.00	0.00	167.80	239.80	￥2,760.20
13	马健	软件开发部	程序员	3,000.00	150.00	186.70	258.70	￥2,891.30
14	贾彤	软件开发部	程序员	3,000.00	200.00	186.70	308.70	￥2,891.30
15	蒋为东	软件开发部	程序员	3,000.00	40.00	166.80	288.80	￥2,751.20

（显示汇总结果）

图 5-54　分类汇总结果

2. 清除分类汇总

将光标置于分类汇总的单元格中，选择【数据】选项卡中【分级显示】组中的【分类汇总】按钮，打开【分类汇总】对话框，单击【全部删除】按钮，删除分类汇总。

图表是工作表数据的图形表示，用户可以很直观、容易地从中获取大量信息。Excel 有很强的内置图表功能，可以很方便地创建各种图表。

Excel 提供的图表有柱形图、条形图、折线图、饼图、XY 图（散点图）、面积图、圆环图、雷达图、曲面图、气泡图、股市图、圆锥、圆柱和棱锥图等十几种类型，而且每种图表还有若干子类型。不同图表类型适合于表示不同的数据类型。Excel 的图表可以以内嵌图表的形式嵌入数据所在的工作表，也可以嵌入在一个新工作表上。所有的图表都依赖于生成它的工作表数据，当数据发生改变时，图表也会随之作相应的改变。

5.4.4　图表

在 Excel 中可以很轻松地创建具有专业外观的图表，并将枯燥的数据以简单、明了的方式表现出来。

1.图表的建立

选择销售表中要创建图表的单元格区域，并选择【插入】选项卡，然后在【图表】组中单击柱形图下拉按钮，选择簇状柱形图图表样式，如图 5-55 所示。

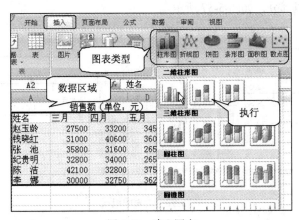

图 5-55　建立图表

根据上述操作步骤，即建立了该销售表选定区域的图表，如图 5-56 所示。

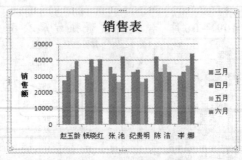

图 5-56 销售表建立的图表

在【图表】组中包含 6 种最常见的图表类型，其功能如下。

柱形图：是 Excel 默认的图表类型，用于比较相交与类别轴上的数值大小。在柱形图下拉列表中包含 19 个子图表类型。

折线图：是将同一系列的数据在图中表示成点并用直线连接起来，主要用于显示随时间变化的趋势。在其下拉列表中包含 7 个子图表类型。

饼图：是把一个圆面划分为若干个扇形面，每个扇形面代表一项数据值。饼图只适用于单个数据系列间各数据的比较。

条形图：类似于柱形图，主要强调各个数据项之间的差别情况，一般把分类项在数值轴上标出，把数据的大小在横轴上标出。在其下拉列表中包含 15 个子图表类型。

面积图：是将每一数据用直线段连接起来，并将每条线以下的区域用不同颜色填充。面积图强调幅度随时间的变化，通过显示所绘数据的总和，说明部分和整体的关系。在其下拉列表中包含 6 个子图表类型。

散点图：也称为 XY 图，此类型的图表用于比较成对的数值。在其下拉列表中包含 5 个子图表类型。

2. 图表区域与图表对象

使用 Excel 图表功能所绘制出来的图表，根据实际需要也可以对其进行编辑。在编辑图表前，必须先熟悉图表的组成以及选择图表对象的方法。

（1）图表的组成。一个图表由图表区域及区域中的图表对象数值组成，由销售表创建的图表可知图表中的各个组成部分，如图 5-57 所示。

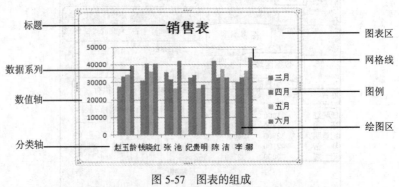

图 5-57 图表的组成

图表区：整个图表及全部图表元素。

坐标轴：界定图表绘图区的线条，用作度量的参照框架。Y 轴（数值轴）通常为垂直坐标轴并包含数据。X 轴（分类轴）通常为水平轴并包含分类。

网格线：是以坐标轴的刻度为参考，贯穿整个绘图区。网格线同坐标轴一样也可以分为水平和垂直网格线。

绘图区：在二维图表中，是指通过轴来界定的区域，包括所有数据系列。在三维图表中，同样是通过轴来界定的区域，包括所有数据系列、分类名、刻度线标志和坐标轴标题。

图例：是一个方框，用于标识为图表中的数据系列或分类指定的图案或颜色。

数据系列：在图表中绘制的相关数据点，这些数据源来自数据表的行或列。图表中的每个数据系列具有唯一的颜色或图案，并且在图表的图例中表示。可以在图表中绘制一个或多个数据系列。饼图只有一个数据系列。

（2）图表或图表对象的选择。单击图表对象以激活该图表对象，即可选择图表。对于图表中的对象，可以直接单击图表中的图表元素进行选择，也可以运用 Excel 提供的一种快速选择图表对象的方法进行选择。

选择图表，并选择【布局】选项卡，然后在【当前所选内容】组中单击【图表元素】下拉按钮，并选择所要处理的图表元素。

3. 设置图表格式

创建图表后，不仅可以对图表区域进行编辑，还可以选择图表中的不同图表对象对其进行修饰。本节主要介绍对图表元素（坐标轴、网格线、图例、图表标题等）的设置。

（1）坐标轴。选择图表，并选择【布局】选项卡，在【坐标轴】组中单击【坐标轴】下拉按钮，在该下拉列表中为用户提供了主要横坐标轴和主要纵坐标轴两大类的坐标轴样式，只需选择一种坐标轴的样式，如选择【显示无标签坐标轴】选项，即可更改坐标轴的显示方式，如图 5-58 所示。

（2）网格线。单击【坐标轴】组中的【网格线】下拉按钮，在其下拉列表中提供了 8 种网格线的类型，从中选择相应的一种。

（3）图表标题。创建完图表后，可以对该图表添加标题。单击【标签】组中的【图表标题】下拉按钮，选择【图表上方】标题选项。然后在图表中选择"图表标题"文字所在的文本框，将其名称更改为"销售表"，如图 5-59 所示。

图 5-58 设置坐标轴

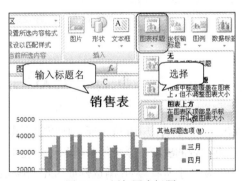

图 5-59 添加图表标题

（4）添加坐标轴标题。单击【坐标轴标题】下拉按钮，在该下拉列表中提供了两种坐标轴格式：主要横坐标标题和主要纵坐标标题。用户只需在其相应的级联菜单中选择合适的坐标轴标题格式即可，例如，在【主要纵坐标轴标题】级联菜单中选择【竖排标题】项，然后在图表中即可添加一个"坐标轴标题"文本框，将其名称更改为纵坐标的标题（如"销售额"文字），如图 5-60

所示。

（5）图例。图例是运用颜色、图案对其相关联的数据所做的相关说明。单击【图例】下拉按钮，选择【在左侧显示图例】项，效果如图5-61所示。

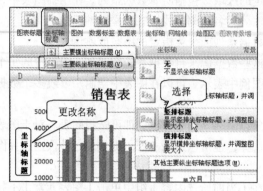

图 5-60　添加坐标轴

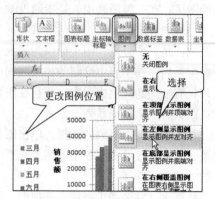

图 5-61　更改图例显示方式

（6）数据标签。选择图表，并单击【数据标签】下拉按钮，则可以在选择的标签位置上显示各项数据，例如选择【数据标签外】，效果如图5-62所示。

（7）数据表。单击【数据表】下拉按钮，选择【显示数据表】选项，则在图表区中将显示数据表，效果如图5-63所示。

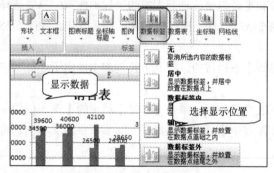

图 5-62　显示数据标签

图 5-63　显示数据表

5.5　Excel 2010 新特性

Microsoft Excel 2010 可以通过比以往更多的方法分析、管理和共享信息，从而帮助用户做出更好、更明智的决策。全新的分析和可视化工具可以跟踪和突出显示重要的数据趋势；可以在移动办公时从几乎所有 Web 浏览器或 Smartphone 访问用户的重要数据；甚至可以将文件上载到网站并与其他人同时在线协作。无论是要生成财务报表还是管理个人支出，使用 Excel 2010 都能够更高效、更灵活地实现目标。

作为 Microsoft Office 2010 产品中的一个重要组件，Excel 2010 也较前一版有很多的改进，但总体来说改变不大，几乎不影响所有目前基于 Office 2007 产品平台上的应用，不过 Office 2010 也是向上兼容的，即它支持大部分早期版本中提供的功能，但新版本并不一定支持早期版本中的功能。其实 Excel 2010 在 Excel 2007 的基础上并没有特别大的变化，下面简单介绍一下。

1. 增强的 Ribbon 工具条

Ribbon 可以解释为"功能区"，Ribbom 工具条即集中了各种不同类别功能区的工具区域，方便用户直接单击按钮式工具项进行操作。Microsoft Office 产品在从 2003 到 2007 的升级过程中做了很多的改进，几乎涉及整个产品的框架，在用户界面体验部分的一个新亮点就是 Ribbon 工具条的引入，如图 5-64 是 Excel 2010 的截图。

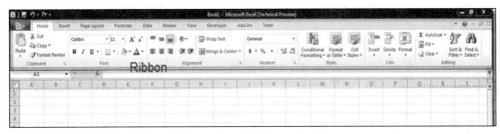

图 5-64　Excel 2010 界面

单从界面上来看，Excel 2010 与 Excel 2007 并没有特别大的变化，界面的主题颜色和风格有所改变。在 Excel 2010 中，Ribbon 的功能更加增强了，用户可以设置的东西更多了，使用更加方便。而且要创建 SpreadSheet 更加便捷。

2. xlsx 格式文件的兼容性

xlsx 格式文件伴随着 Excel 2007 被引入到 Office 产品中，它是一种压缩包格式的文件。默认情况下，Excel 文件被保存成 xlsx 格式的文件（当然也可以保存成 2007 以前版本的兼容格式，带 vba 宏代码的文件可以保存成 xlsm 格式），可以将后缀修改成 rar，然后用 WinRAR 打开它，可以看到里面包含了很多 xml 文件，这种基于 xml 格式的文件在网络传输和编程接口方面提供了很大的便利性。相比 Excel 2007，Excel 2010 改进了文件格式对前一版本的兼容性，并且较前一版本更加安全。

3. Excel 2010 对 Web 的支持

较前一版本而言，Excel 2010 中一个最重要的改进就是对 Web 功能的支持，用户可以通过浏览器直接创建、编辑和保存 Excel 文件，以及通过浏览器共享这些文件。Excel 2010 Web 版是免费的，用户只需要拥有 Windows Live 账号，便可以通过互联网在线使用 Excel 电子表格，除了部分 Excel 函数外，Microsoft 声称 Web 版的 Excel 将会与桌面版的 Excel 一样出色。另外，Excel 2010 还提供了与 Sharepoint 的应用接口，用户甚至可以将本地的 Excel 文件直接保存到 Sharepoint 的文档中心里。

4. 在图表方面的亮点

在 Excel 2010 中，一个非常方便好用的功能被加入到了 Insert 菜单下，这个被称为 Sparklines 的功能可以根据用户选择的一组单元格数据描绘出波形趋势图，同时用户可以有好几种不同类型的图形选择，如图 5-65 所示。

这种小的图表可以嵌入到 Excel 的单元格内，让用户获得快速可视化的数据表示，对于股票信息而言，这种数据表示形式将会非常适用。

5. 其他改进

Excel 2010 提供的网络功能也允许了 Excel 可以和其他人同时分享数据，包括多人同时处理一个文档等。另外，对于商业用户而言，Microsoft 推荐为 Excel 2010 安装 Project Gemini 加载宏，可以处理极大量数据，甚至包括亿万行的工作表。它已经在 2010 年作为 SQL Server 2008 R2 的一部分发布。

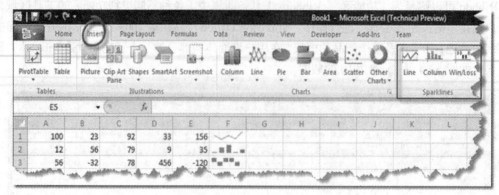

图 5-65　Excel 2010 波形趋势图

对于 VBA，Developer 菜单下的功能并没有什么改进，有一个小的地方要注意，就是调出 Developer 菜单的方式发生了变化。在 Excel 2007 中，我们可以通过"Excel 选项-常用"，然后启用"在功能区显示开发工具选项卡"来打开"开发工具"菜单，但是在 Excel 2010 中，这个选项改变了位置。用户可以通过单击 Ribbon 左上角的 Office 按钮，在 Excel 选项里找到 Custom Ribbon，然后选中列表右面的 Developer 来打开。

习　　题

一、填空题

1. Excel 2007 应用程序窗口中的编辑栏由_____和编辑区组成。

2. 单元格在工作表中的位置用地址标识，位于第 6 行和第 C 列的单元格的地址是_____。

3. 在 Excel 中，当用户希望使标题位于表格中央时，可以使用【开始】选项卡中【对齐方式】组中的_____对齐方式。

4. 打开的工作簿默认包含_____个工作表，但工作簿中的工作表的数目不受系统默认数目的限制，可以通过【开始】选项卡中【单元格】组中的_____下拉按钮添加工作表。

5. 在 Excel 中，公式是由_____和_____组成的一个序列，它由_____开头。

6. Excel 的运算符有 4 大类，分别为：_____、文本运算符、_____和引用运算符。

7. 在 Excel 中，公式 SUM（B1:B4）等价于_____。

8. 在 Excel 中，计算平均值的函数是_____，求最大值的函数是_____。

9. Excel 中单元格引用分为_____、相对引用、混合引用 3 种。

10. 在 Excel 中已输入的数据清单含有字段：学号、姓名和成绩，若希望把不及格的成绩显示为红色粗体，可以使用_____功能。

11. 如果隐藏了工作表的首列，必须先执行_____菜单中的_____命令，在"引用位置"输入框中输入"A1"，单击"确定"按钮，然后再执行"格式"菜单中的"列"子菜单中的"取消隐藏"命令。

12. 在 Excel 中，如果把数字作为文本输入，在输入时，需要在第一个数字前加_____，单元格中的数字将以_____的方式显示。

13．在 Excel 中，使用自动填充功能时，按下_____键，同时横向或纵向拖动鼠标，一组连续的数字将自动填充在单元格内。

二、选择题（1～20 单选，21～25 多选）

1．关于 Excel 与 Word 的区别，以下描述不正确的是_____。

    A．Excel 是一个数据处理软件　　　B．Excel 与 Word 功能相同

    C．Word 是一个文档处理软件　　　D．两者同属于 Office

2．在 Excel 中打印的内容不可以是_____。

    A．选定的区域　　　　　　　　　　B．选定工作表

    C．整个工作簿　　　　　　　　　　D．Word 文档

3．在 Excel 中，我们直接处理的对象称为工作表，若干工作表的集合称为_____。

    A．工作簿　　　B．文件　　　C．字段　　　D．活动工作簿

4．在 Excel 中，除第一行外，清单中的每一行被认为是数据库的_____。

    A．字段　　　B．字段名　　　C．标题行　　　D．记录

5．在 Excel 中，工作簿名称被放置在_____。

    A．标题栏　　　B．标签行　　　C．工具栏　　　D．信息行

6．在 Excel 保存的工作簿默认文件扩展名是_____。

    A．xlsx　　　B．doc　　　C．dbf　　　D．txt

7．在 Excel 中，将单元格变为活动单元格的操作是_____。

    A．用鼠标单击该单元格

    B．将鼠标指针指向该单元格

    C．在当前单元格内键入该目标单元格地址

    D．没必要，因为每一个单元格都是活动的

8．在 Excel 中选取【自动筛选】命令后，在清单上的_____出现了下拉式按钮图标。

    A．字段名处　　　B．所有单元格内　　　C．空白单元格内　　　D．底部

9．在 Excel 中，如果要修改计算的顺序，需把公式首先计算的部分括在_____内。

    A．单引号　　　B．双引号　　　C．圆括号　　　D．中括号

10．在 Excel 升序排序中，_____。

    A．逻辑值 TRUE 在 FALSE 之前　　　B．逻辑值 FALSE 在 TRUE 之前

    C．逻辑值 TRUE 和 FALSE 等值　　　D．逻辑值 TRUE 和 FALSE 保持原始次序

11．在 Excel 中，系统默认的图表类型是_____。

    A．柱形图　　　B．圆饼图　　　C．面积图　　　D．折线图

12．在 Excel 中，删除工作表中对图表有链接的数据时，图表中将_____。

    A．自动删除相应的数据点　　　B．必须用编辑删除相应的数据点

    C．不会发生变化　　　D．被复制

13．在 Excel 2007 中，在对数据进行排序时，最多允许用户认定_____个排序关键字。

    A．2　　　B．3　　　C．4　　　D．5

14．在 Excel 中，关于打印说法错误的是_____。

    A．打印内容可以是整张工作表　　　B．可以将内容打印到文件

    C．可以一次性打印多份　　　D．不可以打印整个工作簿

15. 在打印工作表时，如果工作表中的数据不能撑满纸张，则工作表默认的位置是_____。
    A. 靠上靠左对齐　　　　　　　　B. 靠上靠右对齐
    C. 水平居中　　　　　　　　　　D. 垂直居中

16. 如果想设置页眉和页脚，可以通过_____选项卡中的命令实现。
    A. 插入　　　　　　　　　　　　B. 页面布局
    C. 视图　　　　　　　　　　　　D. 格式

17. 关于 Excel 中函数的说法错误的是_____。
    A. 函数就是预定义的内置公式
    B. 它使用被称为参数的特定数值
    C. 按一定语法的特定顺序排列进行计算
    D. 在函数中不可以包含子函数

18. 关于 Excel 表述错误的是_____。
    A. Excel 包含工作表　　　　　　B. Excel 可以进行数据统计
    C. Excel 不可以进行数据分析　　D. Excel 可以进行公式计算

19. 【清除】下拉按钮中不包含的命令是_____。
    A. 清除格式　　B. 清除内容　　C. 清除批注　　D. 清除公式

20. 现已知在 Excel 中对于"星期一、星期二、星期三、星期四、星期五、星期六、星期日"的升序排序顺序为"二、六、日、三、四、五、一"，下列有关星期的降序排序的顺序正确的是_____。
    A. 星期一、星期五、星期四、星期三、星期日、星期六、星期二
    B. 星期一、星期二、星期三、星期四、星期五、星期六、星期日
    C. 星期日、星期六、星期五、星期四、星期三、星期二、星期一
    D. 星期六、星期日、星期一、星期二、星期三、星期四、星期五

21. 在 Excel 中设置单元格的边框时，可以设置_____。
    A. 斜线边框　　B. 边框的颜色　　C. 边框的样式　　D. 无边框

22. 以下_____工作适合使用 Excel。
    A. 制作一封信　　　　　　　　　B. 制作一个公告
    C. 制作一个工资表　　　　　　　D. 根据销售表制作一个图表

23. 在 Excel 中输入数字型的文本，正确的是_____。
    A. 直接输入数字即可
    B. 先输入单引号，再输入数字
    C. 先输入数字，再设置单元格的数字格式为文本
    D. 先设置单元格的数字格式为文本，再输入数字

24. 在 Excel 中，可以给文字添加_____效果。
    A. 删除线　　　B. 双删除线　　C. 上标　　　D. 下标

25. 在 Excel 中，可以使用的视图有_____。
    A. 普通视图　　B. 大纲视图　　C. 分页预览视图　　D. 页面视图

三、问答题
1. Excel 工作表中单元格的名称是怎样确定的？
2. 清除单元格和删除单元格的区别是什么？
3. 简述如何移动和复制工作表。

4. 在 Excel 中，怎样输入和编辑公式和函数？

5. 简述相对引用公式、绝对引用公式和混合引用公式的区别。

6. 简述在数据表中使用自动筛选的操作方法。

7. 如何创建简单的分类汇总？

8. 如果某个工作表中的内容很长，需要放在几页纸上打印出来，怎样保证每一页都打印出列标题？

第6章
计算机网络基础

随着 Internet 的发展，"地球村"已不再是一个遥不可及的梦想。用户可以通过 Internet 获取各种想要的信息，查找各种资料，如文献期刊、教育论文、产业信息、留学计划、求职求才、气象信息、海外资讯、论文检索等，甚至可以坐在计算机前，让计算机带我们到世界各地作一次虚拟旅游。只要掌握在 Internet 这片浩瀚的信息海洋中遨游的方法，就能在 Internet 中得到无限的信息宝藏。

6.1 计算机网络概述

随着计算机应用的深入，特别是家用计算机越来越普及，一方面希望众多用户能共享信息资源，另一方面也希望各计算机之间能互相传递信息进行通信。个人计算机的硬件和软件配置一般都比较低，其功能也有限，因此要求大型与巨型计算机的硬件和软件资源，以及它们所管理的信息资源应该为众多的微型计算机所共享，以便充分利用这些资源。这些原因促使计算机向网络化发展，将分散的计算机连接成网，组成计算机网络。

计算机网络是现代通信技术与计算机技术相结合的产物。所谓计算机网络，就是把分布在不同地理区域的计算机与专门的外部设备用通信线路互连成一个规模大、功能强的网络系统，从而使众多的计算机可以方便地互相传递信息，共享硬件、软件、数据信息等资源。通俗地说，网络就是通过电缆、电话线或无线通信等互连的计算机的集合。

6.1.1 计算机网络的形成与发展

20 世纪 80 年代末期，起源于美国的因特网（Internet）发展迅速。当下，因特网已影响到人们生活的各个方面。那么因特网是怎么产生的，又是怎么发展起来的，下面介绍的知识就简要回答了这些问题。

1. ARPANET

ARPA 是"美国国防部高级研究计划署"的简称，在与多个专家进行一些讨论后，ARPA 认为国防部需要的网络应该是当时比较先进的分组交换网，由子网和主机组成。建成的由子网和主机组成的 ARPANET（Advanced Research Projects Agency Network）由子网软件、主机协议与应用软件支持。在 APRA 的支持下，ARPANET 得到了快速发展。这个 ARPANET 就是 ARPA 于 1969年建立的军用实验网，也是 Internet 的前身。

随着对协议研究的不断深入，发现 ARPANET 协议不适合在多个网络上运行，最后产生了

TCP/IP 模型和协议。TCP/IP 模型是为在互联网上通信而专门设计的。有了 TCP/IP 协议，就可以把局域网很容易地连接到 ARPANET。到了 1983 年，ARPANET 运行稳定并且很成功，拥有了数百台接口处理机和主机。此时，ARPA 把管理权交给了美国国防部通信局。在 20 世纪 80 年代，其他网络陆续连接到 ARPANET。随着规模的扩大，寻找主机的开销太大了，域名系统 DNS 被引入。到了 1990 年，ARPANET 被它自己派生的 MILNET 网络取代。

2. NSFNET

20 世纪 70 年代末期，美国国家基金会（NSF）注意到 ARPANET 在大学科研上的巨大影响，为了能连上 ARPANET，各大学必须和国防部签合同，由于这一限制，NSF 决定开设一个虚拟网络 CSNET，以一台机器为中心，支持拨号入网，并且与 ARPANET 及其他网络相连。通过 CSNET，学术研究人员可以拨号发送电子邮件。它虽然简单，但却很有用。1984 年，NSF 设计了 ARPANET 的高速替代网，为所有的人学研究组织开放。土干网是由 56kbit/s 租用线路连接组成子网，其技术与 ARPANET 相同，但软件不同，从一开始就使用 TCP/IP 协议，使它成为第一个 TCP/IP 广域网。NSF 还资助了一些地区网络，它们与主干网相连，允许数以千计的大学、研究实验室、图书馆、博物馆里的用户访问任何超级计算机，并且相互通信。这个完整的网络包括主干网和地区网，被称为 NSFNET，并与 ARPANET 连通。NSFNET 的第二代主干网络被升级到 1.5Mbit/s。随着网络的不断增长，NSF 意识到政府不能再资助该网络了。1990 年，一个非赢利机构 ANS（高级网络和服务）取代了 NSFNET，并把 1.5Mbit/s 的线路提升到了 45Mbit/s，从而形成了 ANSNET，1995 年出售给了美国在线（America Online）。

3. 因特网

当 1983 年 1 月 1 日 TCP/IP 协议成为 ARPANET 上唯一的正式协议后，ARPANET 上连接的网络、机器和用户快速增长。当 NSFNET 和 ARPANET 互连后，以指数级增长。很多地区网络开始加入，并且开始与加拿大、欧洲和太平洋地区的网络连接。到了 20 世纪 80 年代中期，人们开始把互连的网络集看成互联网，就是后来的因特网。在因特网上，如果一台机器运行 TCP/IP 协议，有一个 IP 地址，就可以向因特网上其他主机发送分组，那么它就是在因特网上。许多个人计算机可以通过调制解调器呼叫因特网服务供应商（ISP），获取一个临时的 IP 地址，并且向其他因特网主机发送分组。20 世纪 90 年代中期，因特网在学术界、政府和工业研究人员之间已非常流行。一个全新的应用——万维网（World Wide Web，WWW）改变了一切，让数以百万计的非学术界的新用户登上了互联网，这也是由于浏览器的出现和超级链接的作用结果。WWW 使得一个站点可以设置大量主页，以提供包括文本、图片、声音甚至影像的信息，每页之间都有链接。通过单击链接，用户就可以切换到该链接指向的页面。很快就有了大量其他主页，包括地图、股市行情等。

4. 计算机网络在我国的发展

我国最早着手建设计算机广域网络的是铁道部。铁道部在 1980 年即开始进行计算机联网实验；当时的几个结点是北京、济南、上海等铁路局及其所属的 11 个分局。网络体系结构采用的是 Digital 公司的 DNA。铁道部的这种计算机网络是专用计算机网络，目的是建立一个在上述地区范围内、为铁路指挥和调度服务的运输管理系统。

1988 年，清华大学校园网采用从加拿大 UBC 大学（University of BritishColumbia）引进的采用 X400 协议的电子邮件软件包，通过 X.25 网与加拿大 UBC 大学相连，开通了电子邮件应用；中国科学院高能物理研究所采用 X.25 协议，使该单位的 DECnet 成为西欧中心 DECnet 的延伸，实现了计算机国际远程联网以及与欧洲和北美地区的电子邮件通信。

1989 年 2 月，我国第一个公用分组交换网 CHINAPAC（或简称 CNPAC）通过试运行和验收，达到了开通相关业务的条件。它由 3 个分组结点交换机、8 个集中器和 1 个双机组成的网络管理中心组成。这 3 个分组结点交换机分别设在北京、上海和广州，而 8 个集中器分别设在沈阳、天津、南京、西安、成都、武汉、深圳和北京的邮电部数据所，网络管理中心设在北京电报局。此外，还开通了北京至巴黎和北京至纽约的两条国际电路。

在 20 世纪 80 年代后期，公安部和军队相继建立了各自的专用计算机广域网，这对快速传递重要的数据信息起着至关重要的作用。还有一些部门也建立了专用的计算机网络。除了上述的广域网外，从 20 世纪 80 年代起，我国的许多单位都陆续组建了很多局域网。局域网的价格便宜，其所有权和使用权都属于本单位，因此，非常便于开发、管理和维护。局域网的发展很快，它使更多的人能够了解计算机网络的特点，知道在计算机网络上可以做什么，以及如何才能更好地发挥计算机网络的作用。1990 年注册登记了我国的顶级域名 CN，并委托德国卡尔斯鲁厄大学运行 CN 域名服务器。1994 年 3 月，中国终于获准加入互联网，并在同年 5 月完成全部中国联网工作。我国已建立了四大公用数据通信网，为我国 Internet 的发展创造了条件。它们是：

（1）中国公用分组交换数据通信网（ChinaPAC）；

（2）中国公用数字数据网（ChinaDDN）；

（3）中国公用帧中继网（ChinaFRN）；

（4）中国公用计算机互联网（ChinaNet）。

我国陆续建造了基于因特网技术并可以和因特网互连的 10 个全国范围的公用计算机网络。

（1）中国公用计算机互联网（CHINANET）。

（2）中国科技网（CSTNET）。

（3）中国教育和科研计算机网（CERNET）。

（4）中国金桥信息网（CHINAGBN）。

（5）中国联通互联网（UNINET）。

（6）中国网通公用互联网（CNCNET）。

（7）中国移动互联网（CMNET）。

（8）中国国际经济贸易互联网（CIETNET）。

（9）中国长城互联网（CGWNET）。

（10）中国卫星集团互联网（CSNET）。

这些基于因特网的计算机网络技术发展非常快，在有关网站和相关领域可以查找到计算机网络的最新数据。

6.1.2　计算机网络的功能与分类

计算机网络的功能主要体现在以下 3 个方面：数据通信、资源共享、分布式处理。

1. 数据通信

这是计算机网络的基本功能，计算机互连形成计算机网络之后，能够完成计算机网络中各个节点之间的系统通信，互相传递数据。用户可以在网上进行传送电子邮件、发布新闻新信息、网上购物、电子贸易、远程网络教育、网上电话、视频会议等。

2. 资源共享

计算机网络的主要目的是共享资源。计算机在广大的地域范围联网后，资源子网中各主机的资源原则上都可共享，可突破地域范围的限制。共享的资源有：硬件、软件、数据。硬件资源包括：超大型存储器、特殊的外部设备以及大型、巨型机的 CPU 处理能力等，共享硬件资源是共享其他资源的物质基础。软件资源包括：各种语言处理程序、服务程序和各种应用程序等。数据资源包括：各种数据文件、各种数据库等，所以网络上的计算机不仅可以使用自身的资源，也可以共享网络上的资源。因而增强了网络上计算机的处理能力，提高了计算机软硬件的利用率。

3. 促进分布式数据处理和分布式数据库的发展

在计算机网络内，把一项复杂的任务可以划分成许多部分，分散到各个计算机上，由网络内各计算机分别协作共同完成有关部分，使整个系统的性能大为增强，实现分布处理和建立性能优良、可靠性高的分布式数据库系统。

计算机网络在生活中应用的领域十分广泛，还包括许多其他功能，其中有一些属于共同的应用，如：文件访问、文件传送、远程数据库访问、远程数据备份、虚拟终端、作业传送和操纵、远程进程间的通信及管理等。另一些属于某个群体私有使用，如内部软件间的相互沟通、在线办公、内部数据传送等。

由于计算机网络的广泛使用，目前在世界上已出现了各种形式的计算机网络。对网络的分类方法也有很多。从不同角度观察网络、划分网络，有利于全面了解网络系统的各种特性。

1. 按地理范围分类

（1）局域网 LAN（Local Area Network）。局域网地理范围一般小于十千米，属于小范围内的联网。如一幢大楼内、一个学校内、一个工厂的厂区内等。局域网的组建简单、灵活，使用方便。

（2）城域网 MAN（Metropolitan Area Network）。城域网地理范围可从几十千米到上百千米，可覆盖一个城市或地区，是一种中等形式的网络。

（3）广域网 WAN（Wide Area Network）。广域网地理范围一般在几千千米左右，属于大范围联网。如几个城市，一个或几个国家，是网络系统中的最大型的网络。可以实现大范围的资源共享，如国际性的因特网。

2. 按传输速率分类

网络的传输速率有快有慢，传输速率快的称高速网，传输速率慢的称低速网。传输速率的单位是 bit/s（每秒比特数）。一般将传输速率在 300kbit/s～1.4Mbit/s 范围的网络称为低速网，1.5Mbit/s～45Mbit/s 范围的网络称为中速网，50Mbit/s～750Mbit/s 范围的网络称为高速网。

3. 按传输介质分类

传输介质是指数据传输系统中发送装置和接收装置间的物理媒体，按其物理形态可以划分为有线和无线两大类。

（1）有线网。传输介质采用物理介质连接的网络称为有线网，常用的传输介质有双绞线、同轴电缆和光导纤维。

双绞线是由两根绝缘金属线互相缠绕而成，这样的一对线作为一条通信线路，由 4 对双绞线构成双绞线电缆，如图 6-1 所示。目前，计算机网络上使用的双绞线按其传输速率分为三类线、五类线、六类线、七类线，传输速率在 10Mbit/s 到 600Mbit/s 之间，双绞线电缆的连接器一般为 RJ-45。双绞线点到点的通信距离一般不能超过 100 米。

同轴电缆是由内、外两个导体组成的，内导体可以由单股或多股线组成，外导体一般由金属编织网组成，如图 6-2 所示。同轴电缆分为粗缆和细缆，粗缆用 DB-15 连接器，细缆用 BNC 和 T 型连接器。

图 6-1　双绞线

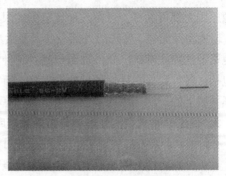

图 6-2　同轴电缆

光缆又称光纤，由两层折射率不同的材料组成。内层是由具有高折射率的单根玻璃纤维体组成，外层包一层折射率较低的材料。光纤的传输形式分为单模传输和多模传输，单模传输性能优于多模传输。光缆分为单模光纤和多模光纤，单模光纤传送距离为几十千米，多模光纤为几千米。光纤的传输速率可达到每秒几百兆位。光纤用 ST 或 SC 连接器。光纤的优点是不会受到电磁的干扰，传输的距离也比电缆远，传输速率高。光缆的安装和维护比较困难，需要专用的设备。

（2）无线网。采用无线介质连接的网络称为无线网。目前无线网主要采用 3 种技术：微波通信、红外线通信和激光通信。其中微波通信用途最广，目前的卫星网就是一种特殊形式的微波通信，它利用地球同步卫星作中继站来转发微波信号，一个同步卫星可以覆盖地球三分之一以上表面，3 个同步卫星就可以覆盖地球上的全部通信区域。

6.1.3　计算机网络的拓扑结构

网络拓扑是指网络中各个端点相互连接的方法和形式。网络拓扑结构反映了组网的一种几何形式。局域网的拓扑结构主要有总线型、星型、环型及混合型拓扑结构。

1. 总线型拓扑结构

总线型拓扑结构采用单根数据传输线作为通信介质，所有的站点都通过相应的硬件接口直接连接到通信介质，而且能被所有其他的站点接受。如图 6-3 所示为总线型拓扑结构示意图。

总线型网络结构中的节点为服务器或工作站，通信介质为同轴电缆。

由于所有的节点共享一条公用的传输链路，所以一次只能由一个设备传输。这样就需要某种形式的访问控制策略，来决定下一次哪一个节点可以发送。一般情况下，总线型网络采用载波监听多路访问/冲突检测（CSMA/CD）控制策略。

总线型拓扑结构在局域网中得到广泛的应用，主要优点如下。

（1）布线容易，电缆用量小。总线型网络中的节点都连接在一个公共的通信介质上，所以需要的电缆长度短，减少了安装费用，易于布线和维护。

（2）可靠性高。总线结构简单，从硬件观点来看，十分可靠。

（3）易于扩充。在总线型网络中，如果要增加长度，可通过中继器加上一个附加段；如果需要增加新节点，只需要在总线的任何点将其接入。

（4）易于安装。总线型网络的安装比较简单，对技术要求不是很高。

总线型拓扑结构虽然有许多优点，但也有自己的局限性。

（1）故障诊断困难。虽然总线拓扑简单，可靠性高，但故障检测却不容易。因为具有总线拓扑结构的网络不是集中控制，故障检测需要在网上各个节点进行。

（2）故障隔离困难。对于介质的故障，不能简单地撤销某工作站，这样会切断整段网络。

（3）中继器配置。在总线的干线基础上扩充时，可利用中继器，需要重新设置，包括电缆长度的裁剪、终端匹配器的调整等。

（4）通信介质或中间某一接口点出现故障，整个网络随即瘫痪。

2. 星型拓扑结构

星型拓扑结构是由中央节点和通过点到点链路连接到中央节点的各节点组成。利用星型拓扑结构的交换方式有电路交换和报文交换，尤以电路交换更为普遍。一旦建立了通道连接，可以没有延迟地在连通的两个节点之间传送数据。工作站到中央节点的线路是专用的，不会出现拥挤的瓶颈现象。如图 6-4 所示为星型拓扑结构。

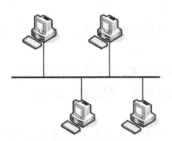

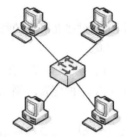
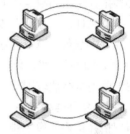

图 6-3 总线型拓扑结构　　图 6-4 星型拓扑结构　　图 6-5 环型拓扑结构

星型拓扑结构中，中央节点为集线器（HUB），其他外围节点为服务器或工作站；通信介质为双绞线或光纤。星型拓扑结构被广泛地应用于网络中智能主要集中于中央节点的场合。由于所有节点的往外传输都必须经过中央节点来处理，因此，对中央节点的要求比较高。

星型拓扑结构的优点如下。

（1）可靠性高。在星型拓扑的结构中，每个连接只与一个设备相连，因此，单个连接的故障只影响一个设备，不会影响全网。

（2）方便服务。中央节点和中间接线都有一批集中点，可方便地提供服务和进行网络重新配置。

（3）故障诊断容易。如果网络中的节点或者通信介质出现问题，只会影响到该节点或者通信介质相连的节点，不会涉及整个网络，从而比较容易判断故障的位置。

星型拓扑结构虽有许多优点，但也有缺点，主要如下。

（1）扩展困难，安装费用高。增加网络新节点时，无论有多远，都需要与中央节点直接连接，布线困难且费用高。

（2）对中央节点的依赖性强。星型拓扑结构网络中的外围节点对中央节点的依赖性强，如果中央节点出现故障，则全部网络不能正常工作。

3. 环型拓扑结构

环型拓扑结构是一个像环一样的闭合链路，在链路上有许多中继器和通过中继器连接到链路上的节点。也就是说，环型拓扑结构网络是由一些中继器和连接到中继器的点到点链路组成的一个闭合环。在环型网中，所有的通信共享一条物理通道，即连接网中所有节点的点到点链路。如图 6-5 所示为环型拓扑结构。

其中，每个中继器通过单向传输链路连接到另外两个中继器，形成单一的闭合通路，所有的工作站都可通过中继器连接到环路上。任何一个工作站发送的信号都可以沿着通信介质进行传播，而且能被所有其他的工作站接收。中继器为环型网提供了 3 种基本功能：数据发送到环中、接收数据和从环中删除数据。它能够接收一个链路上的数据，并以同样的速度串行地把该数据送到另一条链路上，即不在中继器中缓冲。由通信介质及中继器所构成的通信链路是单向的，即能在一个方向上传输数据，而且所有的链路是单向的，即能在一个方向上围绕着环进行循环。

环型拓扑结构具有以下优点。

（1）电缆长度短。环型拓扑结构所需的电缆长度与总线型相当，但比星型要短。

（2）适用于光纤。光纤传输速度高，环型拓扑网络是单向传输，十分适用于光纤通信介质。如果在环型拓扑网络中把光纤作为通信介质，将大大提高网络的速度和加强抗干扰的能力。

（3）无差错传输。由于采用点到点通信链路，被传输的信号在每一节点上再生，因此，传输信息误码率可减到最少。

环型拓扑结构的缺点如下。

（1）可靠性差。在环上传输数据是通过接在环上的每个中继器完成的，所以任何两个节点间的电缆或者中继器故障都会导致全网故障。

（2）故障诊断困难。因为环上任一点出现故障都会引起全网的故障，所以难于对故障进行定位。

（3）调整网络比较困难。要调整网络中的配置，例如扩大或缩小，都是比较困难的。

4. 树型拓扑结构

树型拓扑结构就像一棵"根"朝上的树。与总线型拓扑结构相比，其主要区别在于总线型拓扑结构中没有"根"。这种拓扑结构的网络一般采用同轴电缆，用于军事单位、政府部门等上下界限相当严格和层次分明的部门。

树型拓扑结构的优点是：容易扩展，故障也容易分离处理。树型拓扑结构的缺点是：整个网络对根节点的依赖性很大，一旦网络的根发生故障，整个系统就不能正常工作。树型拓扑结构如图 6-6 所示。

5. 混合型拓扑结构

混合型拓扑结构是一种综合性的拓扑结构。组建混合型拓扑结构的网络有利于发挥网络拓扑结构的优点，克服相应的局限。如图 6-7 所示为一个星型与总线型相结合的混合型拓扑结构。

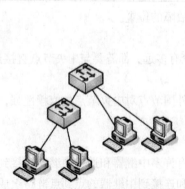

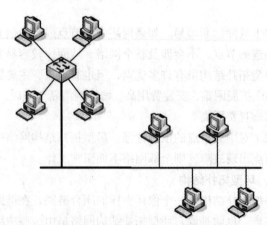

图 6-6　树型拓扑结构　　　　图 6-7　星型与总线型相结合的混合型拓扑结构

6.1.4　计算机网络的组成

计算机网络通俗地讲，就是由多台计算机（或其他计算机网络设备）通过传输介质和软件物理（或逻辑）连接在一起组成的。总的来说，计算机网络的组成基本上包括：计算机、网络操作系统、传输介质（可以是有形的，也可以是无形的）以及相应的应用软件 4 部分。

计算机网络通常由 3 个部分组成，它们是资源子网、通信子网和通信协议。所谓通信子网就是计算机网络中负责数据通信的部分；资源子网是计算机网络中面向用户的部分，负责全网络面向应用的数据处理工作；而通信双方必须共同遵守的规则和约定就称为通信协议，它的存在与否是计算机网络与一般计算机互连系统的根本区别。所以从这一点上来说，应该更能明白计算机网络为什么是计算机技术和通信技术发展的产物了。

6.2　网络体系结构

近 40 年来，计算机网络飞速发展，已成为一个复杂多样的大系统。计算机网络的实现要解决很多复杂问题；支持多种通信介质；支持多厂家异种机互连；支持多种业务。处理计算机网络这样复杂的大系统如同处理其他计算机软硬件系统一样，由复杂系统分层处理，每一层完成特定的功能，各层协调起来实现整个网络系统。计算机网络的各层及其协议的结合称为网络的体系结构。

6.2.1　计算机网络体系结构

世界上第一个网络体系结构是美国 IBM 公司于 1974 年提出的系统网络体系结构（System Network Architecture，SNA）。凡是遵循 SNA 的设备就称为 SNA 设备。这些 SNA 设备可以很方便地进行互连。在此之后，很多公司也纷纷建立自己的网络体系结构，这些体系结构大同小异，都采用了层次技术，但各有其特点，以适合本公司生产的计算机组成网络，这些体系结构也有其特殊的名称，如 20 世纪 70 年代末有美国数字网络设备公司（DEC）发布的 DNA（Digital Network Architecture，数字网络体系结构）等。但使用不同体系结构的厂家设备是不可以相互连接的，后来经过不断地发展，有诸如以下的体系结构诞生，从而实现不同厂家设备的互连。

1. OSI 参考模型

国际标准化组织（International Organization for Standardization，ISO）是一个全球性的政府组织，是国际标准化领域中一个十分重要的组织。ISO 被 130 多个国家应用，其总部设在瑞士日内瓦，其任务是促进全球范围内的标准化及其有关活动的开展，以利于国际间产品与服务的交流，以及在知识、科学、技术和经济活动中发展国际间的第一线合作。它显示了强大的生命力，吸引了越来越多的国家参与其活动。

ISO 制定了网络通信的标准，即 OSI/RM（Open System Interconnection/Reference Model，开发系统互连参考模型）。它将网络通信分为 7 个层，即应用层、表示层、会话层、传输层、网络层、数据链路层和物理层。每一层都有自己特有的定义内容。层与层之间只有较少的联系，这样做能达到最好的兼容性。开放的意思是通信双方必须都要遵守 OSI 模型，并且任何企业和科研机构都可以依据此模型进行开发与生产。

OSI/RM 只是一个理论上的网络体系结构模型，用来给人们提供研究网络发展的一个统一平台，而在实际生产中却遵循另一套网络体系结构模型。

2. TCP/IP 模型

TCP/IP（Transmission Control Protocol/Internet Protocol，传输控制协议/互联网络协议）是 Internet 最基本的协议。在 Internet 没有形成之前，各个地方已经建立了很多小型网络，称为局域网。各式各样的局域网存在不同的网络结构和数据传输规则。TCP 和 IP 即是满足这种数据传输的协议中最著名的两个协议。基于这种事实上的传输标准，各厂商联合建立了 TCP/IP 网络体系结构。

TCP/IP 模型分为 4 个层次：应用层（与 OSI 的应用层、表示层、会话层对应）、传输层（与 OSI 的传输层对应）、网络互连层（与 OSI 的网络层对应）、主机-网络层（与 OSI 的数据链路层和物理层对应）。与 OSI 模型相比，TCP/IP 参考模型中不存在会话层和表示层；传输层除支持面向连接通信外，还增加了对无连接通信的支持；以包交换为基础的无连接互联网络层代替了主要面向连接、同时也支持无连接的 OSI 网络层，称为网络互联层；数据链路层和物理层大大简化为主机-网络层，除了指出主机必须使用能发送 IP 包的协议外，其他不做规定。

6.2.2　网络互连设备

有了网络互连的模型，如何具体地将网络搭建和连接起来呢？实现这个模型的方法之一就是使用网络设备在物理上将计算机、设备、各地的用户和网络进行互连。下面介绍常用的网络互连设备。

1. 中继器和集线器

中继器、集线器位于网络体系结构模型的第一层，即物理层。中继器的作用只是将网络进一步延伸。网络的最初并没有多少计算机连接到网络上，所以也没有网络设备，但随着计算机和计算机网络的发展，人们发现只用线缆已经不能满足越来越多的联网需求了，人们迫切需要一种设备能突破线缆的限制将网络继续延伸出去，中继器就此诞生了。

集线器的主要作用是将计算机线缆集中到一起，便于管理。随着具有中继器网络的进一步发展，人们发现越来越长的网络并不是人们真正需要的网络，而越来越密集的联网需求变得更为突出。于是在能够延长网络放大信号的基础上，希望有一种网络设备能够有较高的端口密度，用来满足附近计算机的联网需求，由此集线器就诞生了。集线器如图 6-8 所示。

中继器和集线器本质上没有区别，区别就在于前者端口少一些，后者端口多一些。对于当今的现代化网络，中继器和集线器已经淡出了历史舞台。

2. 网桥和交换机

网桥和交换机位于网络体系结构模型的第 2 层，即数据链路层。网桥的作用仍然是将计算机接入网络，但它更主要的区别前面两种设备的地方是能够隔离冲突。随着网络的进一步发展，网络中的计算机越来越多，就出现了一个很严重的问题——冲突。就像一条公路上的汽车越来越多，多到一定程度时，出现撞车的频率大得使交通不能正常。于是人们就要将原本的公路中间加上隔离带或者绿化带，来减少撞车的频率，这就是网桥诞生的原因。网桥通过将原来的简单网络分割成 2 个或 3 个不同的冲突域来提高网络效率。

拥有网桥的网络得到了一定程度的改善，但并没有解决根本性的问题。网络中的计算机仍然是一天比一天多，于是交换机就出现了。像上面的两种设备一样，交换机和网桥本质上没有什么区别，都是分割冲突域，只是交换机的端口比网桥要多得多，也就可以提供分割更多的冲突域。因为拥有更多的端口要处理更多的事情，所以交换机采用了专门的硬件芯片来处理这些事物。交换机如图 6-9 所示。

在现代网络中，交换机和网桥得到了广泛应用，全面替代了中继器和集线器。如果要考虑组建一个家庭网络或者小型网络，那么选择交换机或者网桥就是最好的选择。

3. 路由器

路由器位于网络体系结构模型的第 3 层，即网络层。路由器的作用是分割广播域和实现网络与网络的连接。路由器就像间隔一个一个房间的墙，用来建立区域和区域的界限，并制定相互访问的规则。如果不想和其他网络连接，或者不想和 Internet 连接，就不需要路由器；反之路由器就是必需的选择。Internet 就是由世界上无数的局域网连接起来构成的，而连接着无数局域网的就是路由器。路由器如图 6-10 所示。

图 6-8　集线器　　　　　　　　　图 6-9　交换机　　　　　　　图 6-10　路由器

6.2.3　计算机网络协议及 IP 地址

了解了网络的拓扑结构、使用的传输介质和网络互连的设备之后，还要了解一个非常重要的知识，那就是网络的通信协议以及通信协议所使用的标识。

1. 网络协议及 IP 地址的概念

通俗地说，网络协议就是网络之间沟通、交流的桥梁，只有使用相同网络协议的计算机，才能进行信息的沟通与交流。从专业角度定义，网络协议是计算机在网络中实现通信时必须遵守的约定，也就是通信协议，主要是对信息传输的速率、传输代码、代码结构、传输控制步骤、出错控制等做出规定并制定出标准。它实质上是网络通信时使用的一种共同语言。网络协议对于计算机网络不可缺少。不同结构的网络、不同厂家的网络产品，可以各自使用不同的协议，但连入到公共计算机网络时必须遵循公共的协议标准，否则就不能够互连互通。

TCP/IP 是目前最常用的一种通信协议，是计算机网络世界中的一个通用协议。在 TCP/IP 网络中，无论是局域网还是广域网中，计算机之间能够实现端到端的通信，主要就是通过 TCP/IP 进行通信。在 TCP/IP 中规定使用 IP 地址对通信双方进行标志。

IP 地址就像人们日常生活中使用的电话号码。我们要知道对方的电话号码才能和对方在电话中进行通话，而且这种号码在网络中肯定是唯一的。移动电话、固定电话、不同地区的电话都能够互相通信，原因就是它们遵守相同的通信协议，而这种协议又规定都使用唯一的电话号码进行通信双方的标志。

所有 Internet 上的计算机都必须有一个唯一的编号作为其在 Internet 的标识，这个编号称为 IP 地址。在 Internet 中，TCP/IP 使用的 IP 地址是一个 32 位的二进制数，即 4 个字节。为了方便起见，通常将其表示为 $w.x.y.z$ 的形式，一组数字与另一组数字之间用圆点作为分隔符，其中 w、x、y、z 分别是一个 0～255 的十进制整数，每一个数对应二进制表示法中的一个字节，这样的表示叫做点分十进制表示。例如，某台计算机的 IP 地址为 11001010 01110010 01000010 00000010，则写成点分十进制表示形式就是 202.114.66.2。

整个 Internet 由很多独立的网络互连而成，每个独立的网络就是一个子网，包含若干台计算机。根据这个模式，Internet 的设计人员用两级层次模式构造 IP 地址，一部分是代表 IP 地址所属网络的网络地址，另一部分代表网络中主机的主机地址。类似于电话号码，电话号码的前面一部分是区号，后面一部分是某部电话的客户号，像 010-12345678 这个电话号码，010 是北京市的区号，12345678 则是一个单独的客户号码。IP 地址的 32 个二进制位也被分为两个部分，即网络地址和主机地址，网络地址就像电话的区号，标明主机所在的子网，主机地址则是子网内部区分具体的主机。

那么 IP 地址中，哪一部分是网络地址，哪一部分是主机地址呢？计算机利用子网掩码识别 IP 地址的网络地址部分，子网掩码和 IP 地址成对出现。标准的掩码用 0 和 255 两种情况来标识（注意，不是 0～255）。其中 255 表示对应的 IP 地址部分就是网络地址，0 表示对应的 IP 地址部分就是主机地址。这样计算机通过一一比对 IP 地址和子网掩码的各个部分，就能得知 IP 地址中的网络地址和主机地址。

2. IP 地址的分类

IP 地址究竟是如何使用的呢？Internet 设计者决定根据网络大小来创建网络的类别，也就是需要 IP 地址的多少来划分 IP 地址类别。这样 IP 地址按照容量多少被创建为 A、B、C、D、E 类。其中 D 类用于多播地址，E 类用于保留使用，这两类内容超出本书范围，在这里不做过多介绍。使用 A 类 IP 地址适合创建大型网络；使用 B 类 IP 地址适合创建中型网络来适应需求；使用 C 类 IP 地址比较适合小型网络的需求。

表 6-1 中，4 部分中第一部分的取值范围在 0～127 的 IP 地址是 A 类 IP 地址。从子网掩码中可以看出，它只用第一部分代表网络地址，用后 3 部分代表主机地址，所以它有最少的网络地址和最多的主机地址，也就是说这样的网络没几个，而每个网络中的主机数量却很多，这也正好符合实际的情况。而 B 类地址第一部分的取值范围在 128～191。通过子网掩码可以看出它有两部分用来标识网络，两部分标识主机，它有中型的网络规模和主机规模。第一部分的取值范围在 192～223 的 IP 地址是 C 类 IP 地址，它有最多的网络地址和最少的主机地址。如果要组建一个家庭网络或者一个小型网络，很显然应该选择一个 C 类 IP 地址。

表 6-1　　　　　　　　　　IP 地址分类表

IP 类别	第一部分取值范围	子网掩码	示例
A 类	0～127	255.0.0.0	8.1.200.31
B 类	128～191	255.255.0.0	130.6.46.78
C 类	192～223	255.255.255.0	201.50.36.100

由此可以得出，在组成 IP 地址的 4 组数字当中，通过子网掩码中有几个 255 来确定这个 IP 地址属于哪个网络，哪个是主机地址。A 类网络表示网络的部分最少，表示主机的部分最多，C 类网络正好相反，B 类网络居中。表 6-2 列出了 A、B、C 类网络有效 IP 地址的数量。

表 6-2　　　　　　　　　　各类 IP 地址数量

IP 类别	第一部分取值范围	网络数	每个网络主机数	主机总数
A 类	0～127	126	16 387 064	2 064 770 064
B 类	128～191	16 256	64 516	1 048 872 096
C 类	192～223	2 064 512	254	524 386 048

从表 6-2 中可以看出，IP 地址大概拥有 36 亿多个。即便是这么庞大的数字也不能满足日益发展的社会需求。为了避免 IP 地址有一天会用尽，设计者们在现有的分类上创建了私有 IP 地址和公有 IP 地址的区别，用来在不同的场合使用。私有 IP 地址用于公司内部或其他专用场合，可以重复利用，用来提高 IP 地址的利用率。就像有很多大型企业拥有内部电话号码使用“小号”一样，如 8812、62695。这些号码只在本地有意义，因为它不符合网络上的通用标准。而公有 IP 地址就是那种符合网络协议标准的号码，可以用来直接在网络上进行通信。私有 IP 地址范围见表 6-3，其中 A 类私有 IP 地址只有一个网络 10，B 类 IP 地址有 16 个网络（16～31），C 类 IP 地址有 256

个网络（0～255）。结合上面的容量分类，如果要组建一个家庭网络或者局域网络，就应该选用一个或一组 C 类私有 IP 地址。

表 6-3　　　　　　　　　　　　　　　私有 IP 地址范围表

IP 类别	取值范围	网络掩码	示例
A 类	10.0.0.0～10.255.255.255	255.0.0.0	10.1.2.3
B 类	172.16.0.0～172.31.255.255	255.255.0.0	172.16.10.123
C 类	192.168.0.0～192.168.255.255	255.255.255.0	192.168.30.40

　　用户可以根据需求选择适合自己的 IP 地址来使用。实际生活中人们虽然创建了类别，区分了私有和公有，但 IP 地址仍然面临耗尽的问题，解决的办法是启用 IPv6，它具有更多的位数来表示 IP 地址。到那时全球上每一个连入网络的节点都可以拥有一个独立、唯一的 IP 地址。

　　IPv6 使用 128 位地址空间来替代 IPv4 的 32 位地址空间，并使用 32 个十六进制数来表示这 128 位，可以提供 160 亿个 IP 地址。相信到那时候，人们不用再为互联网的 IP 地址数量而发愁，互联网又会是一个全新的面貌。

6.2.4　网络域名及应用

　　在实际使用网络时，我们还会遇到一个问题，IP 地址是一串不容易记忆的数字地址，一般人很难大量记忆，同时也不易于管理和维护。解决这个问题的方法也很简单，用一系列的字符名称来一一替代不好记忆的 IP 地址即可。为此人们研究出一种字符型标识，这就是网络域名。当用户想要通信的时候，就使用容易记忆的名字作为网络资源的标识。就像我们的手机中存储了很多联系人，可我们不一定记得每一个人的电话号码，而只要记得这个人的名字一样。通过网络域名来获得 IP 地址的过程就叫做域名解析。

www.hit.edu.cn

主机名　网络名　组织机构名　最高层域名
图 6-11　域名结构

　　域名的结构由 3 部分组成，和 IP 地址一样，每部分之间用英文的圆点分开。一个完整的域名对应一个 IP 地址。域名结构如图 6-11 所示。

　　域名的第一部分通常代表这台计算机的机构属性及所在区域，如 com 代表企业。其他常用域名尾部的缩写见表 6-4。

表 6-4　　　　　　　　　　　　　　常用域名尾部缩写含义

网址缩写	代表意义
com	工、商、金融等企业
edu	教育机构
gov	政府机构
org	非赢利性机构
net	互联网接入机构

　　本部分还要标识出主机所在区域，如 cn 代表这个服务器名称在中国注册。常用的地区域名缩写见表 6-5。

表 6-5　　　　　　　　　　　　　　常用地区域名缩写

网址缩写	代表意义
cn	中国
us	美国
jp	日本
tw	中国台湾地区
uk	英国

域名第二部分通常用来代表这台计算机所在注册的组织机构名称，如 sina 代表这个服务器由新浪公司拥有。通常这部分都采用公司的名称进行注册。

域名的第三部分通常用来代表计算机主机在网络上的名称。此部分的名称可以由企业自行定义，通常其名称会与其提供的网络服务相对应，起到"见名知意"的作用。如 www 表示这是一台提供 Web 服务的计算机，其名称为 www；mail.126.com 用 mail 代表这是一台提供邮件服务的服务器；bbs.hit.edu 用 bbs 代表这是一台提供电子公告 BBS 服务的服务器。

WWW 是 World Wide Web 的意思，代表万维网，其主要提供的网络服务就是 Web 服务。

有了域名解析系统，人们在访问网络中的资源时可以使用名称，就不用记忆一连串的数字了。了解了域名每部分的含义，人们只需要记住网站的名字以及网站的用途，剩下的都能够推理出来。IP 地址加域名解析使用户连接世界的每一个角落变成可能。

6.3　建立网络连接

了解网络的基本知识以后，下面来了解一下如何在 Windows 7 操作系统下建立网络连接，以便将计算机连接到 Internet。首先了解一下可以使用 Windows 7 建立哪些网络连接。

6.3.1　单个计算机以主机方式接入 Internet

采用主机方式入网的计算机直接与 Internet 连接，这时，它是个正式的 Internet 主机，有一个 NIC（Network Information Center）统一分配的 IP 地址。在这种情况下，用户计算机可以通过自己的软件工具实现 Internet 上的各种服务，当用户以拨号方式上网时可分配到一个临时 IP 地址。

1. 选择 ISP

ISP 是 Internet 服务提供商，即能够为用户提供 Internet 接入服务的公司。ISP 是用户与 Internet 之间的桥梁，上网的时候，计算机首先是与 ISP 连接，再通过 ISP 连接到 Internet 上。现在国内有各种类型的 ISP 公司，这方面的信息可以参考有关计算机方面的报纸和书刊，中国最常见的 ISP 应该是各地的电信局或其下属的数据局，以及其他的 ISP。选择一家合适的 ISP 主要考虑的因素有：该 ISP 与 Internet 的接入带宽越高越好；为终端用户提供的带宽越高越好；根据 ISP 的收费标准，选出收费最合理的一个。

2. 申请上网账号

当选定一家 ISP 之后，就可以向其提出上网的申请，得到一个上网账号后才能够上网。用户从 ISP 申请上网首先要确定上网的账号和密码。上网账号一般由几个字母组成，它是由用户自己定的，而不是由 ISP 分配，主要是便于自己记住。密码也是用户自己确定，它可以是字符和数字的组合，在拨号的时候，必须同时输入上网的账号和密码，ISP 确认无误后，计算机才能连上 Internet。

3. 购买和安装上网设备

Modem（调制解调器）是拨号上网时用来将用户的计算机与 Internet 相连的工具，它一端连接到计算机上，另一端连接到电话线上。在电话线上传输的信号称为模拟信号，计算机不能识别。计算机能识别的信号称为数字信号，Modem 的作用就是将电话线上传来的模拟信号转换成计算机能识别的数字信号，然后将计算机传过来的数字信号转换成能在电话线上传输的模拟信号，使得计算机能通过电话线与 ISP 的计算机连接，这是拨号上网所必须做的工作。

如果用户是采用通过局域网访问 Internet 的方式，那么不用专门为上网而安装电话，也不用买 Modem，而是购买一块网卡，然后通过网卡将计算机连接到局域网上就可以了。

如果采用的是 ISDN、ADSL、Cable Modem 等上网方式，那么也不用购买普通的 Modem，而是需要购买相应的上网设备，一般由提供这种服务的 ISP 提供这些设备并上门安装。

4. 安装网络协议及配置上网参数

现在上网的计算机一般都是安装 Windows 操作系统，Windows 操作系统本身自带有这些网络协议，只要将它们正常安装就可以了，如图 6-12 所示是 Windows 7 的 TCP/IP 界面。用户还必须根据 ISP 提供的信息设置计算机上的一些参数，当这些参数都设置正确后，就可以开始跟 Internet 连接了。

5. 拨号网络连接的配置

在上网之前的最后一个准备工作是配置拨号网络连接。只有配置好拨号网络，才能与 ISP 联系，连接 Internet。

图 6-12　Windows 7 的 TCP/IP

以下叙述都是基于 Windows 7 操作系统的，而且调制解调器已经正常安装完成的情况。

在 Windows 7 桌面上，右键单击"网络"图标，在弹出的快捷菜单里用左键单击选择【属性】，此时将打开【网络和共享中心】窗口，如图 6-13 所示。

图 6-13　连接向导

图 6-14　连接向导

窗口中有一个【设置新的连接或网络】的图标。用鼠标单击该图标，随之将出现一个【设置连接或网络】对话框，单击 下一步(N)，将出现一个【连接到 Internet】窗口，如图 6-14 所示，单击选择"宽带（PPPoE）（R）"，随之出现如图 6-15 所示窗口。

图 6-15　输入 ISP 的用户名和密码　　　　图 6-16　查看连接

在此窗口中输入 ISP 提供的连接到 Internet 的用户名和密码，最后单击【连接】，如果用户名和密码正确，就会出现已连接的状态。这样就建立了一个新的【我的宽带连接】。在【控制面板】/【网络和 Internet】/【查看网络状态和任务】/【更改适配器设置】中可以查看计算机的网络连接，如图 6-16 所示。

现在 ISP 一般采用了自动分配 IP、DNS 的技术，只要连接上服务器，计算机就可自动获得 IP 地址、DNS 的配置。上网之前要用鼠标双击新建立的宽带连接图标，就会出现一个对话框要求输入登录所需要的用户名和密码，如图 6-17 所示，输入相应的用户名和密码。用鼠标单击 连接(C) 按钮，出现一个窗口报告当前的状态。经过了"拨号"、"校验用户名和口令"以及"网络登录"几个步骤之后，就和 ISP 连接上了。

6.3.2　局域网方式入网

如果计算机所处的环境中已经存在一个与 Internet 互连的局域网，如校园网，则可以将计算机连上局域网并由此进入 Internet。要使计算机连上局域网，必须在计算机机箱的扩展插槽内插入一块网卡，通过双绞线连到一个共享的集线器或交换机上，并由该设备以一定的方式连到一个更大范围的网络，由此进入 Internet。这时网卡上拥有一个固定的网络地址，计算机上安装有网卡的驱动程序，使计算机能高效地发送和接收数据。具体的连接步骤如下。

首先打开【控制面板】→【网络和 Internet】→【网络和共享中心】→【更改适配器配置】，从中会出现与网卡相对应的本地连接，如图 6-18 所示。计算机上安装着一个网卡，操作系统里就会出现一个本地连接。

右键单击【本地连接】，选择快捷菜单中的【属性】命令，打开【本地连接 属性】对话框，如图 6-19 所示。

在【本地连接 属性】对话框中选择【Internet 协议版本 4（TCP/IPv4）】，单击【属性】按钮，打开【Internet 协议版本 4（TCP/IPv4）属性】对话框，如图 6-20 所示。默认情况下，Windows 7 使用的是自动获得 IP 地址和 DNS 服务器地址。想要自己配置 IP 地址，可以分别选中【使用下面的 IP 地址】和【使用下面的 DNS 服务器地址】单选框。

图 6-17　用户登录界面

图 6-18　可用连接

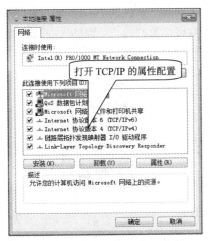

图 6-19　【本地连接 属性】对话框

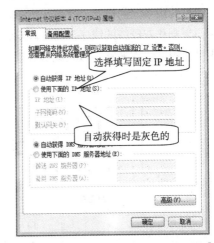

图 6-20　【Internet 协议版本 4（TCP/IPv4）属性】对话框

在相应的 IP 地址、子网掩码、网关等位置输入正确的地址信息。如果只是局域网内部互连，可以输入表 6-6 所示的地址信息。

表 6-6　　　　　　　　　　　　　　　家庭 IP 地址分配表

第一台计算机		第二台计算机	
IP 地址	192.168.1.1	IP 地址	192.168.1.2
子网掩码	255.255.255.0	子网掩码	255.255.255.0
默认网关	192.168.1.1	默认网关	192.168.1.1

无论是 ADSL 连接还是 LAN 连接，按照前面介绍的方法配置好以后，就可以查看网络中的资源了。

由于局域网传输速率较高，通常可以达到 100Mbps，因此通过局域网接入 Internet 后，上网速率通常较快。

6.3.3　网线的制作与连接

通常局域网络中所使用的互相连接电脑的传输介质就是双绞线，如图 6-21 所示。它是由 4 对色线和白线两两绞在一起构成的，因此叫做双绞线。4 条色线的颜色分别是橙、绿、蓝、棕，分别和它们绞在一起的白线就叫做橙白、绿白、蓝白、棕白。

买回来的双绞线是不能直接使用的，还需要按照一定的顺序排好，夹制在 RJ–45 水晶头里，这样就成为网线。除了网线以外，要组成一个局域网络，还需要有集线器或交换机这种连接设备。然后再将网线的两端分别插入交换机和计算机。这样就可以将每个计算机连接起来组成一个网络。

图 6-21　双绞线结构

双绞线的制作方法通常有两种：一种是 T568A，它的线序从左到右依次是绿白、绿、橙白、蓝、蓝白、橙、棕白、棕；另一种是 T568B，它的线序从左到右依次是橙白、橙、绿白、蓝、蓝白、绿、棕白、棕，如图 6-22（a）所示。两头都按 T568B 或 T568A 线序标准连接叫做直通线，用于计算机和交换机进行连接，即不同设备之间的连接。一端按 T568A 线序连接，一端按 T568B 线序连接叫做交叉线，用于两台计算机直接连接或交换机与交换机直接连接，即相同设备间的连接。这里因为是用交换机作为连接各计算机的中心设备，所以两端采用 T568B 作为制作双绞线的线序。将一段双绞线的两端按照线序排好后，分别插入到两个 RJ–45 的水晶头里，用网线钳夹紧，即完成了双绞线网线的制作，如图 6-22（b）所示。

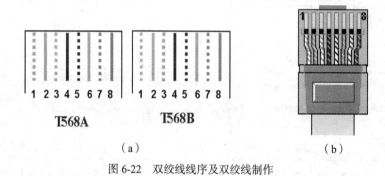

T568A　　　　　T568B

（a）　　　　　　　　　　　　　　（b）

图 6-22　双绞线线序及双绞线制作

6.4　Internet 应用

网络上丰富的资源给人们的生活、工作带来便利，有的人希望在网络上方便地看到自己感兴趣的新闻，而不用为不感兴趣的部分浪费金钱；有的人希望通过网络加强和周围朋友的沟通，而不用每个人都打一遍电话，或好久都不打电话；有的人希望上网购买各种自己喜欢的东西，而不用逛了一家又一家的商场却选不到东西。目前的网络能够容纳越来越多的信息、资源、关系，它正在改变着人们的生活方式。

面对这么丰富的资源和信息，如何更有效地利用它显得非常重要。本节将首先介绍网络资源的分类，了解用户能从网络中获取到什么，然后介绍如何获取这些资源和如何更有效地获取。

6.4.1　网络资源分类

网络中的信息包括文本、声音、图片和视频。按照用户不同的需求，就产生了以各种资源为基础的网站。大多数资源在网络上呈现的形式都是网页，也就是在网页上表示出声音信息和视频信息等，由此就产生出了专门的小说网站、图片网站、音乐网站等。当然，为了满足人们更多的需要，还有综合性网站，称之为"门户"，指的就是这个网站什么都有，囊括了上面说的所有东西。

上面提到的是绝大多数网络上资源表现的形式，这些资源不需要用户的计算机上安装什么特殊的程序。只要能上网，有浏览网页的程序就可以。还有一些极少数的资源，例如 BT、邮件、FTP、消息等，这些资源要求用户在计算机上安装它所提供的特殊软件，利用软件才能浏览下载这些资源。资源本身并不存在于网络上的某个地址，而存在于运行该软件的每台计算机上。

6.4.2　网络资源的查找及浏览

网络上资源这么多，都在哪里呢？如果用户初涉网络，不知道从何开始，可以从门户和搜索引擎开始。常用的门户网站见表 6-7。门户网站中通常包含着所有大众感兴趣的内容，从学习到娱乐、从时事政治到搞怪视频、从软件下载到知识百科，可谓应有尽有。

表 6-7　　　　　　　　　　　　　常用门户网站

名称	网址	特点
搜狐网	www.sohu.com	集成自己的搜索引擎
新华网	www.xinhuanet.com	国内国际时事
凤凰网	www.ifeng.com	有影响力的亚洲私人电视台
中国网络电视台	www.cntv.com.cn	集中了国内众多电视台

门户网站中拥有网络上大部分人关心的内容，一般来说，用户都能找到自己想要的信息。另外一个好的开始就是搜索引擎，如图 6-23 和图 6-24 所示。当用户在门户繁多的信息中迷失，找不到自己想要的东西时，利用搜索引擎，这一切就变得简单了。

图 6-23　百度搜索引擎

图 6-24　谷歌搜索引擎

百度和谷歌是两个比较常用的搜索引擎，使用起来也比较简单，只需要在中间的文本框中输入想要查找的东西，按 Enter 键就可以了，剩下的就是在列出的数据中挑选了。例如，想重新看一遍 2012 年春晚《因为爱情》这首歌的视频，在 Google 搜索引擎里搜索后，查找到的结果会很多，这些结果位于全球各个网站上，如图 6-25 所示。

图 6-25　搜索结果

可见搜索出的内容很多，有 996 万篇。很显然，这里面大多数都是不需要的。那如何能快速准确地找到需要的结果呢？最简单的方法就是增加关键词，如图 6-26 所示。增加关键词"视频"，用空格将"晚会"和"视频"分开，可以看到找到了相关的 444 万篇，少了很多。

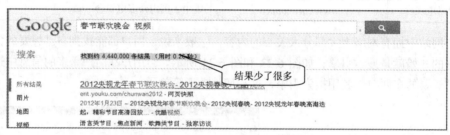

图 6-26　增加关键词后的搜索结果

如图 6-27 所示增加关键词"因为爱情"，可以看到虽然搜索的结果还是很多，有 160 万，但注意列出的第一条就已经是用户要找的东西了。

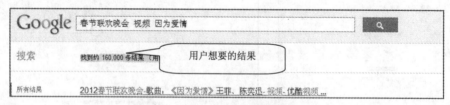

图 6-27　增加关键词后的搜索结果

这样的搜索技巧是最简单的，也是最常用的。这里要注意的是，这里输入的关键词不一定是完全包括的，例如"因为爱情"这个词，会把包含"爱情"的内容也都搜索进来，这就是还有 160 多万条搜索结果的原因。如果只想要因为爱情的相关内容，把"因为爱情"用英文双引号括起来就可以，如图 6-28 所示，可以看到结果只有 120 万篇，又少了很多。

也就是说，带了双引号的关键词必须在资源里连续完整地出现，这样的资源才会在这里列出来。简单好用的查询就介绍到这里，用户应该可以应付通常的查找了。复杂的查找更有利于用户更快、更好地找到要找的资源，尤其是面对网络中紧缺的资源时。下面介绍通用的高级查找方法。

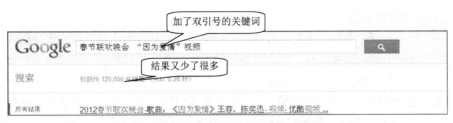

图 6-28　关键词加双引号后的搜索结果

6.4.3　网络资源的高级查找方法

目前面对浩瀚的网络资源，搜索的技巧变得很重要。下面介绍一些高级的搜索技巧，希望能给读者带来帮助。

1．表述准确

搜索引擎会严格按照用户提交的查询词去搜索，因此查询词表述准确是获得良好搜索结果的必要前提。

一类常见的表述不准确的情况是，心里想着一回事，输入的是另一回事。

例如，要查找 2011 年国内十大新闻，查询词可以是"2011 年国内十大新闻"；但如果把查询词换成"2011 年国内十大事件"，搜索结果就不能满足需求了。

另一类典型的表述不准确是查询词中包含错别字。

例如，要查找奥运会图片，用"奥运会"当然没什么问题；但如果写错了字，变成"澳运会"，搜索结果就差得远了。

不过搜索引擎对于用户常见的错别字输入有纠错提示，若输入"澳运会"，在搜索结果上方会提示"您要找的是不是: 奥运会"。

目前的搜索引擎并不能很好地处理自然语言，因此，在提交搜索请求时，最好把自己的想法提炼成简单的，而且与希望找到的信息内容主题关联的查询词。

还是用实际例子说明：某三年级学生想查一些关于时间的名人名言，他的查询词是"小学三年级关于时间的名人名言"。

这个查询词很完整地体现了搜索者的搜索意图，但效果并不好。

绝大多数名人名言并不规定是针对几年级的，因此，"小学三年级"事实上和主题无关，会使得搜索引擎丢掉大量不含"小学三年级"但又非常有价值的信息；"关于"也是一个与名人名言本身没有关系的词，多一个这样的词又会减少很多有价值信息；"时间的名人名言"中的"的"也不是一个必要的词，会对搜索结果产生干扰；对于"名人名言"，名言通常就是名人留下来的，在"名言"前加上"名人"是一种不必要的重复。

因此，最好的查询词应该是"时间名言"。

2．查找软件资源

日常工作和娱乐需要用到大量的软件，很多软件属于共享或者自由性质，可以在网上免费下载到。

直接找下载页面是最直接的方式。软件名称加上"下载"这个特征词，通常可以很快找到下载点，如 flashget+空格+下载。

由于网站质量参差不齐，下载速度也快慢不一。如果积累一些好用的下载站（如天空网、华军软件园、电脑之家等），就可以用 site 语法把搜索范围局限在这些网站内，以提高搜索效率。例如，网际快车+空格+site:skycn.com，这样就只在 skycn.com 网站中找"网际快车"这个关键词了。

3. 查找问题解决办法

人们在工作和生活中会遇到各种各样的疑难问题，比如计算机中毒、被开水烫伤等，这些问题其实都可以在网上找到解决办法。因为某类问题发生的几率是稳定的，而网络用户有几千万，于是几千万人中遇到同样问题的人就会很多，其中一部分人会把问题贴在网络上求助，而另一部分人可能就会把问题解决办法发布在网络上。有了搜索引擎，用户就可以把这些信息找出来。

找这类信息的核心是如何构建查询关键词。一个基本原则是：在构建关键词时，尽量不要用自然语言（所谓自然语言就是平时说话的语言和口气），而要从自然语言中提炼关键词。这个提炼过程并不容易，但是用户可以用一种将心比心的方式思考：如果我知道问题的解决办法，我会怎样对此做出回答。也就是说，猜测信息的表达方式，然后根据这种表达方式取其中的特征关键词，从而达到搜索的目的。

例如，用户上网时经常会遇到陷阱，浏览器默认主页被修改并锁定。这样一个问题的解决办法应该怎样搜索呢？首先要确定的是不要用自然语言。例如，有的人可能会这样搜索"我的浏览器主页被修改了，谁能帮帮我呀"，这是典型的自然语言，但网上和这样的话完全匹配的网页几乎是不存在的，因此这样的搜索常常得不到想要的结果。来看这个问题中的核心词汇。对象：浏览器（或者 IE）的主页；事件：被修改（锁定）。"浏览器"、"主页"和"被修改"在这类信息中出现的概率会最大，IE 可能会出现，至于"锁定"，用词比较专业化，不一定能出现。于是关键词中至少应该出现"浏览器"、"主页"和"被修改"，这是问题现象描述。一般情况下，只要对问题做出适当的描述，在网上基本上就可以找到解决对策。

例 "空格+浏览器主页+空格被修改"；又例 "冲击波病毒+空格+预防"。

习　　题

一、名词解释

1. 计算机网络　　　　2. 网络协议　　　　3. IP 地址

二、填空题

1. 局域网的拓扑结构主要有＿＿＿＿、＿＿＿＿、＿＿＿＿、＿＿＿＿。

2. OSI 参考模型有 7 层：＿＿＿＿、＿＿＿＿、＿＿＿＿、＿＿＿＿、＿＿＿＿、＿＿＿＿和＿＿＿＿。

3. IP 地址按照规模可以分为＿＿＿＿类、＿＿＿＿类和＿＿＿＿类。

4. 双绞线的制作方法中的 T568B 方法，它的线序从左到右依次是＿＿＿＿、＿＿＿＿、＿＿＿＿、＿＿＿＿、＿＿＿＿、＿＿＿＿、＿＿＿＿。

5. 计算机网络的功能主要包括＿＿＿＿、＿＿＿＿、＿＿＿＿。

6. 按地理范围，计算机局域网分为＿＿＿＿、＿＿＿＿和＿＿＿＿。

三、简答题

1. 星型拓扑结构网络的特点有哪些？

2. 常用的浏览器有哪些？

3. 简述双绞线的两种制作方法。

4. 常用的网络互连设备有哪些？

5. 计算机网络发展的阶段有哪些？

第7章
计算机系统维护与安全

在前面的章节中，我们已经学习了计算机系统的基本使用，以及计算机连接互联网络的基本方式。那么，在我们日常使用计算机办公和上网的过程中，如何正常、安全、高效地使用计算机，充分发挥计算机性能？除了正确使用计算机外，还要了解如何进行计算机软硬件系统的维护以及相关的计算机安全方面的知识。

7.1 计算机硬件维护

计算机硬件维护在计算机日常维护中极其重要，对于硬件的使用及提高计算机的运行速度和减少故障的发生起着非常重要作用。

7.1.1 计算机主要部件维护

要使计算机正常工作，对计算机主机的维护是十分重要的。首先要做的就是保持计算机的清洁，其次需要对主机内部的接线进行必要的整理。

主机机箱内部的电子元件中10%的热量会传导到印刷线路板上，如果线路板上的灰尘积累过多，则会影响它的热辐射和热交换性能。因此，一般半年左右要对主机内部部件清洁一次，主要对各种板卡的表面、散热风扇和接插件等部件进行清洁，可用干布或毛刷刷去灰尘，积尘较厚的地方可用棉花蘸无水酒精进行擦拭，但擦拭时注意不要在主机内部有残留物，防止发生短路等故障。还要将硬盘、光驱上的灰尘擦去。擦拭完毕，可用电吹风的低温档把机箱内部吹干。主机外部的机壳要经常进行擦拭，保持外观的干净清洁。

整理主机内部的接线，主要考虑以下几个方面。

（1）避免让接线靠近运动部件，如风扇，防止接线影响风扇的工作，如使风扇转速减慢甚至卡死，引起散热不良，产生更严重的故障。另外，还可以防止产生各种烦人的噪声。

（2）避免让线盖住或压住各种散热部件，影响部件的散热。

（3）信号线不要太长，而且各种信号线不要和电源线绞在一起，避免不必要的电磁干扰。

除了对主机进行维护以外，还要对各主要部件进行单独的维护。

1. 电源的维护

通常对于机箱内的电源，一般用户需要注意对散热、噪声的问题的处理，常见的计算机电源如图7-1所示。

散热：电源内置风扇风量大，能充分扩散电源工作时释放的大量热量，延长电源的使用年限。

然而，风扇最容易吸收周围环境的灰尘，使电源产生的热量无法释放从而烧毁，因此我们需要经常对电源的散热口灰尘进行清理。

2. 硬盘驱动器的维护

硬盘是电脑中的关键部件之一，如图 7-2 所示。硬盘工作起来相对稳定，所以当机器出现问题时，用户往往都会把硬盘故障排除在外，其实不然，目前计算机系统的许多故障都是由于硬盘损坏所引起的，其中有相当一部分是使用者未根据硬盘特点采取切实可行的维护措施所致。因此硬盘在使用中必须加以正确维护，否则会出现故障或缩短使用寿命，甚至殃及所存储的信息，将会给工作带来不可挽回的损失。硬盘在使用中应注意以下问题。

（1）电脑工作时，严禁移动或碰撞机器，因为这样有可能使硬盘磁头和盘片发生碰撞，引起硬盘磁头和盘片损伤。

（2）不要经常对硬盘进行快速格式化，否则会造成读写不可靠，缩短其寿命。完全格式化对硬盘损伤小，但也不宜经常进行。

（3）不要将硬盘放在强磁场旁，以免造成数据丢失。

（4）硬盘在读写数据时，不要突然关机。

（5）要经常备份硬盘中的数据，有时数据的价值要远远高于硬件的价值。

（6）要定期清理磁盘碎片，进行磁盘整理，优化数据结构链。

（7）尽量使用磁盘高速缓存储存程序，减少对磁盘的访问，延长磁盘的寿命。

（8）定期检查与清除病毒，预防病毒破坏硬盘数据。

3. 光驱的维护

光驱是多媒体电脑必不可少的基本配件，如图 7-3 所示。在实际使用中，光驱出故障的时候较多。而平时做好光驱的维护与保养可以减少故障的发生。

图 7-1 计算机电源

图 7-2 硬盘

图 7-3 光驱

（1）注意防震。因为 CD-ROM 驱动器（光驱）光头中的透镜和光电检测器非常脆弱，经不起大的撞击和震动，因此一定要轻拿轻放，防止跌落、碰撞。

（2）注意防尘。CD-ROM 驱动器是靠激光束在盘片信息轨道上的良好聚集和正确检测反射光强度来实现信息拾取的，所以其光学系统对灰尘的敏感性很强。一定要注意工作环境的防尘。在计算机内部安装时要避免计算机电源风扇和系统主板风扇的气流直接吹，以免气流夹带空气中的灰尘通过驱动器时，将污物沉积在透镜和棱镜上，影响驱动器的寿命。

（3）操作时要轻。在托盘上存取盘片时要小心，放置或取出盘片后应及时按键将托盘缩进驱动器内，而不应用手强行将托架推回驱动器内，防止托架的意外损坏。

（4）不用时一定要及时将盘片从驱动器内取出。驱动器所有的部件都在时刻准备读取数据。所以不用时应及时将盘片从驱动器内取出，以降低驱动器机械系统的磨损，减少激光二极管的使用时间，延长光驱的使用寿命。

（5）不要使用质量差的光盘。当 CD-ROM 在读不出劣质光盘的数据时，会自动提高激光头的电流，会造成激光头的过早老化。

（6）在读盘时，不要忽然弹出 CD-ROM 驱动器仓门。当突然弹出仓门或在开机时 CD-ROM 驱动器内有盘片的话，CD-ROM 的忽然停止或转动对激光头都会造成很大的损伤。

4. 液晶显示器的维护

（1）避免进水。要尽量避免在潮湿的环境中使用 LCD 显示器。如果在开机前发现只是屏幕表面有雾气，用软布轻轻擦掉就可以了，如果水分已经进入液晶显示器，那就把液晶显示器放在较温暖的地方，比如说台灯下，将里面的水分逐渐蒸发掉，如果发生屏幕泛潮的情况较严重时，普通用户还是打电话请服务商帮助解决为好。

（2）避免长时间工作。液晶显示器的像素是由许许多多的液晶体构成的，过长时间的连续使用会使晶体老化或烧坏。一般来说，不要使液晶显示器长时间处于开机状态（连续 72 小时以上），在不用的时候，关掉显示器或者运行屏幕保护程序。

（3）避免"硬碰伤"。液晶显示器抗撞击的能力很小，许多晶体和灵敏的电器元件在遭受撞击时会被损坏，使用时应当注意不要被其他器件碰伤。在使用清洁剂的时候也要注意，不要把清洁剂直接喷到屏幕上，它有可能流到屏幕里造成短路，正确的做法是用软布粘上清洁剂轻轻地擦拭屏幕。

（4）正确的清洁方式。清洁液晶显示屏不需要什么专门的溶液或擦布，清水+柔软的无绒毛布或纯棉无绒布就是最好的液晶显示屏清洁工具（不掉屑纸巾也行）。在清洁时可用纯棉无绒布蘸清水然后稍稍拧干，再用微湿的柔软无绒毛湿布对显示屏上的灰尘进行轻轻擦拭（不要用力的挤压显示屏），擦拭时建议从显示屏一方擦到另一方，直到全部擦拭干净为止，不要胡乱挥舞。

5. 键盘的维护

键盘比任何其他设备都容易受到损坏。硬盘和 CD-ROM 安全地呆在 PC 机箱内，显示器则静坐桌上不动，而键盘则在前面时常受到敲击。因此键盘更需要我们的精心呵护，必要的话还得及时或定时地对其进行清洁。

（1）定期对键盘除尘，可用干净的湿布擦拭，灰尘可用吸尘器吸净或压缩空气吹去。必要时可将按键键帽拔出。

（2）键盘操作时不要用力击打键盘，以免损坏。

（3）如果不小心把水倒在了键盘上，立即拔下键盘，用鼠标关机，把键盘翻过去，尽量将液体倒出来，使用吹风机（冷风状态）或风扇对着键盘表面吹将其弄干，让键盘放置 12 小时，最好在阳光下晒干。

（4）不用时，可用罩子罩住键盘，以便防灰、防水。

6. 鼠标的维护

鼠标是电脑必不可少的输入设备。当在屏幕上发现鼠标指针移动不灵时，就应当为鼠标除尘了。对于普通用户来说，鼠标里面的精密器件也容易被破坏，不建议拆开鼠标。平时使用时，如果看到光眼或激光眼有细微的灰尘，只需用清洁布清理，比较严重的可拆开用无水酒精擦拭。

7. CPU

CPU 是计算机的重要处理部件，CPU 的维护主要包括下面几个方面。

（1）现在主流 CPU 运行频率已经够快了，没有必要再超频使用了，CPU 在 75℃ 以下都可以安全工作（通常认为安全工作温度=极限工作温度的 80%）。

（2）说到 CPU，不能不说一下 CPU 风扇，许多用户不太重视它，以为它不过是个风扇，但是它却是 CPU 的保护神，就目前主流 CPU 的发热水平，假设没有 CPU 风扇，CPU 不用几分钟就会被烧毁，所以我们平时应该时常注意 CPU 风扇的运行状况，还要不时清除风扇页片上的灰尘以及给风扇轴承加润滑油。

（3）如果要安装 CPU，注意 CPU 插座是有方向性的，插座上有两个角上各缺一个针脚孔，这与 CPU 是对应的。安装 CPU 散热器，一定要先在 CPU 核心上均匀地涂上一层导热胶，不要涂太厚，以保证散热片和 CPU 核心充分接触，安装时不要用蛮力，以免压坏核心。安装好后，一定要接上风扇电源（主板上有 CPU 风扇的三针或四针电源接口）。

（4）如果 CPU 风扇坏了，换新的时候最好选择正规厂家的风扇，千万不要为了图便宜买没有品质的风扇。

8. 主板

主板是计算机硬件的载体，如图 7-4 所示。有些人在不知道的情况下或者为了省事，常常在开机的情况下把 PS/2 接口的鼠标键盘直接拔下或者插上，其实这很危险，轻则接口坏掉，重则相关芯片或电路板烧毁。普通电脑上，常用的只有 USB 接口和 IEEE 1394 火线接口才支持热插拔（就是可以在开机的情况下进行插拔）。另外，插拔接口应该平行水平面拔出，以防止接口产生物理变形。

9. 内存

内存是用来暂时保存数据的地方，如图 7-5 所示。内存的维护包括下面几个方面。

图 7-4　主板

图 7-5　内存安装

（1）当只需要安装一根内存时，应首选和 CPU 插座接近的内存插座，这样做的好处是：当内存被 CPU 风扇带出的灰尘污染后可以清洁，而插座被污染后却极不易清洁。

（2）关于内存混插问题，在升级内存时，尽量选择和你现有那条相同的内存，不要以为买新的主流内存会使你的计算机性能很多，相反可能出现很多问题。内存混插原则：将低规范、低标准的内存插入第一内存插槽（即 DIMM1）中。

（3）安装内存条，DIMM 槽的两旁都有一个卡齿，当内存缺口对位正确，且插接到位了之后，这两个卡齿应该自动将内存卡住。DDR 内存金手指上只有一个缺口，缺口两边不对称，对应 DIMM 内存插槽上的一个凸棱，所以方向容易确定。而对于以前的 SDR 而言，则有两个缺口，也容易确定方向，不过 SDR 已渐渐淡出市场。拔起内存的时候，也就只需向外搬动两个卡齿，内存即会自动从 DIMM（或 RIMM）槽中脱出。

对于由灰尘引起的内存金手指、显卡氧化层故障，应用橡皮或棉花蘸上酒精清洗，这样就可以清除由氧化造成的污损。

7.1.2　计算机常见故障及处理方法

在实际工作中，计算机有许多故障非常不容易处理。这类故障不容易彻底排查，经常反复出现。例如，有时在对相关部件进行检测时并不能发现问题，测试其性能全部都正常，但是安装在一块使用时就经常出现问题。因此，生活中掌握一些计算机常见故障的处理方法也尤为重要。

1．内存

此类问题经常出现，大概占到 20%还要多。此类问题多数都是因为内存松动或金手指氧化后接触不良所致，解决的方法也非常简单，只要打开机箱，把内存拔出来重新插一遍就可以了。个别严重的或许还要把内存的金手指用橡皮仔细擦洗才能解决问题。

故障原因如下。

（1）内存制作不标准，内存的厚度偏薄，导致内存的金手指与主板上的内存插槽接触不实。

（2）主板上的内存插槽质量低劣，常见于杂牌低档主板。一般只有两个内存插槽，因为质量低劣经常出现内存报警，导致频繁插拔内存，很容易因为内存插反而烧毁内存条或内存插槽；或者是因用力不当导致内存插槽的某个簧片折断或变形，而使该内存插槽报废。

（3）主板严重变形，导致内存条无法插入内存插槽。即使能插入，稍有搬动或振动内存条就会脱落。

（4）装机工作人员在装机时没有配戴手套，直接用手接触内存条，手上的汗液黏附在内存条的金手指上。长时间会导致内存条金手指氧化而接触不良。

（5）计算机工作环境复杂，环境湿度过大，如在湖边或水上，梅雨季节，工厂车间的酸性过大等情况都可能导致计算机过早损坏或报废。

解决方法如下。

（1）对于偶尔开机报警的，只需仔细对机箱除尘，擦洗内存条的金手指，并安装到正确的位置。

（2）对于一两个月出现一次开机报警的，应先更换其他品牌的内存条，检查故障是否消失。如故障依旧，则只能更换其他品牌主板。

（3）对于因使用环境恶劣造成的内存报警，此类问题必须保证机器的正常工作条件，湿度在30%～80%，温度在 15～35℃。

2．显卡

此类问题不是很大，大约占到 5%。故障表现为频繁间断性的开机后显卡驱动程序丢失，进入桌面后只能显示 640×480，16 色模式，必须重装显卡驱动；偶尔开机后虽然主机正常启动，但是显示器没有图像显示。偶尔开机花屏，进入桌面后消失或者是启动后正常，使用一段时间后出现花屏。

故障原因如下。

（1）显卡质量问题。因为显卡做工不良或散热器不良造成显卡芯片过热而损坏，显存部分芯片损坏等都会产生上述的故障现象。

（2）兼容性问题。特别是在不同厂商生产的板卡中，可能会出现兼容性问题，表现出的故障现象多种多样，单独测试主板和显卡均正常，但一起使用就出现问题。

（3）主板 AGP 插槽供电不足所致。这类主要是主板的 AGP 插槽只提供标准电流，而个别显卡的耗电量又超出了 AGP 插槽所能提供的最大电流值，同时显卡又没有提供辅助电源接口，所以就会产生偶尔开机无显示，或者是在工作过程中因显示大型复杂的 3D 游戏时突然死机或黑屏。

解决方法如下。

对于刚购买的机器，如果出现兼容性不好或上述的故障表现时，比较容易处理，直接换新就可以了。如果是在使用几个月以后出现问题，但是在测试中又无法查明时，只能要求电脑公司给予换新或调换其他品牌的产品。

3．硬盘

此类问题也不多见，大约占 3%。故障表现为硬盘数据或部分文件无规律丢失，偶尔开机找不到硬盘等。

故障原因如下。

（1）原来硬盘的相关参数和表面缺陷值都存储在芯片中，但是随着数据量的不断增大，如果还继续使用闪存芯片的话，生产成本会急聚加大。这时生产厂家就把相关数据直接存储在硬盘盘面的隐藏区域中。如果这些区域性能不稳定时，就会造成硬盘上存储的数据无法正常读出等问题。

（2）随着硬盘位密度的加大，硬盘对环境的使用要求也越来越严格，当温度过低时，硬盘不容易启动，就会表现为加电后找不到硬盘。温度过高时，因为硬盘的发热量大，散热不良，会减少硬盘的使用寿命。

（3）主机电源质量差，输出电压波动太大，造成硬盘工作不稳定。或者是硬盘的电源接口有接触不良或有断线的情况，造成供电断续。

解决方法如下。

（1）对于偶尔丢失数据，在排除非病毒所致的原因后，一定要更换新硬盘。因为此类硬盘是本身性能不稳定，会经常丢失数据根本无法正常使用，另一方面就是硬盘的故障表现会随着时间的增加而不断加重，最后会表现为硬盘无法格式化而报废。

（2）对于因为电源问题或电源线问题，需更换电源或使用其他电源接口。

4．显示器

显示器作为计算机主要的输出设备，是人机对话的窗口，其质量的好坏直接关系着使用效果。常见的问题就是出现水波纹或者花屏。遇到这种情况，首先检查一下电脑周边是否存在电磁干扰源，然后更换一块显卡，或者显示器接到另一台电脑上，确认显卡本身没有问题，再调整下刷新频率。仔细检查液晶显示器与显卡同步信号连接的传输线路连接是否正常，或者是否出现了短路、接触不良等问题。排除以上可能的话，建议尽快更换或者送修。

5．电源

故障表现如下。

（1）开机使用正常，但是如果间隔一个小时或更长时间再开机时，鼠标丢失或者是需要多次按下电源开关才能正常开机启动。

（2）偶尔关机后不能立即二次开机。

（3）主机如果不拔下时电插头会无缘无故地自动开机。

（4）计算机启动都正常，但是使用一段时间后容易死机或硬盘出现坏道，内存经常报警之类的问题，但是更换电源后故障消失。

上述几种电源故障多半都是电源故障初期的表现，必须尽早更换电源，避免主板、CPU、硬盘等其他部件的损坏。至于故障的判别只能花上一天或二天的时间到电脑公司进行确认故障的存在。

综上所述几种计算机常见的故障，如果使用者是专业计算机工作者，或者比较了解计算机硬件及工作原理的话，可以自己进行故障处理。对于其他普通用户而言，还是建议大家请电脑厂商的售后工作人员进行维修。

7.1.3　计算机使用注意事项

计算机系统的硬件是由各种电子设备、机电设备等组成的复杂系统，这些设备能否安全可靠的工作与周围的环境条件有着密切的关系。如果环境条件不能满足设备的要求，计算机工作的安全性和可靠性就会大大降低，可能引起数据或程序出错，甚至导致设备的损坏。此外，正确地使用计算机，养成良好的使用习惯，对于减少计算机工作故障以及延长计算机的使用寿命都是十分重要的。

1．计算机的工作环境

计算机的工作环境主要包括：洁净度、湿度、温度、光线、静电、电磁干扰、接地系统和电网环境等方面。

（1）洁净度。计算机的任何部件都需要有一个干净的工作环境，因此，尽量保持计算机工作环境的清洁，对于计算机的安全性和可靠性来说是应当注意的。机箱由于存在散热孔，灰尘会进入机箱而附着在电路板及电子元器件表面，造成散热不畅，严重时甚至会引起短路等故障；键盘、显示器的散热孔、软驱的磁头、光驱的激光头等都很容易受到灰尘的侵入，因此，要注意保持环境的清洁，防止各种细小的纸屑、大头针、曲别针等杂物掉入；防止各种液体流入机器内部，造成故障。有必要采取必要的措施，如定期用刷子、吸尘器等工具清除各部件积累的灰尘。不使用时用防尘罩把计算机罩起来等。

（2）湿度。计算机工作时，相对的空气湿度最好在 30%～70%，存放时的相对湿度也应控制在 10%～80%。过于潮湿的空气容易造成电器件、线路板生锈腐蚀而导致接触不良或短路，磁盘也会发霉而使保存在上面的数据无法使用。而空气过于干燥，则可能引起静电积累，可能会损坏集成电路，使信息丢失，影响程序运行及数据存储。

（3）温度。计算机的大部分设备都是由集成电路以及其他电子元器件构成，而温度的变化会对这些半导体器件、阻容元件、绝缘材料以及磁性存储介质造成各种影响。例如，如果温度过高，使得半导体元器件产生大量的热量，如果不能及时散发出去，将加速元器件的老化，降低工作的稳定性和可靠性，增加故障率；如果温度过低，使得绝缘材料变硬、变脆、强度减弱，漏电的可能性大大增加。计算机中机械传动部分由于热胀冷缩系数的差异，在工作中可能会出现卡死等现象。

计算机理想的工作温度应在 15～30℃范围内，存放计算机的温度也应控制在 5～40℃。为了保证计算机系统不受高温和低温的影响，要采取必要的防护措施，如对计算机系统的发热源（即电源部分和 CPU 部件）要安装噪声小、风力大的排风扇；选取散热效果好、散热孔合理的计算机机箱，以保证将主机芯片所产生的热量顺利地排出，控制计算机工作环境的温度在适当的范围内等。

（4）光线。计算机使用时的光线条件对计算机本身影响并不大，但还是应适当注意，一是如果太阳光直射显示器屏幕，会使显像管过早老化；二是光线条件不好，对使用者来说，容易引起眼睛疲劳。

（5）电磁干扰。磁场对存储设备的影响较大，它可能使磁盘驱动器的动作失灵，引起内存信息丢失、数据处理和显示混乱，甚至会毁掉磁盘上存储的数据。另外，较强的磁场也会使显示器被磁化，引起显示器图像扭曲。

（6）电网环境。我国的家用及一般办公用的交流电源标准电压是 220V，为了使计算机系统可靠、稳定运行，对交流电源供电质量有一定的要求。按规定电网电压的波动度应在标准值的±5%以内，若电网电压的波动在标准值的-20%～+10%，即 176～242V，个人计算机系统也可正常运行，如果波动范围过大，电压太低，计算机无法启动；电压过高，会造成计算机系统的硬件损坏。

（7）接地系统。良好的接地系统能够减少电网供电及计算机本身产生的杂波和干扰，避免造成个人计算机系统数据出错。另外，在闪电和瞬间高压时为故障电流提供回路，保护计算机。

2．养成良好的使用习惯

个人使用习惯对计算机的影响也很大，在日常使用中要注意以下问题。

（1）正常开关机。开机的顺序是，先打开外设（如打印机，扫描仪等）的电源。显示器电源不与主机电源相连的，还要先打开显示器电源，然后再开主机电源。关机顺序相反，先关闭主机电源，再关闭外设电源。其道理是，尽量地减少对主机的损害。因为在主机通电的情况下，关闭外设的瞬间，对主机产生的电压冲击较大。

（2）避免搬动机器。不能在机器工作时搬动机器。当然，即使机器未工作时，也应尽量避免搬动机器，因为过大的振动会对硬盘一类的配件造成损坏。

（3）正常关闭应用程序。关机时必须先关闭所有的程序，再按正常的顺序退出，否则有可能损坏应用程序。

（4）减少系统冷启动。计算机在使用过程中，尽量减少系统冷启动次数。即使必须进行冷启动，也要适当延长开、关机的时间间隔，避免产生反冲电压，减少系统的使用寿命。不能频繁地做开机关机的动作，因为这样对各配件的冲击很大，尤其是对硬盘的损伤更加严重。一般关机后距离下一次开机的时间至少应有 10 秒钟。特别要注意当计算机工作时，应避免进行关机操作。如机器正在读写数据时突然关机，很可能会损坏驱动器（硬盘、软驱等）。

（5）定期除尘。计算机使用一段时间后，应定期清除附着在主板组件、印刷线路板、插座机械部件上的灰尘，以提高系统的散热性能，减少接触电阻和机械摩擦。

7.2 Windows 7 系统管理与维护

计算机在使用的过程中，除了注意硬件和环境等因素的日常维护以外，Windows 操作系统在日常使用的过程中同样也要进行正常的管理和维护。正确的管理和维护好操作系统，能使我们的计算机更加快速、有效地工作。

7.2.1 硬件管理

在使用 Windows 7 的过程中，可能会根据需要购买一些新的硬件设备以增强系统的性能；或者当某些硬件工作不正常时需要检测及调整。这时，可以借助 Windows 7 的设备管理器来查找和解决问题。对于不希望使用的硬件，还可以根据具体情况对其禁用或删除。

1. 安装新硬件

如果购买了新的硬件，并将其插接到主板上并启动计算机后，Windows 7 会自动检测并安装该硬件的驱动程序。但是如果系统中没有与新硬件匹配的驱动程序，则就需要通过硬件自带的驱动程序安装光盘手动安装驱动程序了。这里以安装 PCI 接口的网卡为例，具体操作如下。

（1）在计算机关闭情况下，将网卡插入主板的 PCI 插槽中，一定要与主板紧密接触。

（2）启动计算机并进入 Windows 7 桌面，系统将自动检测出新安装的网卡，并开始安装驱动程序。

（3）安装好驱动程序后，将在通知区域中显示网卡的名称。

（4）如果在系统中未找到合适的驱动程序，则弹出【发现硬件】对话框，询问用户如何处理。

（5）如果希望继续安装该硬件，则可以选择【查找并安装驱动程序软件（推荐）】选项。通过此方法仍然无法自动安装设备的驱动程序时，则可在弹出的窗口中选择【浏览计算机以查找驱动程序软件（高级）】选项，利用计算机中已有驱动程序的备份安装。

（6）在弹出界面中单击【浏览】按钮，查找并选择保存该设备驱动程序的文件夹，单击【确定】按钮返回，单击【下一步】按钮。

（7）如果驱动程序正确无误，则系统会自动安装好该设备，并可以正常使用。

> **提示**　如果是在计算机中使用 USB 接口的即插即用设备，则可以在计算机运行的状态下，将该设备插入到计算机的 USB 接口上，系统将能自动检测出该设备并安装其驱动程序，稍后即可使用该 USB 设备。

2. 查看有问题的硬件

Windows 7 操作系统和以往的 Windows 版本的操作系统一样，也提供了设备管理，使用【设备管理器】可以查看计算机中硬件设备的工作状态及管理硬件，如图 7-6 所示。

如果发现某硬件无法正常使用，这时就应该在【设备管理器】中查看硬件的工作状态了，操作步骤如下。

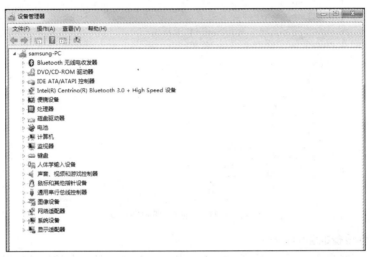

图 7-6　设备管理器

（1）右键单击桌面【计算机】图标，在弹出的菜单中选择【属性】菜单项，弹出【系统】窗口，单击左侧的【设备管理器】链接，如图 7-7 所示。

图 7-7　打开设备管理器

（2）打开【设备管理器】窗口，将自动展开有问题的硬件设备，并且在该硬件前面会有一个黄色的叹号。

（3）双击该设备名称，弹出该设备的属性对话框，单击【常规】选项卡，单击【重新安装驱动程序】按钮，可重新安装该设备的驱动程序，一般可以解决问题。

3. 扫描有改动的硬件设备

如果计算机中的硬件改动过，则可以在【设备管理器】窗口中扫描，来确定硬件的改动情况，操作步骤如下：在【设备管理器】窗口选择【操作】→【扫描检测硬件驱动】命令，如图7-8所示。然后，系统将开始检测硬件的改动情况，如果发现有硬件改动，则将自动安装硬件的驱动程序。

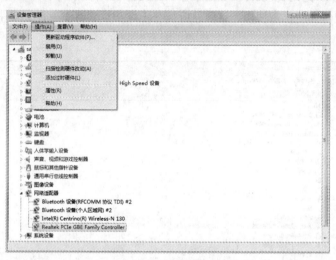

图7-8　选择【扫描检测硬件驱动】

4. 更新硬件设备的驱动程序

很多硬件厂商经常会更新硬件的驱动程序，以解决现有硬件存在的问题或提高硬件性能。更新硬件驱动程序的操作步骤如下：在【设备管理器】窗口中右键单击要更新驱动程序的硬件设备，在弹出的菜单中选择【更新驱动程序软件】命令，如图7-9所示。然后弹出【更新驱动程序软件】对话框，选择更新驱动程序的方式，以后的操作与前面介绍的安装新硬件的驱动程序的操作是一样的，在此不再阐述。

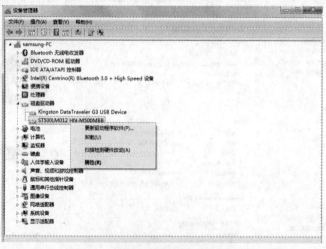

图7-9　选择【更新驱动程序软件】

5. 禁用和删除硬件设备

对于暂时不适用的硬件，用户可以将其禁用；而对于长时间不使用的硬件，可将其从计算机中删除，禁用和删除硬件的操作方法如下：在【设备管理器】窗口右键单击要禁用的设备，在弹出的菜单中选择【禁用】命令，然后弹出确认对话框，单击【是】按钮，即可将该设备禁用；如果要删除某个硬件，则可以右键单击要删除的硬件，在弹出的菜单中选择【卸载】，然后弹出【确认设备卸载】对话框，单击【确定】按钮。

7.2.2　软件管理

虽然 Windows 7 操作系统提供了强大的功能，可以满足日常娱乐和学习的基本要求。但是，有时用户会有些特殊的需要，会使用到专业的软件。因此，应该掌握在 Windows 7 操作系统中安装软件和管理软件的方法。

1. 安装软件

在安装软件前，至少应该清楚了解以下两点：当前系统的性能是否可以满足软件的正常运行；这个程序是否与 Windows 7 操作系统兼容。下面以安装 Office 2007 为例，介绍软件的安装过程，操作方法如下。

（1）将 Office 2007 安装光盘放入到计算机的光驱中，稍后自动弹出安装界面，如图 7-10 所示。输入正确的序列号，然后单击【继续】按钮。

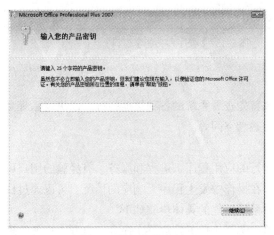

图 7-10　输入产品序列

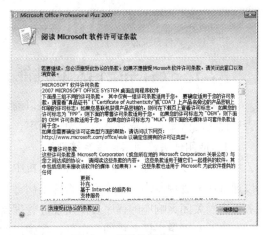

图 7-11　接受协议条款

（2）在进入的界面中选中【我接受此协议的条款】复选框，然后单击【继续】按钮，如图 7-11 所示。

（3）进入选择所需安装窗口，可单击【升级】按钮或【自定义】按钮。如果选择自定义安装，用户可以选择具体安装的 Office 组件、安装的位置等，设置完成后，单击【立即安装】按钮。

（4）安装程序开始安装，并显示安装进度。过一段时间后，程序安装完毕，单击【关闭】按钮，即可完成安装。

2. 卸载不使用的软件

对于长期不使用的软件，可以考虑将其卸载，以节省硬盘空间。卸载程序一般有两种方法：使用软件自带的卸载程序或在【程序和功能】窗口中卸载。

（1）使用软件自带的卸载程序。一般的软件在安装后都会在【开始】菜单中找到该程序的卸载程序，如图 7-12 所示为软件的卸载程序，选择该命令，即可将该软件从计算机中卸载。

（2）在【程序和功能】窗口中进行卸载。如果在【开始】菜单中没有找到软件的卸载程序，则可以在【控制面板】窗口中双击【程序功能】。打开【程序和功能】窗口，如图 7-13 所示。单击要卸载的程序，然后单击工具栏中的【卸载】按钮，即可将该程序卸载。

图 7-12　软件自带卸载程序

图 7-13　【程序和功能】窗口

7.2.3　查看系统信息和性能

在对 Windows 7 操作系统进行优化以前，应该首先查看系统的各项性能指标，以决定系统是否有优化的必要。如查看系统资源占用率、可用的磁盘空间等。

1. 使用任务管理器查看系统性能

用户可以在任务管理器中查看计算机中当前运行的应用程序、进程和服务，有经验的用户可以通过任务管理器辨别计算机是否感染病毒。如果在操作中发生程序无响应的情况，可以通过任务管理器关闭无响应的程序。使用任务管理器查看系统性能的具体步骤如下。

（1）右键单击任务栏的空白处，在弹出的菜单中选择【任务管理器】命令，打开【任务管理器】窗口。

（2）单击【应用程序】选项卡，其中显示了当前系统中正在运行的应用程序名称及状态，如果某个程序没有响应，则可单击该程序，然后单击【结束任务】按钮，即可将该应用程序关闭，如图 7-14 所示。

（3）单击【性能】选项卡，在该选项卡中可查看计算机中 CPU 和内存的性能信息，如图 7-15 所示。

（4）单击【资源监视器】按钮，可以打开【资源监视器】窗口，在该窗口中可以查看 CPU、磁盘、网络和内存的信息，单击每个名称的标签，将在其下的下拉列表中显示其详细信息。

（5）在【Windows 任务管理器】中的其他选项卡中可以分别查看当前运行的进程、启动的系统服务以及联网状况和登录的用户等信息。

图 7-14　【应用程序】选项卡

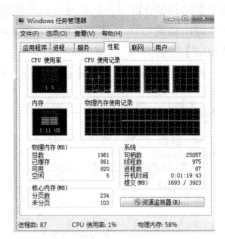

图 7-15　【性能】选项卡

2.　查看系统详细信息

为了决定是否对系统进行优化，可以全面地查看系统的各个性能指标，在 Windows 7 操作系统中可以通过【系统信息】窗口查看系统的整体性能以及各个部分的性能。打开【系统信息】窗口的具体操作如下：单击桌面左下角的　按钮，在弹出的菜单中选择【所有程序】→【附件】→【系统工具】→【系统信息】命令，打开【系统信息】窗口，其中显示了检测到的系统的整体性能信息。

7.2.4　磁盘管理

计算机中所有的数据都保存在磁盘中，磁盘性能的好坏直接决定了数据交换的速度。为了系统的运行速度，应该定期对磁盘进行优化和维护。

1.　整理磁盘碎片

在使用磁盘的过程中，由于不断地删除、添加文件，经过一段时间后，就会形成一些物理位置不连续的文件，这就是磁盘碎片。【磁盘碎片整理程序】可以清除磁盘上的碎片，重新整理文件，将每个文件存储在连续的簇块中，并且将最常用的程序移到访问时间最短的磁盘位置，以加快程序的启动速度。打开【磁盘碎片整理程序】窗口的具体操作如下。

（1）单击桌面左下角的　按钮，在弹出的菜单中执行【所有程序】→【附件】→【系统工具】→【磁盘碎片整理程序】命令。

（2）打开【磁盘碎片整理程序】窗口，单击【立即进行碎片整理】按钮，系统将自动开始对磁盘碎片进行整理。

2.　清理磁盘垃圾文件

Windows 7 操作系统在运行时使用特定操作的文件，然后将这些文件保留在为临时文件指派的文件夹中，或者用户可能已经安装了现在不再使用的 Windows 组件以及包括硬盘驱动器空间耗尽在内的多种原因，从而需要在不损害任何程序的前提下，减少磁盘中的文件数或创建更多的空闲空间，这时就需要进行磁盘清理。磁盘清理方法如下。

（1）单击桌面左下角的　按钮，在弹出的菜单中执行【所有程序】→【附件】→【系统工具】→【磁盘清理】命令。

（2）弹出【磁盘清理：驱动器选择】对话框，选择要清理的磁盘分区。然后单击【确定】按钮，系统对选择的分区进行扫描并计算可释放的空间。

（3）弹出如图 7-16 所示对话框，在列表中选择要清理的文件，单击【清理系统文件】，然后单击【确定】按钮。

（4）弹出如图 7-17 所示的【磁盘清理】对话框，单击【删除文件】按钮。

图 7-16　选择清理文件类型

图 7-17　确认删除

3. 格式化磁盘

格式化是指将一张空白硬盘划分成一个个小的区域并为其编号，以便计算机可以在磁盘中正确保存和读取各种数据。如果发现计算机的某个磁盘分区中有可能有病毒，则可以将该磁盘分区格式化。格式化后该磁盘分区中的病毒一般都可以清除，但是其他所有文件也将不复存在。因此，在确定格式化磁盘之前，应该先将重要文件在其他位置进行备份。格式化磁盘的具体操作如下。

（1）打开【计算机】窗口，右键单击要格式化的磁盘分区，在弹出的菜单中选择【格式化】命令。

（2）分别在【容量】、【文件系统】和【分配单元大小】下拉列表中选择相应的参数，还可以在【卷标】文本框中为磁盘分区输入一个容易记忆的名称，然后单击【开始】按钮，即可开始对该分区进行格式化。

7.2.5　Windows 注册表管理

注册表编辑器是面向高级用户的工具。它用于查看和更改系统注册表中的设置，系统注册表包含有关计算机如何运行的信息。当对计算机进行更改（如安装新程序、创建用户配置文件或添加新硬件）时，Windows 会参考并更新该信息。使用注册表编辑器可以查看注册表文件夹、文件以及每个注册表文件的设置。

正常情况下，不需要更改注册表。注册表包含对计算机很重要的复杂的系统信息，对计算机的注册表更改不正确可能会使计算机无法操作。但是，损坏的注册表文件可能需要更改。强烈建议在进行任何更改之前备份注册表，并且只能更改注册表中理解的值或者在指导下进行更改。

1. 启动注册表编辑器

启动注册表编辑器：单击桌面左下角的　　按钮，在弹出菜单的搜索框中输入 regedit 命令，然后按 Enter 键即可，如图 7-18 所示。

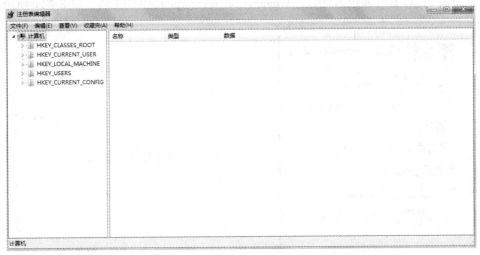

图 7-18　Windows 注册表

2. 导出/导入注册表

注册表对于系统的稳定性起着至关重要的作用，如果注册表由于误操作或被病毒破坏，将会影响系统的稳定性。因此，用户应定期导出注册表数据信息，当系统出现问题时可以将其导入，以修复注册表故障。导入/导出注册表的具体操作如下。

（1）在注册表编辑器界面单击【文件】菜单中的【导出】命令，弹出【导出注册表文件】对话框，选择注册表文件导出的位置，然后在【文件名】文本框中输入导出的名称，单击【保存】按钮，即可导出注册表文件。

（2）当系统出现问题时，可以将注册表文件导入，在注册表编辑器界面单击【文件】菜单中的【导入】命令，弹出【导入注册表文件】对话框，选择需要导入的文件，然后单击【打开】按钮，即可导入注册表文件。

7.2.6　Windows 系统维护

系统维护的目的是为了提高操作系统性能，使操作系统更加平稳、快速地工作。具体可以从清理硬盘中存在的无用垃圾文件、应用程序维护以及补丁升级等方面入手。

1. 清理临时文件

Windows 操作系统为了提供更好的性能，往往会采用建立临时文件的方式加速数据的存取。但是这些临时文件没有定期清理，那么硬盘中许多空间就会被悄悄占用，而且还会影响整体系统的性能，所以定期对临时文件进行清理是非常有必要的。Windows 操作系统临时文件目录为 "C:\Users\Username\AppData\ Local\ Temp"。当我们安装软件时就会在这里残留下一些临时文件，或者由于某些程序没有正常关闭，也会导致这些文件无法删除，此时就需要手动将其删除。

2. 清除 Internet 残留文件

我们上网浏览时，硬盘中就会残留下和站点相关的临时文件。日积月累，这些文件就会占据大量的硬盘空间，要把无用的 Internet 残留文件清理出硬盘，只要在 IE 浏览器中选择【工具】→【Internet 选项】命令，在弹出的对话框中选择【常规】选项卡，在 "Internet 临时文件" 区域中单击【删除】按钮，就会弹出如图 7-19 所示对话框。根据情况进行相应选项的删除就可以了。这里强调一下，Window7 操作系统内置的是 Windows Internet Explorer 9 浏览器，如图 7-20 所示。

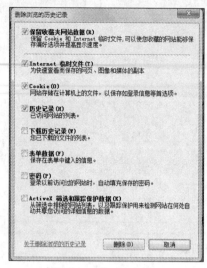

图 7-19　临时文件删除

图 7-20　IE 9 浏览器

3. 补丁升级

系统维护除了对系统内部的文件进行整理外，就是给系统打补丁。每隔一定时间，微软会发布其操作系统的修正补丁程序。实际上，我们在使用计算机过程中也的确会遇到各种稀奇古怪的问题，这些问题有时并不都是硬件原因或使用操作不当造成的，有些是因为软件本身的缺陷所致。为此软件厂商往往会推出一系列补丁程序来加以解决。那么想让计算机运行得更加稳定、更加安全可以通过系统升级的方式来实现。在 Windows 系统中会出现各种各样的漏洞，微软的补丁就是为了弥补这些漏洞，作为产品的售后服务而产生的。

Windows Anytime Upgrade 是将当前版本的 Windows 7 快速升级到其他版本的 Windows 7 以获取更多功能的方法。使用 Windows Anytime Upgrade 只能从某个版本 Windows 7 升级到其他版本的 Windows 7。它不允许从以前版本的 Windows 升级到 Windows 7。用户可以在网上或电子商店中获取 Windows Anytime Upgrade 密钥，然后可以在 Windows Anytime Upgrade 过程中使用该升级密钥，将当前运行已激活的 Windows 7 副本的计算机升级到其他版本的 Windows 7。

用户可以通过系统的升级程序即 Windows Update 来实现安装补丁的功能，Windows Update 是 Windows 的联机扩展功能，连上 Internet，然后单击 Windows Anytime Upgrade，浏览器会自动弹出并将你带到升级站点。这个站点将检查你的 Windows 组件并列出现有的全部升级。选择进行快速或自定义更新，之后这些升级将被下载并安装到你的计算机上。

有些补丁程序使用之后，会提示用户重新启动计算机，如果不重启则可能会造成补丁程序不起作用。因此，建议根据系统的提示在安装完毕补丁程序之后马上重启机器测试一下，看看系统是否稳定，程序是否可以正常运行。并且要注意的是，Windows Anytime Upgrade 只允许从 32 位版本升级到 32 位版本，或者从 64 位版本升级到 64 位版本。例如，不能使用 Windows Anytime Upgrade 从 32 位版本升级到 64 位版本。

7.2.7　Windows 7 系统优化管理

为了更好地发挥计算机的性能，在日常操作过程中也要养成良好的习惯，这对计算机整体性能的提升作用是不可忽视的。

1. 关闭暂时不用的程序和服务

关闭暂时不使用的程序可以节省系统资源。同时 Windows 7 中提供的大量服务虽然占据了许多系统内存，也许其中很多完全用不上，但考虑到大多数用户并不明白每一项服务的含义，所以不推荐这一项给普通用户使用。但如果你是高级用户也完全能够明白 Windows 服务项的作用，那就可以调出 Windows 服务项管理窗口逐项检查，关闭其中一些自己从来不用的以提高系统性能。操作步骤：【开始】→【控制面板】→【系统和安全】→【管理工具】→【服务】，如图 7-21 所示。

图 7-21　服务窗口

2. 减少系统自加载程序

自加载程序多了，既影响系统启动速度，又占用各项资源，因此，要取消不必要的自加载程序。方法如下。

（1）查看【开始】→【程序】→【启动】，在弹出的启动程序列表菜单中鼠标右键单击需删除的程序名，再在弹出的快捷菜单中单击【删除】。

（2）在【开始】→【开始搜索】中输入 msconfig，单击【确定】按钮，在出现的【系统配置实用程序】界面中选择【启动】选项卡，对无需加载的程序将其前面的"√"取掉，如迅雷等应用程序完全可以在需要时再运行的程序，单击【应用】或【确定】按钮，然后重新启动计算机即可，如图 7-22 所示。

图 7-22　开机启动项设置

（3）选择【引导】选项卡，然后单击【高级选项】，勾选"处理器数"和"最大内存"，看到你的电脑可选项中有多大你就可以选多大，这里所用电脑最大就支持将处理器调整到 4，可能你的机器会更高（处理器数目通常是 2，4，8），如图 7-23 所示。

图 7-23　加速启动设置

3．删去多余的 DLL 文件

在 Windows 操作系统的 System 子目录里有许多 DLL 文件，这些文件可能被许多文件共享，也有的根本毫无用处。为了不占用硬盘空间和提高启动运行速度，应该将这些无用的文件删除。但为了防止误删除文件，特别是重要的核心链接文件，可利用工具软件（如"超级兔子"或"Windows 优化大师"）对无用的 DLL 文件进行删除，并防止误删除文件。

4．整理、优化注册表

Windows 在开机启动后，系统要读取注册表里的相应资料并暂存于 RAM 中，这个过程花费了 Windows 开机的大部分时间。此外，庞大的注册表还影响系统的稳定。因此，整理、优化注册表十分必要。可以使用 Windows 优化大师等软件对注册表进行优化。

5．经常维护系统

计算机随着系统安装的游戏、软件的增多，用户数据、资料的增加，运行速度会越来越慢，系统可用资源也会越来越少。因此，最好每隔一段时间对计算机进行一次全面的维护。例如，结束不必要的进程，定期清理临时文件和缓存等。

6．减少桌面上快捷方式图标

快捷方式图标和开始菜单中项目消耗大量的 GDI 资源以及 USER 资源，因此，可以通过尽量减少桌面快捷方式图标和保持一个整洁有序简明的开始菜单来节约资源。

7.2.8　Windows 7 系统备份和还原

在系统维护中，备份是一项必不可少的日常工作，如今硬盘容量是越来越大，传输的速度也是越来越快，可安全性与可靠性却没有多大的改进，硬盘上经常会出现一些坏道，而保存在硬盘上的数据也就被破坏掉。同时，由于计算机病毒的侵扰，使计算机系统无法正常运行。因此，系统的备份与恢复对于保障系统稳定运行就显得尤为重要了。

Windows 7 操作系统自带了备份和还原功能，以帮助用户保护好自己的数据和系统。选择【控制面板】→【备份和还原】，打开设置界面，如图 7-24 所示。在此窗口下可以创建系统备份镜像文件、系统恢复光盘以及数据备份功能。如果想要恢复数据，可以单击【还原我的文件】按钮，然后选择要恢复的数据，如图 7-25 所示。

图 7-24　系统备份和还原

图 7-25　数据还原

系统映像备份是 Windows 系统备份中最彻底的备份，这也是系统管理员必须要做的一项工作。其实，做系统映像备份不仅是基于有备无患的考虑，也是为了便于在局域网中快速部署系统的需要。在 Windows 7 中提供了专门的系统映像备份工具，因此我们不需要借助第三方工具就可以轻易实现系统映像的备份。

同样，在 Windows 7 的备份和还原中心窗口中，单击左侧窗格中的创建系统映像链接，可启动创建系统映像向导。出于安全考虑，建议不要将系统映像保存在与系统同一磁盘上，因为如果此磁盘出现故障，那么系统将无法从映像中恢复。因此，可将系统映像保存在 DVD 盘中，或者保存在网络上的某个位置。

系统错误甚至崩溃在所难免，有一个修复光盘往往能够让系统起死回生，在 Windows 7 中，我们可用系统提供的工具创建一个系统修复光盘。在 Windows 7 的备份和还原中心窗口中，单击左侧窗格中的创建系统修复光盘链接，可启动创建系统修复光盘向导，根据向导可轻松创建一张系统修复盘。可以看到光盘上有 Winre.wim 和 boot.sdi 这两个关键文件，负责系统的引导和修复。用系统修复光盘引导系统其最终效果和 Windows 7 自带的系统修复完全一样。不过，系统修复光盘的使用范围更广。当计算机无法正常启动的时候，修复光盘就派上用场了。

7.3 计算机病毒及防治

随着计算机技术的不断发展和进步，计算机技术的应用范围愈加广泛，而计算机病毒的表现形式和破坏作用愈加多样化。如何保护计算机数据的安全，保护计算机系统的正常运行，防止计算机病毒的干扰和破坏，已成为当今计算机研究人员和应用人员所面临的重要课题。

7.3.1 计算机病毒的概述

计算机病毒（Computer Virus）在《中华人民共和国计算机信息系统安全保护条例》中被明确定义，病毒指"编制者在计算机程序中插入的破坏计算机功能或者破坏数据，影响计算机使用并且能够自我复制的一组计算机指令或者程序代码"。与医学上的"病毒"不同，计算机病毒不是天然存在的，是某些人利用计算机软件和硬件所固有的脆弱性编制的一组指令集或程序代码。它能通过某种途径潜伏在计算机的存储介质（或程序）里，当达到某种条件时即被激活，通过修改其他程序的方法将自己的精确拷贝或者可能演化的形式放入其他程序中，从而感染其他程序，对计算机资源进行破坏，所谓的病毒就是人为造成的，对其他用户的危害性很大。具有破坏性、传染性、控制性、隐蔽性、潜伏性和不可预见性等特点。其主要的产生过程大体可以分为：程序设计→传播→潜伏→触发→运行→实行攻击。产生的原因有如下几种。

（1）计算机专业人员和业余爱好者的恶作剧、寻开心制造出的病毒，例如"圆点"病毒。

（2）软件公司及用户为保护自己的软件被非法复制而采取的报复性惩罚措施。

（3）旨在攻击和摧毁计算机信息系统和计算机系统而制造的病毒，就是蓄意进行破坏。

（4）用于研究或有目的而设计的程序，由于某种原因失去控制或产生了意想不到的效果。

病毒可以分别按照传染方式、连接方式和破坏性分为多种。

1. 计算机病毒的分类

（1）病毒按传染方式分类。

引导区型病毒

引导区型病毒是20世纪90年代中期以前最流行的病毒类型，主要通过软盘在DOS里传播。软盘感染引导区型病毒后，病毒隐藏在软盘中的引导区，使得其可以在系统文件装入内存之前先进入内存，从而获得对DOS的控制权，并进一步侵染用户硬盘中的"主引导记录"。一旦硬盘中的引导区被病毒侵染，病毒就试图侵染每一个插入计算机从事访问的软盘的引导区，造成病毒的传播和扩散。如"米氏病毒"就属于引导区型病毒。

文件型病毒

文件型病毒一般只传染磁盘上的可执行文件（COM，EXE）。在用户调用染毒的可执行文件时，病毒首先被运行，然后病毒驻留内存伺机传染其他文件或直接传染其他文件。其特点是附着于正常程序文件，成为程序文件的一个外壳或部件。这是较为常见的传染方式。

混合型病毒

混合型病毒兼有以上两种病毒的特点，既感染引导区又感染文件，因此扩大了这种病毒的传染途径，如1997年国内流行较广的"TPVO-3783（SPY）"病毒。

宏病毒

宏病毒通常是指用Visual Basic语言编写的病毒程序，是寄生在Microsoft Office文档上的宏代码。宏病毒同其他类型的病毒不同，它对操作系统的依赖性很低，通过电子邮件、软盘、Web文件下载、文件传输等途径迅速地得到蔓延，成为计算机病毒历史上发展最快的病毒。如"W97M.Maike"等就是宏病毒。

（2）病毒按其连接方式分类。

源码病毒

源码病毒较为少见，亦难以编写。因为它要攻击高级语言编写的源程序，在源程序编译之前插入其中，并随源程序一起编译、连接成可执行文件。此时刚刚生成的可执行文件便已经带毒了。

入侵型病毒

入侵型病毒可用自身代替正常程序中的部分模块或堆栈区。因此这类病毒只攻击某些特定程序，针对性强。一般情况下也难以被发现，清除起来也较困难。

操作系统病毒

操作系统病毒可用其自身部分加入或替代操作系统的部分功能。因其直接感染操作系统，这类病毒的危害性也较大。

外壳病毒

外壳病毒将自身附在正常程序的开头或结尾，相当于给正常程序加了个外壳。大部分的文件型病毒都属于这一类。

（3）病毒按其破坏性分类。

良性病毒

良性病毒入侵的目的不是破坏系统，只是发出某种声音，或出现一些提示，除了占用一定的硬盘空间和 CPU 处理时间外，别无其他坏处。如一些木马病毒程序也是这样，只是想窃取你电脑中的一些通信信息，如密码、IP 地址等，以备有需要时用。

恶性病毒

恶性病毒就是对系统造成危害，当它们传染时会引起无法预料的和灾难性的破坏作用，计算机会出现死机、系统崩溃、删除普通程序或系统文件，破坏系统配置导致系统死机、崩溃、无法重启等症状。

计算机病毒的种类虽多，但对病毒代码进行分析、比较可看出，它们的主要结构是类似的，有其共同特点。整个病毒代码虽短小，但也包含 3 部分：引导部分，传染部分，表现部分。

引导部分的作用是将病毒主体加载到内存，为传染部分做准备。

传染部分的作用是将病毒代码复制到传染目标上去。不同类型的病毒在传染方式、传染条件上各有不同。

表现部分是病毒间差异最大的部分，前两个部分也是为这部分服务的。大部分的病毒都是有一定条件才会触发其表现部分的。如以时钟、计数器作为触发条件的或用键盘输入特定字符来触发的。

2．计算机病毒的破坏作用

计算机病毒首先是一组程序，或者说是一段可执行的编码集合，它以影响甚至破坏计算机系统或者用户的数据为目的，同时能够在计算机系统内部进行自我繁殖和生存，并通过系统的数据共享进行传染。对于计算机系统具有如下的破坏作用。

（1）攻击系统数据区。攻击部位包括：硬盘主引寻扇区、Boot 扇区、FAT 表、文件目录。一般来说，攻击系统数据区的病毒是恶性病毒，受损的数据不易恢复。

（2）攻击文件。病毒对文件的攻击方式很多，可列举如下：删除、改名、替换内容、丢失部分程序代码、内容颠倒、写入时间空白、变碎片、假冒文件、丢失文件簇、丢失数据文件。

（3）攻击内存。内存是计算机的重要资源，也是病毒的攻击目标。病毒额外地占用和消耗系统的内存资源，可以导致一些大程序受阻。病毒攻击内存的方式如下：占用大量内存、改变内存总量、禁止分配内存、蚕食内存。

（4）干扰系统运行。病毒会干扰系统的正常运行，以此作为自己的破坏行为。如不执行命令、干扰内部命令的执行、虚假报警、打不开文件、内部栈溢出、占用特殊数据区、换现行盘、时钟倒转、重启动、死机、强制游戏、扰乱串并行口。

（5）速度下降。病毒激活时，其内部的时间延迟程序启动。在时钟中纳入了时间的循环计数，迫使计算机空转，计算机速度明显下降。

（6）攻击磁盘。攻击磁盘数据、不写盘、写操作变读操作、写盘时丢字节。

（7）扰乱屏幕显示。病毒扰乱屏幕显示的方式很多，可列举如下：字符跌落、环绕、倒置、显示前一屏、光标下跌、滚屏、抖动、乱写、吃字符等。

（8）键盘。病毒干扰键盘操作有下述方式：响铃、封锁键盘、换字、抹掉缓存区字符、重复、输入紊乱等。

（9）攻击 CMOS。在机器的 CMOS 区中保存着系统的重要数据。例如，系统时钟、磁盘类型、内存容量等，并具有校验和。病毒激活时，能够对 CMOS 区进行写入动作，破坏系统 CMOS 中的数据。

（10）干扰打印机。假报警、间断性打印、更换字符。

3. 计算机病毒的传播途径

计算机病毒的主要传播途径有以下几种。

（1）光盘传播。光盘因为容量大，存储了大量的可执行文件，大量的病毒就有可能藏身于光盘，对只读式光盘，不能进行写操作，因此光盘上的病毒不能清除。

（2）硬盘传播。由于带病毒的硬盘在本地或移到其他地方使用、维修等，将干净的硬盘传染并再扩散。

（3）BBS 传播。BBS 是由计算机爱好者自发组织的通信站点，用户可以在 BBS 上进行文件交换。由于 BBS 站一般没有严格的安全管理，亦无任何限制，这样就给一些病毒程序编写者提供了传播病毒的场所。

（4）U 盘传播。随着 U 盘的普及，U 盘已成为病毒和恶意木马程序传播的主要途径之一。例如，"熊猫烧香"、"U 盘破坏者"等，主要是依赖微软操作系统 Windows 的自动运行功能，使得计算机用户在双击打开 U 盘或是计算机系统中某个磁盘的时候，自动执行病毒或木马程序，进而感染计算机系统。

（5）网络传播。随着 Internet 的风靡，给病毒的传播又增加了新的途径。Internet 带来两种不同的安全威胁，一种威胁来自文件下载，这些被浏览的或是通过 FTP 下载的文件中可能存在病毒；另一种威胁来自电子邮件。大多数 Internet 邮件系统提供了在网络间传送附带格式化文档邮件的功能，因此，遭受病毒的文档或文件就可能通过网关和邮件服务器涌入企业网络。

7.3.2　病毒与木马的区别

木马病毒：严格意义上说，木马跟病毒是有一定的区别的，计算机木马是一种后门程序，常被黑客用作控制远程计算机的工具，木马必须在客户端执行，本身没有自我复制能力，而病毒最主要的特征是自我复制能力。目前多数网络病毒都具有木马特征，被称之为木马病毒。

1. 木马的来历

计算机木马是一种后门程序，常被黑客用作控制远程计算机的工具。英文名："Trojan"，直译为"特洛伊"。木马这个词来源于一个古老的故事：相传古希腊战争中，希腊人使用了计策，利用装有许多士兵的木马潜入敌人的城中，一举夺得了战争的胜利。这就是木马的来历。

2. 木马的工作原理

计算机木马一般由两部分组成，控制端和服务端，也就是常用的 C/S（Control/ Server）模式。

服务端（S 端），远程计算机运行。一旦执行成功就可以被控制或者造成其他的破坏，这就要看种木马的人怎么想和木马本身的功能。在早期的 DOS 中，则依靠 DOS 终端和系统功能调用来实现，服务段设置哪些控制视编程者的需要，各不相同。

控制端（C 端）也叫客户端，客户端程序主要是配套服务段端程序的功能，通过网络向服务段发布控制指令，控制段运行在本地计算机。

3. 木马的传播途径

（1）通过电了邮件的附件传播。这是最常见，也是最有效的一种方式，人部分病毒（特别是蠕虫病毒）都用此方式传播。首先，木马传播者对木马进行伪装，方法很多，如变形、压缩、脱壳、捆绑、取双后缀名等，使其具有很大的迷惑性。一般的做法是先在本地机器将木马伪装，再使用杀毒程序将伪装后的木马查杀测试，如果不能被查到就说明伪装成功。然后利用一些捆绑软件把伪装后的木马藏到邮件中发送出去。

（2）通过下载文件传播。从网上下载的文件，即使大的门户网站也不能保证任何时候它的文件都安全，一些个人主页、小网站等就更不用说了。下载文件传播方式一般有两种，一种是直接把下载链接指向木马程序，也就是说你下载的并不是你需要的文件；另一种是采用捆绑方式，将木马捆绑到你需要下载的文件中。

（3）通过网页传播。大家都知道很多 VBS 脚本病毒就是通过网页传播的，木马也不例外。网页内如果包含了某些恶意代码，使得 IE 自动下载并执行某一木马程序。这样你在不知不觉中就被人种上了木马。顺便说一句，很多人在访问网页后，IE 设置被修改甚至被锁定，也是网页上用脚本语言编写的恶意代码作怪。

（4）通过聊天工具传播。目前，QQ、ICQ、MSN、EPH 等网络聊天工具盛行，而这些工具都具备文件传输功能，不怀好意者很容易利用对方的信任传播木马和病毒文件。

7.3.3　计算机病毒防范

掌握了病毒和木马的特征以及传播途径后，如何才能有效地防止计算机病毒木马，以避免造成不必要的破坏，减少用户的损失呢？

计算机病毒的防治要从防毒、查毒、杀毒 3 方面来进行；系统对于计算机病毒的实际防治能力和效果也要从防毒能力、查毒能力和杀毒能力 3 方面来评判。

防毒能力是指预防病毒侵入计算机系统的能力。通过采取防毒措施，应可以准确地、实时地监测预警经由光盘、U 盘、硬盘不同目录之间、局域网、因特网或其他形式的文件下载等多种方式进行的传输；能够在病毒侵入系统时发出警报，记录携带病毒的文件，及时清除其中的病毒；对网络而言，能够向网络管理员发送关于病毒入侵的信息，记录病毒入侵的工作站，必要时还要能够注销工作站，隔离病毒源。

查毒能力是指发现和追踪病毒来源的能力。通过查毒应该能准确地发现计算机系统是否感染有病毒，并准确查找出病毒的来源，给出统计报告；查解病毒的能力应由查毒率和误报率来评判。

杀毒能力是指从感染对象中清除病毒，恢复被病毒感染前的原始信息的能力；解毒能力应用解毒率来评判。

此外，在计算机的日常使用中应该注意以下几点问题：

（1）系统启动盘要专用，并且加上写保护，防止病毒侵入；

（2）不要乱用来历不明的U盘、软件等，也不要使用非法复制或解密的软件；

（3）对于重要的系统盘、数据盘以及重要信息要经常备份，以使系统或数据感染病毒后能及时得到有效恢复；

（4）对于外来的软硬件要养成先检测病毒，后使用的习惯；

（5）对于带有硬盘的机器最好做到专机专用或专人专机，并定期进行病毒检测；

（6）在计算机中安装病毒实时检测程序，时刻监视系统的异常活动；

（7）网络上的计算机用户应遵守网络软件的使用规定，不在网络上随意使用外来的软件，不随意下载不安全的软件。

7.3.4　Windows Defender

Windows Defender 是防御间谍软件和其他不需要的软件的第一道防线。在 Windows 7 中，该功能更加易于使用，具有更加简便的通知方式、更多扫描选项，同时降低了对计算机性能的影响。借助一项名为"清理系统"的新功能，只需单击一下即可清除所有可疑软件，而且 Windows Defender 现在已成为操作中心的一部分，该操作中心操作简便，可确保您的电脑正常运行。通过【控制面板】→【Windows Defender】打开设置界面，如图 7-26 所示。

图 7-26　Windows Defender

Windows Defender 是 Windows 附带的一种反间谍软件，当它打开时会自动运行。使用反间谍软件可帮助保护您的计算机免受间谍软件和其他可能不需要的软件的侵扰。当连接到 Internet 时间谍软件可能会在您不知道的情况下安装到您的计算机上，并且当您使用 CD、DVD 或其他可移动媒体安装某些程序时，间谍软件可能会感染您的计算机。间谍软件并非仅在安装后才能运行，它还会被编程为在意外时间运行。

Windows Defender 提供以下两种方法帮助防止间谍软件感染计算机。

实时保护：Windows Defender 会在间谍软件尝试将自己安装到计算机上并在计算机上运行时向您发出警告。如果程序试图更改重要的 Windows 设置，它也会发出警报。

扫描选项：可以使用 Windows Defender 扫描可能已安装到计算机上的间谍软件，定期计划扫描，还可以自动删除扫描过程中检测到的任何恶意软件。如图 7-27 所示显示 Windows Defender 扫描过程。

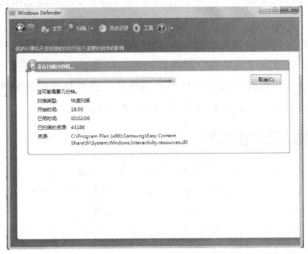

图 7-27　扫描间谍软件

使用 Windows Defender 时，更新"定义"非常重要。定义是一些文件，它们就像一本不断更新的有关潜在软件威胁的百科全书。Windows Defender 确定检测到的软件是间谍软件或其他可能不需要的软件时，使用这些定义来警告您潜在的风险。为了帮助您保持定义为最新，Windows Defender 与 Windows Update 一起运行，以便在发布新定义时自动进行安装。还可将 Windows Defender 设置为在扫描之前联机检查更新的定义。

7.4　网络威胁与防范

网络的发展的确给我们的生活和工作带来了方便，但是与此同时网络的安全威胁也给我们带来了诸多麻烦，如电脑不能正常运行、隐私泄露、账号密码等被盗用等。也因此很多人都不敢使用网上银行、网络购物等网络给生活带来的便利条件，虽然有些因噎废食的感觉，但是大家对网络安全威胁的惧怕还是不无道理的，下面我们一同了解下常见的网络威胁以及如何防止这些威胁。

7.4.1　常见网络威胁

1．病毒和木马

前面我们已经详细讨论了计算机病毒和木马的概念及特征。病毒最主要的目的是破坏计算机系统，影响计算机的正常运行。而木马则是一种控制程序，目的是为了盗取用户的信息和隐私。可以说这两者已经成为目前计算机系统最主要的危险之一。

2．钓鱼网站

所谓"钓鱼网站"是一种网络欺诈行为，指不法分子利用各种手段，仿冒真实网站的 URL 地址以及页面内容，或者利用真实网站服务器程序上的漏洞在站点的某些网页中插入危险的 HTML 代码，以此来骗取用户银行或信用卡账号、密码等私人资料。

3．间谍软件

间谍软件是一种能够在用户不知情的情况下，在其电脑上安装后门、收集用户信息的软件。

它能够削弱用户对其使用经验、隐私和系统安全的物质控制能力；使用用户的系统资源，包括安装在他们电脑上的程序；或者搜集、使用、并散播用户的个人信息或敏感信息。

4. 垃圾邮件

凡是未经用户许可（与用户无关）就强行发送到用户的邮箱中的任何电子邮件就称为垃圾邮件。垃圾邮件一般具有批量发送的特征。其内容包括赚钱信息、成人广告、商业或个人网站广告、电子杂志、连环信等。垃圾邮件可以分为良性和恶性的。良性垃圾邮件是各种宣传广告等对收件人影响不大的信息邮件。恶性垃圾邮件是指具有破坏性的电子邮件。

7.4.2 如何防范网络威胁

伴随着网络技术的发展，利用互联网络技术的欺骗行为越来越多，其发展速度甚至比网络本身还要快。越来越多的骗子携带着网络陷阱出现，针对前面提到的种种网络威胁，如何防范网络陷阱，保护自己在网上的正当权益，可以从以下几点方面做起。

（1）养成良好的上网习惯。对于要下载的软件或者程序（如 QQ、迅雷等），都要访问正规的官网进行下载。避免感染病毒或者木马。

（2）在访问某个网站的时候，要注意其域名是否正确。假冒网站一般和真实网站有细微区别，有疑问时要仔细辨别其不同之处，比如在域名方面，假冒网站通常将英文字母 o 被替换为数字 0，taobao 被换成 taoba0 这样的仿造域名。

（3）对于邮箱里的邮件所包含的广告信息格外注意。其链接打开的网站用户更应该准确核实。

（4）防止暴露邮件地址，即不要在网上或其他场所随意公布自己的邮箱地址。同时设置邮件过滤。将垃圾邮件地址添加到黑名单中或者拒绝接收此类邮件。

（5）安装杀毒软件。利用杀毒软件可以有效地清除病毒和木马所包含的文件和程序。保护用户的计算机系统和用户数据信息。目前市场上比较流行的杀毒软件如诺顿杀毒软件、瑞星杀毒软件、金山毒霸、360 安全卫士等。后续章节会详细介绍杀毒软件的使用。

（6）安装防火墙。以前，人们在建造房屋时，为防止火灾的发生和蔓延，人们将石块堆砌在房屋周围作为屏障，这种防护结构被称为防火墙。在当今的计算机领域，人们借助这个概念，使用由先进的计算机软硬件系统组建的"防火墙"来保护敏感的数据信息不被窃取和篡改，保护计算机网络免受非授权人员的骚扰和黑客的入侵。防火墙可以分为硬件防火墙和软件防火墙。作为个人电脑，多数安装的软件防火墙。目前市场上比较流行的软件防火墙，如瑞星防火墙、金山网镖、McAfee 个人防火墙等。后续章节会详细介绍软件防火墙的使用。

7.4.3 Windows 防火墙

1. 简洁易用的启动方式

在系统安全性方面，Windows 7 也作出了很多的改进，包括 UAC 和防火墙功能，Windows 7 自带的防火墙与老版 Windows 系统的防火墙功能相比功能更实用，且操作更简单。如防火墙的启动，我们只需从 Windows 7 开始菜单处进入控制面板，然后找到"系统和安全"项，单击进入即可找到"Windows 防火墙"功能。

2. 防火墙基本设置

在 Windows 防火墙设置中，很多电脑用户可能知道，一旦防火墙设置不好，除了会阻止网络恶意攻击之外，甚至会阻挡用户正常访问互联网，所以不敢轻易动手。如果是安装了专业的全功能安全软件，那这个难题完全交给它就能很好解决，但现在需要我们手动来开启 Windows 防火墙也并不困难。单击进入"打开或关闭 Windows 防火墙"设置窗口,轻松单击两下鼠标即可开启防火墙,如图 7-28 所示。而且就算你错误进行了某些操作影响上网也不必担心了,这次 Windows 7 操作系统提供了防火墙还原默认设置功能,轻轻点一下鼠标马上将防火墙还原到初始状态,如图 7-29 所示,单击"还原默认设置"。

图 7-28　开启和关闭防火墙

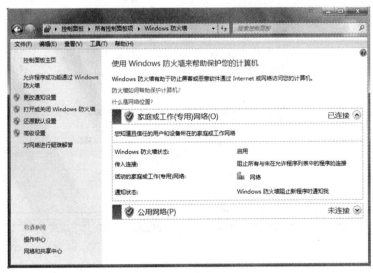

图 7-29　防火墙设置首页

3. 覆盖各种需求的用户

同时在 Windows 防火墙下可以设置哪些程序和软件可以通过防火墙的阻挡,正常地使用和访问网络,如图 7-30 所示。

高级用户如果是非常了解 Windows 防火墙的,可以进行更加详细全面的配置,进入"高级设置"项中,包括出入站规则、连接安全规则等都可以从这里进行自定义配置,如图 7-31 所示。

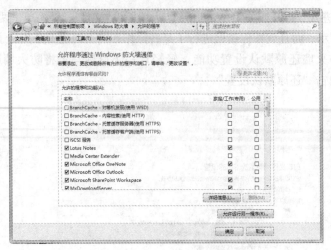

图 7-30　防火墙服务设置

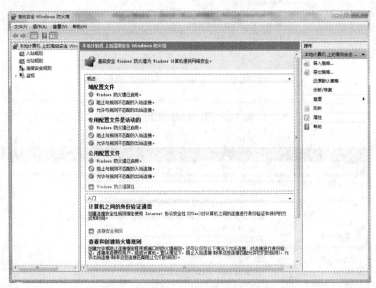

图 7-31　防火墙高级设置

习　　题

一、填空题

1. 计算机的工作环境主要包括_____等几个方面。

2. 计算机病毒是一种人为编制的具有特殊功能的计算机_____。

3. 将计算机病毒按寄生方式进行分类，可分为引导区型病毒、文件型病毒、复合型病毒以及_____病毒。

4. 文件型病毒主要寄生在扩展名为 com 和 exe 等的_____文件中。

5. _____型病毒主要寄生在磁盘上主引导扇区或引导扇区中。

6. 按病毒的破坏性分，计算机病毒分为_____和_____。

7. 计算机病毒的防治要从防毒、查毒、_____ 3 方面来进行。

8. 计算机木马一般由两部分组成，分别是_____和_____。

9. 计算机理想的工作温度应在_____范围内，存放计算机的温度也应控制在_____之间。

10. 计算机系统的维护主要分为_____和_____。

二、选择题

1. 计算机病毒是一种_____。
   A. 微生物感染　　　B. 化学感染　　　C. 程序　　　　D. 幻觉

2. 发现计算机病毒后，较为彻底的清除方法是_____。
   A. 删除磁盘文件　　　　　　B. 格式化磁盘
   C. 用查毒软件处理　　　　　D. 用杀毒软件处理

3. 计算机病毒的主要特点是_____。
   A. 传染性、潜伏性、安全性　　　B. 传染性、潜伏性、破坏性
   C. 传染性、潜伏性、易读性　　　D. 传染性、安全性、易读性

4. 防止计算机感染病毒比较好的方法是_____。
   A. 保持机房清洁　　　　　　B. 使用正版软件
   C. 定期更新操作系统　　　　D. 禁止访问非法网站

5. 微机在工作中突然中断电源，则_____中数据全部丢失。
   A. RAM　　　B. ROM　　　C. RAM 和 ROM　　　D. 硬盘和软盘

6. 下面列出的计算机病毒传播途径，不正确的是_____。
   A. 使用来路不明的软件　　　B. 通过借用他人的 U 盘
   C. 机器使用时间过长　　　　D. 通过网络传输

7. 计算机运行环境对湿度的要求是_____。
   A. 10%～30%　　B. 20%～40%　　C. 30%～70%　　D. 50%～80%

8. 计算机病毒按传染方式分类有_____。
   A. 引导型病毒　　B. 源码病毒　　C. 入侵病毒　　D. 加密型病毒

9. 本地计算机被感染病毒的途径可能是_____。
   A. 使用 U 盘　　B. U 盘表面受损　　C. 机房电源不稳定　D. 上网

10. 计算机木马可不能通过下列_____渠道进行传播。
    A. 文件下载　　B. 浏览非法网站　　C. 发送电子邮件　　D. 进行网上聊天

三、简答题

1. 什么是计算机病毒？有哪些特点？它和人类所患的疾病相同吗？

2. 什么是计算机木马？计算机木马与计算机病毒有哪些区别？

3. 计算机病毒主要特征有哪些？

4. 为什么要对我们的计算机系统进行备份？

5. 如何防范计算机网络威胁？

6. 计算机病毒按破坏程度可分为哪两种？

7. 防火墙的功能是什么？

8. 简述环境因素对计算机硬件系统的影响。

9. 简述计算机主机、硬盘驱动器、光盘驱动器在使用过程中应注意的问题。

10. 为了更好地发挥计算机的性能，在日常操作中应注意哪些问题？

第8章

多媒体技术基础

多媒体技术最早起源于 20 世纪 80 年代中期，其借助日益普及的高速信息网，可实现计算机的全球联网和信息资源共享，因此被广泛应用在咨询服务、图书、教育、通信、军事、金融、医疗等诸多行业，并正潜移默化地改变着我们生活的面貌。

本章介绍多媒体技术的基本概念、多媒体计算机系统、多媒体信息的数字化和压缩技术，以及多媒体技术的应用等。

8.1 多媒体技术概述

8.1.1 多媒体的基本概念

1. 媒体

媒体一词来源于拉丁语 "Medium"，音译为媒介，意为两者之间。它是指信息在传递过程中，从信息源到受信者之间承载并传递信息的载体和工具。也可以把媒体看作为实现信息从信息源传递到受信者的一切技术手段。

在计算机行业里，媒体有两种含义：一种是指传播信息的载体，例如语言、文字、图像、视频、音频等；另一种是指存储信息的载体，例如 ROM、RAM、磁带、磁盘、光盘等，目前主要的载体有 DVD、网页等。

2. 多媒体

多媒体是近几年出现的新生事物，正在飞速发展和完善之中。

"多媒体"一词译自英文 "Multimedia"，而该词又是由 multiple 和 media 复合而成的，是一种以交互方式将文本、图形、图像、音频、视频等多种媒体信息，经过计算机设备获取、操作、编辑、存储等综合处理后，以单独或合成的形态表现出来的技术和方法。

3. 多媒体技术

多媒体技术从不同的角度有着不同的定义。比如有人定义 "多媒体计算机是一组硬件和软件设备；结合了各种视觉和听觉媒体，能够产生令人印象深刻的视听效果。在视觉媒体上包括图形、动画、图像和文字等媒体，在听觉媒体上则包括语言、立体声响和音乐等媒体。用户可以从多媒体计算机同时接触到各种各样的媒体来源"。还有人定义多媒体是 "传统的计算媒体——文字、图形、图像以及逻辑分析方法等与视频、音频以及为了知识创建和表达的交互式应用的结合体"。真正的多媒体技术所涉及的对象是计算机技术的产物，而其他的单纯事物，如电影、电视、音响等，均不属于多媒体技术的范畴。概括起来就是：多媒体技术（Multimedia Technology）是利用计算机对文本、图形、图像、声音、动画、视频等多种信息综合处理、建立逻辑关系和人机交互作用的技术。简单点说，多媒体技术就是具有集成性、实时性和交互性的计算机综合处理声、文、图信息的技术。

多媒体在中国也有自己的定义，一般认为多媒体技术指的就是能对多种载体（媒介）上的信息和多种存储体（媒介）上的信息进行处理的技术。

4. 多媒体计算机

多媒体计算机是对具有多种媒体处理能力的计算机系统的总称。

8.1.2 多媒体技术的特性

计算机中多媒体信息技术具有多样性、集成性、交互性、数字化、控制性、非线性、实时性、信息使用的方便性和信息结构的动态性等特性。

1. 多样性

多媒体的多样性指的是信息载体的多样性，信息载体的多样性是多媒体研究需要解决的关键问题之一。人类对于信息的接收主要通过视觉、听觉、触觉、嗅觉和味觉。其中视觉、听觉和触觉现阶段占信息量的绝大部分，信息媒体的多样化在计算机方面还远远没有达到人类的水平，还需要不断地开发。多媒体技术的多样性体现在采集或生成、传输、存储、处理和显现的过程中，要涉及多种感觉媒体、表示媒体、传输媒体、存储媒体的交互作用，这种多样性并不仅是指数量上的增多，而且包括质的变化。多媒体就是要把机器处理的信息多样化，通过对信息的捕获、处理与展现，使之在交互过程中具有更加广阔和更加自由的空间，从而来满足人类感官空间全方位的多媒体信息要求。

2. 集成性

多媒体技术的集成性主要是指以计算机为中心，综合处理多种信息媒体的特性，是能够对信息进行多通道统一获取、存储、组织与合成。早期多媒体产品的各项技术及指标都是由不同的厂商根据不同的方法和环境开发出来的，只能零散单一地使用。信息空间的不完整、开发工具的不可协作性、信息交互的单调性都严重地制约着多媒体信息系统的发展，因此多媒体技术的集成主要表现在多媒体信息的集成以及操作这些信息的工具和设备集成这两个方面。信息媒体的集成包括信息的多通道统一获取、统一存储、组织和合成等方面。设备集成指显示和表现媒体设备的集成。

3. 交互性

多媒体的第 3 个重要特点就是交互性，也是多媒体应用有别于传统信息交流媒体的主要特点之一，传统信息交流媒体只能单向地、被动地传播信息，而多媒体技术则可以实现人对信息的主动选择和控制。交互就是通过各种媒体信息，使参与的各方（发送方或者接收方）都可以进行编辑、控制和传递。其重点在于，在执行的整个流程中，用户都可以进行完全有效的控制，并把结果综合地表现出来。交互性向用户提供更加有效的控制和使用信息的手段和方法，可以将用户由被动的方式变为主动。例如，传统电视不能被称为多媒体系统的原因就在于不能和用户交流，用户只能被动地看。

4. 数字化

多媒体数字化是指多媒体信息都是以数字（0 和 1）的形式进行存储和处理。传统中一般使用的都是模拟信号方式。使用数字化对信息进行处理给多媒体处理带来了很多好处：数字易于在电子电路中表示、传输；更方便进行加密、压缩；可以提高系统的安全性；在进行网络传输的过程中，出现误码率低。

5. 控制性

多媒体技术是以计算机为中心，综合处理和控制多媒体信息，并按人的要求以多种媒体形式表现出来，同时作用于人的多种感官。人可以按照自己的意愿来进行信息选择。

6. 非线性

多媒体技术的非线性特点将改变人们传统循序性的读写模式。以往人们读写方式大都采用章、节、页的框架，循序渐进地获取知识，而多媒体技术将借助超文本链接（Hyper Text Link）的方法，把内容以一种更灵活、更具变化的方式呈现给读者。

7. 实时性

当用户给出操作命令时，相应的多媒体信息都能够得到实时控制。

8. 信息使用的方便性

用户可以按照自己的需要、兴趣、任务要求、偏爱和认知特点来使用信息。

9. 信息结构的动态性

"多媒体是一部永远读不完的书"，用户可以按照自己的目的和认知特征重新组织信息，增加、删除或修改节点，重新建立链接。

8.1.3　多媒体数据在计算机中的表示

计算机中表示信息的数据分别来自数值、文字、声音、图像、动画等多种形式。前面介绍了计算机中字符和汉字等各种符号数据在计算机中的表示方法，下面重点介绍计算机中声音、图像、动画等信息在计算机中的表示方法。

1. 文本

文本（Text）是多媒体中最基本、最普遍的一种媒体。文本是以文字和各种专用符号表达的信息形式，它是现实生活中使用最多的一种信息存储和传递方式。用文本表达信息给人充分的想象空间，它主要用于对知识的描述性表示，如阐述概念、定义、原理和问题以及显示标题、菜单等内容。

（1）文本的作用。以媒体教学课件为例，可以通过文本向学生显示一定的教学信息，在学生用多媒体进行自主学习遇到困难时，也可以提供一定的帮助以及指导信息，使学生的学习可以顺利进行下去，一些功能齐备的教学软件还能根据学生的学习结果和从学生一方获得的反馈信息，向学生提供一定的学习评价信息和相应指导信息。另外，大部分教学软件都会用文本为软件的使用提供一定的使用帮助和导航信息，增强了软件的易操作性，软件的使用人员不用经过专门的培训，就能根据屏幕上的帮助、导航信息使用操作学习软件。最后，在一些教学软件中，教学软件能从学习者身上获得一定的反馈信息，实现信息提供者和接收者之间信息的双向流动，加强了学习过程的反馈程度。

（2）文本信息的特点。计算机屏幕上的文本信息可以反复阅读，从容理解，不受时间、空间的限制，但是，在阅读屏幕上显示的文本信息，特别是信息量较大时容易引起视觉疲劳，使学习者产生厌倦情绪。另外，文本信息具有一定的抽象性，阅读者在阅读时，必须会将抽象的文字还原为相应事物，这就要求多媒体教学软件使用者具有一定的抽象思维能力和想象能力，不同的阅读者对所阅读的文本的理解也不完全相同。

（3）文本的开发与设计。

① 普通文本的开发。开发普通文本的方法一般有两种，如果文本量较大，可以用专用的字处理程序来输入加工，如 Microsoft Word、Word Pad 等；如果文字不多，用多媒体创作软件自身的字符编辑器就足够了。

② 图形文字的开发。Microsoft Office 办公软件提供了艺术工具 Microsoft Word Art，用 Word 或 Microsoft 等软件中插入对象的方法，可以制作丰富多彩、效果各异的效果字；用 Photoshop 这一类的图形图像处理软件同样能制作图形文字。

③ 动态文字的开发。例如在多媒体教学软件中，经常用一些有一定变化的动态文字来吸引学生的注意力，开发这些动态文字的软件很多，方法也很多。首先，一般的多媒体创作软件都提供了较为丰富的字符出现效果，如 PowerPoint、Authorware 等创作软件中都有溶解、菱形、百页窗等多种效果；其次，也可以用动画制作软件来制作文字动画，像 Cool3D 这样的软件在制作文字动画时就非常简单方便，如图 8-1 所示。

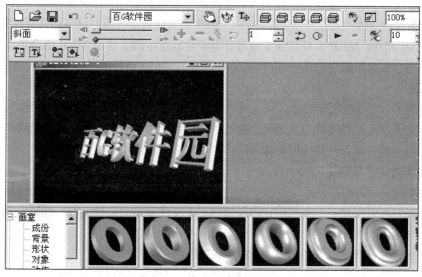

图 8-1　Cool3D 操作界面

2. 图形和图像

图形和图像是多媒体软件中最重要的信息表现形式之一，也是决定一个多媒体软件视觉效果的关键因素。

（1）图片的作用。

① 传递信息。图形与图像都是非文本信息，在多媒体传播中可以传递一些用语言难以描述的内容，提供较为直观、形象的传达。

② 美化界面、渲染气氛。以多媒体软件为例，无论是单机多媒体软件还是网络多媒体软件，如果没有图片的美化，那样的软件简直称不上是多媒体软件，用合适的图形或图像作软件的背景图或装饰图，可以提高软件的艺术，美化操作界面，给人一定的美的享受。

（2）图片信息的特点。与文本信息相比，图片信息具有一般比较直观，抽象程度较低，阅读容易等基本特点，而且图片信息不受宏观和微观、时间和空间的限制，大到天体，小到细菌等内容都可用图片来表现。

（3）图片文件的类型。计算机中有许多常用的图像、图形文件格式。图像格式即图像文件存放的格式，通常有 JPEG、TIFF、RAW、BMP、GIF、PNG 等。由于数码相机拍下的图像文件很大，存储容量却有限，因此图像通常都会经过压缩再存储。

3. 声音

声音是人们用来传递信息、交流感情最方便、最熟悉的方式之一。按其表达形式，可将声音分为解说、音乐、音效 3 类。声音是采用传统的设备（如话筒等）得到的声音信号，常常是模拟信号，对计算机来说是不能直接接收和处理的。为了能够利用计算机进行存储和处理，要将模拟信号转换为数字信号，也称 A/D（Analog to Digital，即模/数转换）。如将语音信号转换为数字信号，将数字化后得到的二进制数据存储在计算机中，当要播放时，再用 D/A（Digital to Analog，即数/模转换），将数字信号转换为模拟信号，经喇叭放出还原的声音。计算机中常用的用于存储声音的文件格式有以下几种。

（1）WAV 文件。WAV 文件一般是通过外部音响设备输入到计算机的数字化声音，这种文件占有很大的存储空间。

（2）MP3 文件。MP3 文件是根据 MPEG-1 视频压缩标准中对声音压缩后得到的声音文件，它保持了 CD 唱片的立体声高音质，使得一张 650MB 容量的光盘可以存储多达几百首歌曲。

（3）MIDI 文件。MIDI 文件是完全通过计算机合成产生的，这是 MIDI 协会设计的音乐文件标准，所需的存储空间较小。

4. 动画

动画是利用人的视觉暂留特性，快速播放一系列连续运动变化的图形图像，也包括画面的缩放、旋转、变换、淡入/淡出等特殊效果。通过动画可以把抽象的内容形象化，使许多难以理解的教学内容变得生动有趣。合理使用动画可以达到事半功倍的效果。

常见的动画文件有 FLV、SWF 等。

5. 视频

视频影像具有时序性与丰富的信息内涵，常用于交代事物的发展过程。视频非常类似于我们熟知的电影和电视，有声有色，在多媒体中充当起重要的角色。

常见的视频文件有 AVI、MOV、MPG、DAT 等。

（1）AVI 文件。AVI（Audio and Video Interleaved，交错存储音频和视频）是微软公司出品的 Video for Windows 程序采用的动态视频影像标准存储格式。

（2）MOV 文件。MOV 文件是 QuickTime for Windows 视频处理软件所采用的视频文件格式。MPG 文件是一种应用在计算机上的全屏幕运动视频标准文件，它采用 MPEG 动态图像压缩和解压缩技术，具有很高的压缩比，并具有 CD 音乐品质的伴音。

（3）DAT 文件。DAT 格式是 VCD 影碟专用的文件格式。多媒体包括文本、图形、静态图像、声音、动画、视频剪辑等基本要素。

8.1.4　多媒体信息处理的关键技术

多媒体计算机与其他具有声音、影像播放功能的电视机、录音机、录像机等家用电器的根本区别在于：多媒体计算机具有信息集成、交互等功能。从计算机信息处理角度进行划分，多媒体信息处理过程中需要一些相对应的技术来提高处理的效果和速度，通常使用以下 5 种比较重要的关键技术。

1. 数据压缩/解压缩技术

随着微型计算机的出现与普及，信息化的时代实际上就是数字化的时代，从现实中采集到的信息数据量很大，这对于信息的存储、传输、处理等都带来了很大的压力。为了解决数据量过大的问题，最有效的方法就是对数据进行压缩编码，所以说数据压缩编码技术是多媒体技术中最为关键的核心技术。采用优化的压缩编码算法对数字化的音频和视频信息进行压缩编码后，不仅节省了大量的存储空间，而且又提高了通信介质的传输效率，并且使媒体的实时播放成为可能。

2. 数据存储技术

数字化的多媒体信息经过压缩之后，仍需要很大的存储空间，解决这一问题的关键是数据存储技术。多媒体数据还具有两个特点：一是信息量大；二是多媒体信息具有实时性。这两点对计算机的存储系统提出了很高的要求，设备的存储容量必须大而且传输速度快。数字化数据存储的介质一般有磁盘、光盘等，尤其是现在使用的 DVD 光盘，其存储容量可达 17GB。

3. 集成电路制作技术

微型计算机中需要对多媒体信息进行大量的计算，例如，图形的绘制、特效的合成等，这些计算均占用 CPU 的运行时间。随着集成电路的发展，产生了具有强大运算压缩功能的专用大规模集成电路，该集成电路可以完成相对应的运算，这样可以将原本由 CPU 完成的运算在集成电路上完成，大大提高了微型计算机的执行效率。在集成电路上使用到的芯片大致可以分为两类：一种是固定芯片，另一种是可编程的数字信号处理器 （Digital Signal Processor，DSP）。

4. 虚拟现实技术

虚拟现实（Virtual Reality，VR）是利用计算机生成一种模拟环境，通过各种传感设备可以使人感受到计算机所产生的虚拟环境，并能够通过人的自然方式 （语言、手势等）与计算机进行实时交互，产生相对应效果的一种仿真技术。虚拟现实技术的应用前景非常广阔，其起源于军事与航天领域的需求，在这些领域中，实地训练的代价是昂贵的，所以迫切需要一逼真、灵活的仿真系统来模拟演练。随着技术的发展，虚拟技术将会走进家庭，如图 8-2 所示。

图 8-2　虚拟现实技术在军事中的应用

5. 网络与通信技术

网络与通信技术在多媒体技术的应用中起着不可或缺的作用，随着网络的发展，尤其是 Internet 的发展，计算机操作的网络化将成为未来的主要发展方向，例如，远程视频会议、远程教学、在线播放系统及网络协同办公等。多媒体网络通信在进行信息交互传递的时候，不同的信息类型所要求传递的质量也是不一样的，例如，语音和视频要求很强的实时性，允许出现少量数据传输的误差，而对于数据来说，是不允许出现任何错误的。

8.2　多媒体计算机系统

多媒体计算机系统不是单一的技术，而是多种信息技术的集成，是把多种技术综合应用到一个计算机系统中，实现信息输入、信息处理、信息输出等多种功能。

一个完整的多媒体计算机系统由多媒体计算机硬件和多媒体计算机软件两部分组成。

8.2.1　多媒体计算机的硬件系统

硬件系统是支持多媒体功能的计算机硬件配置，一般来说，多媒体计算机的硬件包括以下 6 种，如图 8-3 所示。

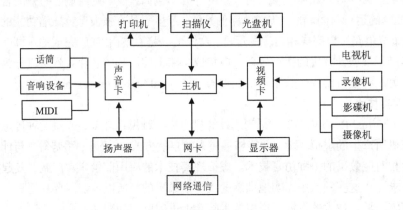

图 8-3　多媒体计算机硬件系统示意图

（1）多媒体主机：可以由 PC、工作站或超级计算机来完成。

（2）多媒体输入设备：一般包括麦克风、摄像机（头）、扫描仪、数码相机、录像机、录音机等。

（3）多媒体输出设备：一般包括高分辨率显示器、彩色打印机、绘图仪、音响设备等。

（4）多媒体存储设备：一般包括硬盘、光盘及移动存储设备等。

（5）多媒体功能卡：一般包括音频卡、视频卡、图形加速卡、多媒体压缩卡及网络接口卡等。

（6）操作控制设备：一般包括键盘、鼠标、触摸屏及操纵杆等。

8.2.2　多媒体计算机的软件系统

多媒体计算机的软件系统主要包括多媒体操作系统、多媒体素材制作软件和多媒体应用软件制作系统 3 类。

（1）多媒体操作系统是在原有操作系统的基础上扩充多媒体资源处理与信息处理的功能。Windows 系列的操作系统是目前常用的多媒体操作系统。

（2）多媒体素材制作软件是制作多媒体应用软件的前期准备。多媒体素材制作软件主要有绘图软件、图像处理软件、声音编辑软件、视频编辑软件等，如 Photoshop、CorelDraw、Premiere 等。

（3）多媒体应用软件制作系统用来帮助开发人员提高开发效率，大都是应用程序生成器，能将多媒体素材按照超文本的形式进行组织形成多媒体应用系统，这类软件有 Multimedia Toolbook、Authorware 等。

8.3　多媒体数据处理

8.3.1　数字音频及处理

声音是一种纵向压力波，主要用振幅和频率来刻画，具有响度、音调和音色等特征。人的听觉和发声都有一定的频率范围。

1．基本概念

（1）声音与声波。

声音（sound）是一种由机械振动引起可在物理介质（气体、液体或固体）中传播的纵向压力波（纵波或疏密波）。称振动发声的物体为声源。

声波（sound wave）指在物理介质中传播的声音。声音在真空中不能传播，我们主要讨论声音在空气中的传播，如图 8-4 所示。

图 8-4　声音是一种连续的波（波形图）

（2）声波有两个基本参数：频率和振幅。声音的强弱体现在声波压力的大小（振动的幅度）上，音调的高低体现在声波的频率上。因此，声波可用振幅和频率这两个基本物理量来描述。

① 振幅：声波的振幅 （amplitude）A 定义为振动过程中振动的物质偏离平衡位置的最大绝对值。

② 频率：声波的频率（frequency）f 定义为单位时间内振动的次数，单位为赫兹（Hz，每秒振动的次数），人耳能听到的声音的频率范围为 20Hz～20kHz。

声音频率的高低与声源物体的共振频率有关。一般情况下，发声的物体（如乐器）越粗大松软，则所发声音的频率就越低；反之，物体越细小紧硬，则所发声音的频率就越高。例如大编钟发出的声音比小编钟的频率低，大提琴的声音比小提琴的低；同是一把提琴，粗弦发出的声音比细弦的低；同是一根弦，放松时的声音比绷紧时的低。

振幅表示了声音的大小，也体现了声波能量的大小。同一发声物体（如乐器），敲打、弹拨、拉擦它所使得劲越大，则所产生振动的能量就越大，发出声音的音量就越大，对应声波的振幅也就越大。

（3）音乐和噪声：区别主要在于它们是否有周期性。观察其时域波形，音乐的波形随时间作周期性变化，噪声不作周期性变化；观察其频域谱值，音乐包括确定的基频谱和这个基频整数倍的谐波谱，而噪声谱无固定基频，也没有规律。一个乐音[1]除和谐性外，还包括必备的三要素：音高、音色和响度。

---

[1] 发音物体有规律地振动而产生的具有固定音高的音称乐音。

① 音高：音高指声波的基频。基频越低，给人的感觉越低沉。

② 音色：具有固定音高和相同谐波的乐音，有时给人的感觉有很大差异，比如人可以分辨具有相同音高的钢琴和小提琴声音，这是因为它们的音色不同。

③ 响度：响度是对声音强度的衡量，它是评判乐音的基础。人耳朵对于声音细节的分辨与响度直接有关，只有在响度适中时，人耳辨音才最灵敏。如果一个音的响度太低，便难以正确判别它的声高和音色；而响度过高也会影响判别的准确性。

2. 模拟音频的数字化

声音用电表示时，声音信号在时间和幅度上都是连续的模拟信号。计算机内所存储的信息必须是数字形式的，所以若要想使用计算机对音频信息进行处理，必须将模拟信号（语音、音乐等）转换成数字信号，即音频数字化。在音频数字化过程中，涉及的概念有采样、量化和编码过程，如图 8-5 所示。

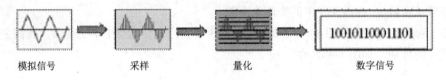

模拟信号　　　　采样　　　　量化　　　　数字信号

图 8-5　模拟音频数字化过程

将音频信号数字化，实际上就是对其进行采样和量化。

声音的数字化需要回答如下两个问题：每秒钟需要采集多少个声音样本，也就是采样频率（f_s = sampling frequency）是多少；每个声音样本的位数（bps = bit per sample）应该是多少，也就是量化精度。

为了做到无损数字化，采样频率需要满足奈奎斯特采样定理[1]；为了保证声音的质量，必须提高量化精度。

（1）采样。模拟声音在时间上是连续的，而以数字表示的声音是一个数据序列，在时间上只能是断续的。因此当把模拟声音变成数字声音时，需要每隔一个时间间隔在模拟声音波形上取一个幅度值，称之为采样，如图 8-6 和图 8-7 所示。

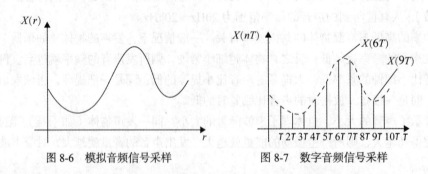

图 8-6　模拟音频信号采样　　　　图 8-7　数字音频信号采样

固定时间段为采样周期，采样周期的倒数就是采样频率。采样频率是对声音波形每秒进行采样的次数。采样频率越高，声音失真越小，音频数据量越大。

音频实际上是连续信号，假设振幅函数相对于时间自变量 f 的函数为：$x(t)$。用计算机处理这

---

[1] 发音物体有规律地振动而产生的具有固定音高的音称乐音。

些信号时，必须先对连续信号抽样，即按一定的时间间隔（T）取值，得到 $x(nt)$（n 为整数），则 t 称抽样周期，$1/t$ 称为抽样频率，$x(nt)$ 为离散信号。

离散信号 $x(nt)$ 是从连续信号 $x(t)$ 上取出的一部分值，一般不可以用 $x(nt)$ 唯一地确定或恢复出 $x(t)$，但在一定条件下是可以的，即抽样要满足抽样定理（当抽样频率不小于等于 $1/（2t）$ 时，即当抽样频率大于等于奈奎斯特频率 $1/（2t）$ 时。也就是说，采样频率不小于输入的声音信号中最高频率的两倍，就可以从采样数据中恢复原始波形。人耳听觉的频率上限在 20kHz，所以实际中，为了保证声音不失真，采样中以 40.1kHz 作为高质量声音采集标准。

（2）量化。用数字来表示音频幅度时，只能把无穷多个电压幅度用有限个数字表示，即把某一幅度范围内的电压用一个数字表示，这个过程称为量化，采样信号量化如图 8-8 所示。

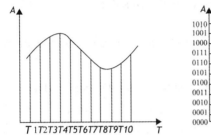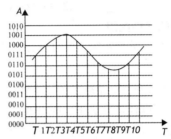

图 8-8　采样信号的量化

量化数据位数是每个采样点能够表示的数据范围，为了把抽样序列 $x(nt)$ 存入计算机，必须将样值量化成一个有限个幅度值的集合 $M(nt)$。一般用二进制数字表示量化后的样值比较方便。用 B 位二进制码字可以表示 2 的 B 次幂个不同的量化电压。经常采用的有 8 位、12 位和 16 位。例如用 8 位量化级表示，每个采样点可以表示 256（0～255）个不同的量化值；而 16 位量化级则可表示 65536 个不同量化值。量化位数越高，声音质量越好，数据量也就越大。

声音数字化的采样频率和量化级越高，结果越接近原始声音，但记录数字声音所需存储空间也随之增加。

（3）编码。在计算机系统的音频数据的存储和传输中，需要对数据进行压缩。通常压缩数据会造成音频质量的下降与计算量的增加。常用的编码方式是脉冲编码调制（Pulse Code Modulation，PCM），这种编码主要优点是失真小，抗干扰能力强，传输稳定。

3. 数字音频的技术指标

将模拟音频信号进行采样量化后，得到数字音频。数字音频的质量主要由量化位数、采样频率和声道数来决定。

（1）采样频率。采样频率的高低是根据奈奎斯特（Nyquist）理论和声音信号本身的最高频率来决定的。奈奎斯特采样定理指出，采样频率不应低于声音信号最高频率的两倍，这样就能把以数字表达的声音没有失真地还原成原来的模拟声音，这也叫做无损数字化（lossless digitization）。

奈奎斯特采样定理可用公式表示为：
$$f_s \geq 2f_{max} \text{ 或者 } T_s \leq T_{min}/2$$

简单地说，采样频率就是一秒内采样的次数。常用的采样频率有：8kHz、11.025kHz、22.05kHz、44.1kHz、48 kHz 等。

（2）量化位数。样本大小是用每个声音样本的位数 bit/s（即 bps = bits per sample，每样本比特）表示的，它反映了度量声音波形幅度的精度。例如，每个声音样本用 16 位（2 字节）表示，测得的声音样本值是在 0～65 536 的范围里，它的精度就是输入信号的 1/65 536。

简单地说，量化位数就是每个采样点在计算机中存储的时候占 bit 的位数。常用的采样精度为 8bit/s、12 bit/s、16bit/s、20bit/s、24bit/s 等。

（3）声道数。声音通道的个数，是一次采样所记录产生的声音波形个数。

数字音频文件的存储量以字节（Byte）为单位，模拟波形声音数字化后所占的存储量（未经过编码压缩）为：

$$存储量=采样频率×时间×量化位数×声道数/8$$

例如：用 42.lkHz 的采样频率进行采样，量化位数为 16bit，录制 2s 的立体声声音，所保存后的波形文件所占存储空间（未经过编码压缩）为：

$$42\ 100×2×16×2/8 = 336\ 800B$$

4. 数字音频的文件类型

在多媒体技术中，数字音频文件可以分为音乐文件（如 MIDI 格式的文件等）和数字波形文件（如 WAVE 格式的文件等）。

（1）MIDI 格式文件。乐器数字接口（Musical Instrument Digital Interface，MIDI）是音乐和计算机结合的产物。多媒体计算机平台能够通过内部结合器或连接在计算机 MIDI 端口的外部合成器播放 MIDI 文件。MIDI 格式文件是存放 MIDI 信息的标准文件格式，MIDI 文件中包括音符、定时和多达 16 个通道的演奏定义，文件中包括每个通道的演奏音符信息。MI6DI 格式文件所占存储空间最少。例如，10 分钟的立体声音乐，以 MIDI 格式存放时，所占存储空间不到 70KB，而以传统声音文件存储所占存储空间超过了 100MB。

（2）WAVE 格式文件。WAVE 格式是微软公司开发的一种声音文件格式，是计算机中用得最多的一种声音文件。该格式记录声音的波形。所以只要采样频率高，采样字节长，机器运行速度快，就可以利用该种格式记录与原声基本一致的数字音频，但是该文件所占存储空间相当大。

（3）MP3 格式。采用 MPEG 压缩技术，数据量小，音质好，使用广泛。

（4）CDA 格式。采用音轨的形式记录波形流，用于音乐光盘，可将其转换成 WAV、MP3 等其他文件格式。

（5）RA 格式。为解决网络传输带宽资源而设计的，主要目标是压缩比和容错性，其次才是音质。

（6）WMA 格式。压缩率比 MP3 高，但音质强于 MP3，也适合网络在线播放。

5. 常用的音频处理软件

（1）Windows 自带的录音机。

① 录音机简介。Windows 附件中自带了一个"录音机"的小程序，只支持 WAV 或者 MIDI 格式，不支持用 mp3，可以用一些格式转换软件来进行格式转换，如格式工厂、暴风转码等。

② 打开录音机。首先单击"开始"菜单，然后依次单击【所有程序】→【附件】→【娱乐】→【录音机】，即可打开录音机程序，如图 8-9 所示。

③ 认识录音机。使用"录音机"可以录制、混合、播放和编辑声音。也可以将声音链接或插入另一个文档中。下面我们来认识一下录音机的操作控制面板，如图 8-10 所示，看看它都有哪些功能。

④ 使用录音机。我们使用录音机最主要的用途就是录制与播放音频文件，下面我们就分别介绍其详细的操作步骤。

图 8-9　打开录音机程序

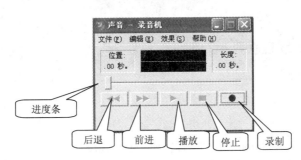

图 8-10　录音机操作控制面板

在【文件】菜单上单击【新建】，单击【录制】按钮，即可开始录制音频，要停止录制，单击【停止】按钮即可，如图 8-11 所示。

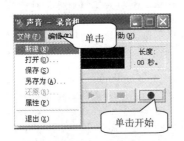

图 8-11　录制音频

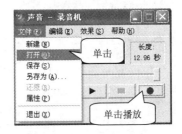

图 8-12　播放音频

单击【文件】菜单上的【打开】。在【打开】对话框中双击想要播放的声音文件。单击【播放】按钮开始播放声音，单击【停止】按钮停止播放声音，如图 8-12 所示。

（2）Cool Edit 编辑器。它是一个非常出色的数字音乐编辑器和 MP3 制作软件。不少人把 Cool Edit 形容为音频"绘画"程序。你可以用声音来"绘制"音调、歌曲的一部分、声音、弦乐、颤音、噪声或是调整静音。而且它还提供有多种特效为你的作品增色：放大、降低噪声、压缩、扩展、回声、失真、延迟等。你可以同时处理多个文件，轻松地在几个文件中进行剪切、粘贴、合并、重叠声音操作。使用它可以生成的声音有：噪声、低音、静音、电话信号等。该软件还包含有 CD 播放器。其他功能包括：支持可选的插件、崩溃恢复、支持多文件、自动静音检测和删除、自动节拍查找、录制等。Cool Edit 编辑器界面如图 8-13 所示。

图 8-13　Cool Edit 编辑器界面

（3）Adobe Audition。它是一款专业级音频录制、混合、编辑和控制软件。可满足个人录制工作室的需求：借助 Adobe Audition 3 软件，以前所未有的速度和控制能力录制、混合、编辑和控制音频，创建音乐，录制和混合项目，制作广播点，整理电影的制作音频，或为视频游戏设计声音。

它是 Cool Edit Pro 2.1 的更新版和增强版。此汉化程序已达到 98%的信息汉化程度。Adobe Audition 工作界面如图 8-14 所示。

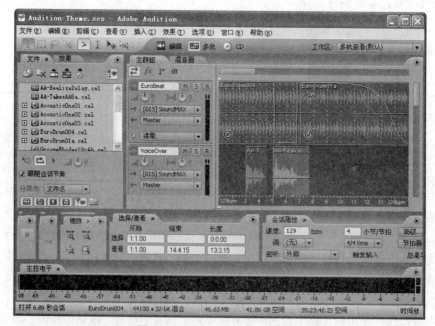

图 8-14　Adobe Audition 工作界面

8.3.2　图形图像及处理

1. 基本概念

图形是指由外部轮廓线条构成的矢量图，即由计算机绘制的直线、圆、矩形、曲线、图表等，描述轮廓不很复杂，色彩也不是很丰富的对象，描述的对象可任意缩放不会失真。如几何图形、工程图纸、CAD、3D 造型软件等，如图 8-15 所示。

图像是由光电转化设备如摄像机、扫描仪、数码相机等生成的具有自然明暗、颜色层次的数字图像，是由像素点阵构成的位图。其表现的是含有大量细节（如场景复杂、轮廓色彩丰富）的对象，如照片、绘图等，通过图像软件可进行复杂图像的处理（如图像调色、放大缩小、剪辑拼接），以得到更清晰的图像或产生特殊效果，如图 8-16 所示。

图 8-15　矢量图图形

图 8-16　位图图像

分辨率是当使用计算机对图像进行处理时首先要考虑的性能指标。它包括如下几类。

（1）图像分辨率。图像分辨率是指数字化图像的大小，即为该图像的水平方向像素个数×垂直方向像素个数。

（2）屏幕分辨率。屏幕分辨率是指显示器屏幕上的最大显示区域，即水平方向像素个数×垂直方向像素个数。例如 800×600、1024×768 等。

（3）像素分辨率。像素分辨率是指像素的宽和高的比，指的是像素点的比值，一般为 1：1。

分辨率包含的数据越多，图像文件所占的存储空间就越大，当把一个图像文件在计算机显示器上进行显示的时候，如果图像文件的分辨率远小于屏幕分辨率时，观看效果会显得粗糙，会出现变形等扭曲效果。

2. 图像的数字化

（1）采样。图像可以由扫描仪、数码照相机等外围设备获得。图像采样就是将连续的图像转换成离散点的过程，采样实际上是使用若干个像素点来描述一幅图像。所得到的数字图形信息就是前面所介绍的图像分辨率，图像分辨率越高，图像越清晰，如图 8-17 和图 8-18 所示。

图 8-17　原图像

图 8-18　采样图像

（2）量化。量化是指在将图像经过离散化后，将表示图像色彩的连续变化值离散化为整数值的过程，即使用具体的一个整数值来表示该像素点所对应的色彩。在量化的时候，将描述像素点所表示的颜色对应的整数所占的二进制位数称为图像深度。如图像深度为 24 位的像素点可以表示 2 的 24 次方即 16777216 种色彩。

计算机中图像的色彩深度常见的有：黑白图、灰度图及 24 位真彩色等。

（3）编码。数字化后的图像数据量很大，通常计算机中得到的图像文件一般是位图文件。若该文件未经压缩，其所占存储空间为：

位图文件的字节数=（位图高度×位图宽度×位图深度）/8

高度和宽度分别是图像垂直和水平方向上的像素个数，深度是存储图像像素点颜色信息的位数。

例如：一幅 1024×768 的 24 位真彩色原始图像（未压缩）的数据量为：

$$（1024×768×24）/8 = 2359296B。$$

所以必须采用对应的编码技术来进行压缩，这样才便于存储和传输。

3. 图像文件类型

在图像处理中，常见的文件类型如下。

（1）BMP 格式文件。位图（Bimap，BMP）是标准的 Windows 和 OS/2 的图形图像的基本位图格式，是一种与设备无关的图像文件格式。BMP 文件有压缩和非压缩两种，作为图像资源使用的 BMP 文件都是非压缩的。

（2）GIF 格式文件。图形交换格式（Graphics Interchange Format，GIF）由 CompuServe 公司开发，来完成在不同平台上进行图像交流和传输。GIF 图像有两个主要的规范：GIF87a 和 GIF8ga，后者支持图像内的多画面循环显示，可用来制作动态的照片。

（3）JPEG 格式文件。JPEG 文件格式原来是苹果机上使用的一种图像格式，这种格式最大的特点是：文件特别小，而且可以调整压缩比。它是一种有损压缩的编码格式，是以牺牲图像中某些信息为代价来换取较高的图像压缩比，不适合用来存放原始图像素材。

（4）WMF 格式文件。WMF（Windows Metafile）文件格式是一种比较特殊的文件格式，是位图和矢量图的一种混合体，剪贴画通常以这种格式存储。

（5）PNG 格式文件。PNG（可移植的网络图形格式）适合于任何类型、任何颜色深度的图片。也可以用 PNG 来保存带调色板的图片。该格式使用无损压缩来减少图片的大小，同时保留图片中的透明区域，所以文件也略大。尽管该格式适用于所有的图片，但有的 Web 浏览器并不支持它。

4. 常用的图形图像处理软件

（1）Windows 画图工具。

① 画图工具简介。画图是一个简单的图像绘画程序，是微软公司 Windows 操作系统的预载软件之一。在 Windows XP 中，"画图"程序是一个位图编辑器，可以对各种位图格式的图画进行编辑，用户可以自己绘制图画，也可以对扫描的图片进行编辑修改，在编辑完成后，可以以 BMP、JPG、GIF 等格式存档，用户还可以发送到桌面和其他文本文档中。

② 打开画图工具。首先单击【开始】菜单，然后依次单击【所有程序】、【附件】、【画图】，即可打画图程序，如图 8-19 所示。

③ 认识画图操作界面。Windows XP 中的"画图"程序如图 8-20 所示。

④ 使用画图工具。启动它后，屏幕右边的这一大块白色就是你的画布了。左边是工具箱，下面是颜色板。

现在的画布已经超过了屏幕的可显示范围，如果你觉得它太大了，那么可以用鼠标拖曳角落的小方块，就可以改变大小了。

首先在工具箱中选中铅笔 $\mathscr{I}$，然后在画布上拖曳鼠标，就可以画出线条了，还可以在颜色板上选择其他颜色画图，鼠标左键选择的是前景色，右键选择的是背景色，在画图的时候，左键拖曳画出的就是前景色，右键画出的是背景色。

图 8-19　打开画图工具　　　　　　图 8-20　画图操作界面

选择刷子工具 ，它不像铅笔只有一种粗细，而是可以选择笔尖的大小和形状，在这里单击任意一种笔尖，画出的线条就和原来不一样了。

图画错了就需要修改，这时可以使用橡皮工具 ⌀。橡皮工具选定后，可以用左键或右键进行擦除，这两种擦除方法适用于不同的情况。左键擦除是把画面上的图像擦除，并用背景色填充经过的区域。试验一下就知道了，我们先用蓝色画上一些线条，再用红色画一些，然后选择橡皮，让前景色是黑色，背景色是白色，然后在线条上用左键拖曳，可以看见经过的区域变成了白色。现在把背景色变成绿色，再用左键擦除，可以看到擦过的区域变成绿色了。

现在我们看看右键擦除：将前景色变成蓝色，背景色还是绿色，在画面的蓝色线条和红色线条上用鼠标右键拖曳，可以看见蓝色的线条被替换成了绿色，而红色线条没有变化。这表示，右键擦除可以只擦除指定的颜色——就是所选定的前景色，而对其他的颜色没有影响。这就是橡皮的分色擦除功能。

再来看看其他画图工具：

用颜料填充 ，就是把一个封闭区域内都填上颜色。

喷枪 ，它画出的是一些烟雾状的细点，可以用来画云或烟等。

文字工具 A，在画面上拖曳出写字的范围，就可以输入文字了，而且还可以选择字体和字号。

直线工具 ，用鼠标拖曳可以画出直线。

曲线工具 ，它的用法是先拖曳画出一条线段，然后再在线段上拖曳，可以把线段上从拖曳的起点向一个方向弯曲，然后再拖曳另一处，可以反向弯曲，两次弯曲后曲线就确定了。

矩形工具 、多边形工具 、椭圆工具 、圆角矩形 ，这些多边形工具的用法是先拖曳一条线段，然后就可以在画面任意处单击，画笔会自动将单击点连接起来，直到你回到第一个点单击，就形成了一个封闭的多边形了。另外，这 4 种工具都有 3 种模式，就是线框 、线框填色 和只有填色 。

选择工具 ，星型的是任意型选择，用法是按住鼠标左键拖曳，然后只要一松开鼠标，那么最后一个点和起点会自动连接形成一个选择范围。选定图形后，可以将图形移动到其他地方，也可以按住 Ctrl 键拖曳，将选择的区域复制一份移动到其他地方。

选择工具也有两种模式，如图 8-21 和图 8-22 所示。

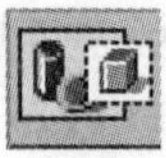

图 8-21　标准选择

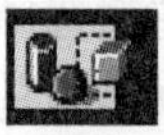

图 8-22　不包括背景色

如果选择不包括背景色模式，比如背景色是绿色，那么移动时，画面上的绿色不会移动，而只是其他颜色移动。

取色器，它可以取出你单击点的颜色，这样你可以画出与原图完全相同的颜色了。

放大镜，在图像任意的地方单击，可以把该区域放大，再进行精细修改。

画图工具虽然比较简单，但仍能够画出很漂亮的图像。

（2）Adobe Photoshop。Photoshop：图像元老，最受欢迎的强大图像处理软件之一 。Adobe Photoshop 工作界面如图 8-23 所示。

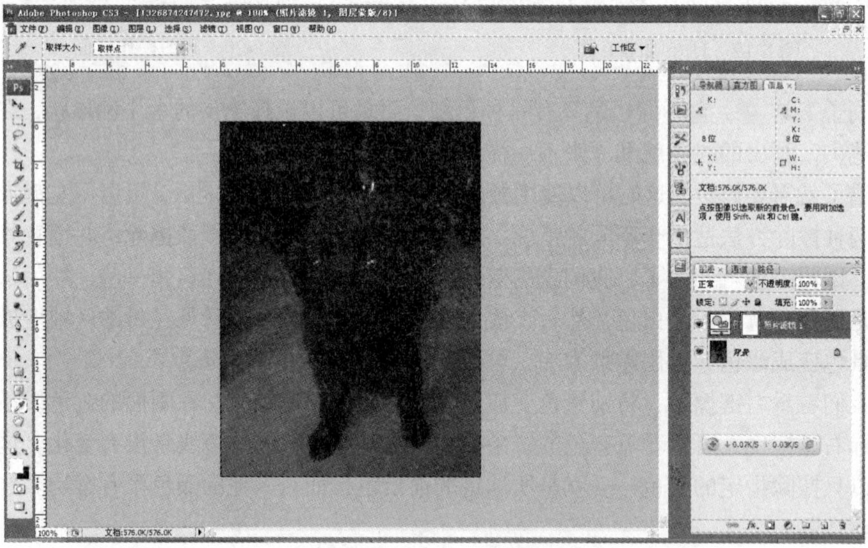

图 8-23　Adobe Photoshop 工作界面

Photoshop 是 Adobe 公司旗下最为出名的图像处理软件之一。多数人对于 Photoshop 的了解仅限于“一个很好的图像编辑软件”，并不知道它的诸多应用方面。实际上，Photoshop 的应用领域是很广泛的，在图像、图形、文字、视频、出版等各方面都有涉及。可以利用此软件对图片进行调色、拼接等。调色效果前后对比如图 8-24 所示。

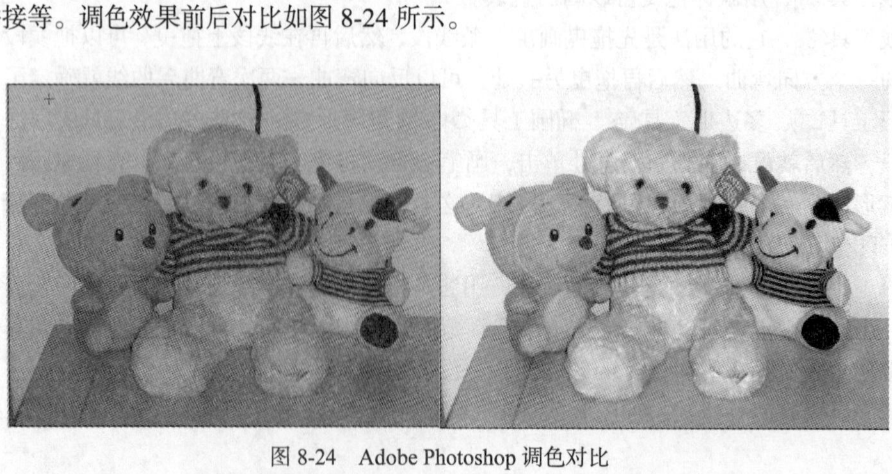

图 8-24　Adobe Photoshop 调色对比

（3）光影魔术手。"光影魔术手"是一个对数码照片画质进行改善及效果处理的软件。光影魔术手拥有一个很酷的名字。正如它在处理数码图像及照片时的表现一样——高速度、实用、易于上手。它能够满足绝大部分照片后期处理的需要，批量处理功能非常强大。它无需改写注册表，如果你对它不满意，可以随时恢复你以往的使用习惯。铅笔效果如图 8-25 所示。

图 8-25　铅笔效果对比

8.3.3　数字视频及处理

1．基本概念

（1）视频。视频（Video）是由很多单独的画面（Frame，帧）序列组成，这些画面以一定的速率（f/s，帧率，每秒显示帧的数目）连续地投射在屏幕上，使观看者可以看到具有图像连续运动的感觉。帧率从 24f/s 到 30f/s，可以使视频图看起来达到光顺、连续的效果。连续播放效果如图 8-26 所示。

第一帧　　第二帧　　第三帧　　第四帧　　第五帧　　第六帧　　第七帧

图 8-26　连续播放效果

（2）视频分类——模拟视频和数字视频。早期的电视所使用的视频信号的存储和传输都是采用模拟方式进行的；现在出现的数字电视、VCD、DVD、数码摄像机使用的是数字信号。

在模拟视频中，常用的视频有两种标准：PAL 制式 （25 帧/秒，625 行/帧）和 NTSC 制式（30 帧/秒，525 行/帧），我国采用的是 PAL 制式。

2．视频信息的数字化

常用的两种视频标准 PAL 制式和 NTSC 制式的信号都是模拟量，所以计算机在处理和显示这类视频信号时，必须进行视频数字化。相对于模拟视频而言，数字视频更方便于网络使用，在传输过程中可以无限次传输而不失真，更加方便计算机进行编辑等处理。

在视频信号没有压缩时，数字化后的数据量大小为帧乘以每幅图像的数据量。比如在计算机中连续显示分辨率为 800×600 的 24 位真彩色图像，每秒以 30 帧计算，显示 0.5 分钟则所需的存储空间为：

$$800×600×30（帧/秒）×0.5（分）×60×24（bit）/8（bit/Byte）≈1.3GB$$

由于视频信息所占存储空间比较大，所以如何使得网络实时播放视频节目、电视电话会议等更加流畅，就是一个迫切需要解决的重要研究课题，这可以通过编码压缩、降低帧速、降低画面质量等降低数据传送量的方法来完成。

3. 数字视频的文件类型

在视频信息的处理过程中，常见的文件类型如下。

（1）AVI 文件格式。音频视频交错 （Audio-Video Interleaved，AVI）文件格式是 Video for Windows 所使用的文件格式，其扩展名为 AVI。它采用了 Intel 公司的 Video 视频有损压缩技术，把视频和音频信号混合交错地存放在一个文件中，较好地解决了音频信息与视频信息的同步问题。AVI 文件使用的压缩方法有很多种，主要使用有损的压缩方法。通常采用纯软件的压缩和还原。目前已成为 Windows 视频标准格式文件。

（2）MPG 文件格式。MPG 文件格式是按照 MPEG 标准压缩的全屏视频的标准文件。现阶段很多视频处理软件都支持这种格式的文件。

（3）DAT 文件格式。数据（Data，DAT）文件格式是 VCD 专用的格式文件，文件结构与 MPG 文件格式大致相同。

（4）RM 文件格式。RM（Real Media）文件格式是 Real Networks 公司开发的一种新型流式文件格式。Real Media 可以根据网络数据传输速率的不同制定不同的压缩比率，从而实现在低速率的广域网上进行影像数据的实时传送和实时播放。

4. 常用的视频处理软件

（1）Windows Movie Maker。Windows Movie Maker 是 Windows XP 提供的制作电影的数字媒体程序。Windows Movie Maker 界面如图 8-27 所示。

图 8-27　Windows Movie Maker 界面

工具栏：快速执行一般任务操作，可以代替菜单的一些功能。

收藏区：对录制或导入的音频、视频和静止图像内容进行整理。

监视器：可预览视频内容，其中包括一个随着视频播放而移动的搜索滑块和用于播放视频的监视器按钮。

工作区：是制作和编辑项目的区域。制作完成后，可将项目保存为电影。工作区由情节提要和时间线两个视图组成，可以从两个角度来制作电影。

Windows Movie Maker 制作电影的步骤如下。

① 输入媒体内容：导入已经存在的 Windows 音频或视频媒体文件，也可以通过视频设备（DV）、模拟摄像机或数字摄像头来录制所需的媒体文件。

② 编辑项目：对项目中的内容进行剪辑处理，添加背景音乐、声音效果、过渡和画外音等，

或重新排列内容顺序。

③ 预览项目：在项目制作期间，可以随时预览正在制作的内容。

④ 发送作品：将项目作为电影保存起来，供 Windows Media Player 播放，或者发送到 Web 服务器进行分发。

（2）威力导演。威力导演是影片制作软件的新里程碑，可制作专业的影片/影音光盘，任何人皆可成为创意十足的影音玩家！独特脚本区/时间轴双界面，兼具简易使用与专业精确的优点；首创 DV 扫描功能，能够快速扫描整卷 DV 影片，截取指定片段，配合最新 SVRT 2 技术，全面提升影音输出处理速度！除此之外，威力导演还提供了百余种文字、转场特效及前所未见的影片特效，能让你制作出最具特色的影片及 DVD 光盘。威力导演工作界面如图 8-28 所示。

图 8-28　威力导演工作界面

（3）Adobe Premiere。这是一款常用的视频编辑软件，由 Adobe 公司推出。现在常用的有 6.5、Pro1.5、2.0 等版本。是一款编辑画面质量比较好的软件，有较好的兼容性，且可以与 Adobe 公司推出的其他软件相互协作。目前这款软件广泛应用于广告制作和电视节目制作中。其最新版本为 Adobe Premiere Pro CS6。Adobe Premiere 工作界面如图 8-29 所示。

图 8-29　Adobe Premiere 工作界面

8.3.4　数据压缩技术

在计算机中保存的任何信息都是以二进制的形式出现的。假定计算机中存储的某部分图像由如下一组数据组成，如图 8-30 所示。

如果将这些数据直接存储在硬盘上，则需要占用 16 个字节的存储空间。但是，当我们将这些数据依次靠紧后发现，如果依次用连续的 0 和连续的 1 个数也可以在一盘中存储并表示这段数据。比如，将前 3 个字节的二进制 00000000、00000111、10000000 连接起来，就得到了 00000000 00000111 10000000，根据它的特征，就可以用 13 个 0、4 个 1、7 个 0 来表示该数。

我们可以用下面的方法来描述这个规律：将一个字节 8 位中最左边的一位来表示该字节代表的是 0 还是 1；如果该字节最左边一位是 0，则表示该字节代表的是 0 的个数；如果该字节最左边是 1，则表示该字节代表的是 1 的个数；余下的 7 位用来表示该字节代表几个 0 或几个 1。比如 10000111 表示有 7 个 1，00001000 表示有 8 个 0。使用这个规律来表示后，刚才对应的数据段就可以用下面的形式进行保存，如图 8-31 所示。

00001101	13 个 0
10000100	4 个 1
00010111	23 个 0
10000011	3 个 1
00010011	19 个 0
10000111	7 个 1
00100011	35 个 0
10000011	3 个 1
00001100	12 个 0
10001001	9 个 1

00000000	00000111	10000000	00000000
00000000	11100000	00000000	00000011
11111000	00000000	00000000	00000000
00000000	11100000	00000001	11111111

图 8-30　某图像的数组　　　　　　　　图 8-31　转换后的数组

从上面两个不同的存储内容可以看出，同一个数据信息使用不同的形式进行保存，所占空间就不同。上面使用了新的数据形式表示原来数据后，所占的字节数减少为 10 个，节约 37% 的存储空间，这就相当于把数据进行了"压缩"。但必须注意的是，经过处理的数据与原来的数据是两种不同的数据，计算机通过应用程序可以直接接收和处理原来的数据。所以，当我们需要使用到这些数据的时候，还必须把它们恢复成原来的数据，这就是我们所说的"解压缩"。

从上面的例子中我们可以看到，信息之所以能够被压缩，主要因为表示信息的数据间存在着信息的相关性。我们可以使用另外一种新的数据形式来表示原来的形式，就是因为找到了原来数据形式中所存在的重复出现的规律性。这也就是文件为什么可以进行压缩而不会破坏原有数据信息的原因。

上例所说的压缩方法是基于信息相关性的压缩，由于压缩后的信息可以完全恢复成原来的信息，所以是一种无损压缩。数据的压缩方法有很多，如果按是否使原来数据遭受损失来分，可以把它们划分为有损压缩和无损压缩。

1. 有损压缩

有损压缩方法利用了人的视觉对图像中的某些频率成分不敏感的特性，采用一些高效有限失真数据压缩算法，允许压缩过程中损失一定的信息。虽然不能完全恢复原始数据，但是所损失的部分对于理解原始图像的影响较小，换来了较大的压缩比，大幅度减少多媒体中的冗余信息，其压缩效率远远高于无损压缩。有损压缩广泛应用于语音、图像和视频数据的存储与传输。

经常用到的有损编码有：预测编码、PCM 编码、变换编码和矢量编码等。

2. 无损压缩

无损压缩利用数据的统计冗余进行压缩，可保证在数据压缩和还原过程中，多媒体信息没有任何的损耗和失真，可完全恢复原始数据，但其压缩效率较低，一般为 2：1 到 5：1，这类方法广泛，用于文本数据、程序和特殊应用场合的图像数据的压缩。由于压缩比的限制，仅使用无损压缩不可能解决图像和数字视频的存储和传输问题。

经常使用到的无损压缩方法有：Huffman 编码、行程 （Run-Length Encoding，PLE）编码和算术编码等。无损压缩过程如图 8-32 所示。

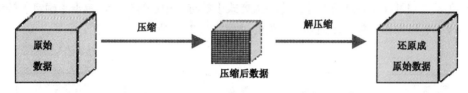

图 8-32　无损压缩过程

3. 常见的国际压缩标准

数据压缩是为了解决信息存储和传输的实际需要，但在应用中需要这些数据的时候，必须要将其还原成原来的形式才能使用，如果不知道如何解压它，这些数据就成了一堆密码，无法使用。

20 世纪 80 年代，国际标准化组织 （ISO）和国际电信联盟（ITU）联合成立了两个专家组：联合图像专家组（Joint Photographic Experts Group，JPEG）和运动图像专家组（Moving Picture Experts Group，MPEG），分别制定了静态和动态图像压缩的工业标准，使得图像编码压缩技术得到了飞速发展。

（1）JPEG 标准。联合图像专家组于 1991 年 3 月提出了 JPEG 标准（多灰度静止图像的数字压缩编码），该标准是一个适用于彩色和单色多灰度或连续色调静止数字图像的压缩标准。它包括基于 DPCM（差分脉冲编码调制）、DCT（离散余弦变换）和 Huffman 编码的有损压缩算法两个部分。

（2）MPEG 标准。运动图像专家组于 1990 年提出一个 MPEG 标准草案。MPEG 算法除了对单幅图像进行编码外，还利用图像序列的相关特性去除帧间图像冗余，大大提高了视频图像的压缩比，在保持较高的图像视觉效果前提下，压缩比可以达到 60～100 倍，但是该算法比较复杂，计算量大。MPEG 标准包括 3 个组成部分：MPEG 视频、MPEG 音频、视频与音频的同步。MPEG 已指定了 MPEG-1、MPEG-2、MPEG-4、MPEG-7 标准。

4. 文件的压缩和解压缩

文件的压缩和解压缩软件是一类用来对数据文件进行压缩和解压缩的工具软件，用来减少资料数据文件占有的存储空间。常用的压缩解压缩软件有：WinRAR、Win ZIP、Cab 等。本节简单介绍目前最流行的 WinRAR 压缩软件。

（1）WinRAR 概述。WinRAR 是 Windows 版本的 RAR 压缩文件管理器，利用它可以创建、管理和控制压缩文件。Win RAR 还具有合并压缩包、建立自解压文件、加密压缩包等功能。用户可以在 Internet 网络上下载使用。

（2）WinRAR 的使用。在这里简单介绍 WinRAR 应用程序的主要功能：压缩文件和解压缩文件。

① 压缩文件。在相应文件夹中，首先使用鼠标选中要压缩的文件，鼠标在选中的文件上右键单击，在弹出的快捷菜单中选择【添加到压缩文件】命令，可以通过单击【浏览】按钮来指定将压缩后的文件存放在确定的文件夹内，在【压缩文件名】文本框中可以输入所要保存压缩文件的名字，可以在压缩选项里来指定对应的压缩条件。最后单击【确定】按钮，就可以完成文件的压缩过程。

② 解压文件。找到想要解压的压缩文件，用鼠标选中该文件，鼠标在选中压缩文件的图标上右键单击，在弹出的快捷菜单中选中【解压文件】后，将会弹出设置对话框。

可以使用鼠标单击图像右下的树状结构，来指定将解压后的文件存放的文件夹，如果文件本身已经存在了，则可在【更新方式】及【覆盖方式】的选项中进行选择。单击【确定】按钮，即可完成文件的解压操作。数据压缩和解压缩的过程如图 8-33 所示。

图 8-33　数据压缩和解压缩的过程

8.4　多媒体技术的应用

1. 多媒体技术在生活领域的应用

由于多媒体极佳的声光效果，越来越多的音乐、电影、游戏被存储于光盘之中，以光盘的形式发行，使人们得到更高品质的娱乐享受。

2. 多媒体技术在教育领域的应用

教育培训是多媒体计算机最有前途的应用领域之一，世界各国的教育学家们正努力研究用先进的多媒体技术改进教学与培训。以多媒体计算机为核心的现代教育技术使教学变得丰富多彩，并引发教育的深层次改革。计算机多媒体教学已在较大范围内替代了基于黑板的教学方式，从以教师为中心的教学模式逐步向以学生为中心、学生自主学习的新型教学模式转移。

多媒体为丰富多彩的教学方法又增添了一种新的手段：音频、动画和视频的加入。各种计算机辅助教学软件（CAI）及各类视听类教材、图书、培训材料等使现代教育教学和培训的效果越来越好。多媒体技术在有些领域的培训工作中发挥着重要的作用，最具有代表性的例子是对飞行员的飞行培训，飞行员在采用多媒体技术的飞行模拟器中模拟进行各种气候条件下的安全飞行，进而掌握处理紧急情况的基本技能。这不但能大幅度降低训练成本，而且还可以确保飞行员和设备的万无一失。

实践证明，多媒体教学系统有如下效果：学习效果好，说服力强；教学信息的集成使教学内容丰富，信息量大；感官整体交互，学习效率高；各种媒体与计算机结合，可以使人类的感官与想象力相互配合，产生前所未有的思维空间与创造资源。

3. 多媒体技术在商业领域的应用

在国内，体现多媒体技术特点的 VCD、SVCD 及 DVD 等数字家用电器产业已经形成。它不仅给我们的日常生活带来了无限的便利和轻松，而且也给广大的商家带来了巨大的利润。此外，在广告和销售服务工作中，采用多媒体技术可以高质量地、实时地、交互地接收和发布商业信息，进行商品展示、销售演示，并且把设备的操作和使用说明制作成产品操作手册，以提高产品促销的效果，为广大商家及时地赢得商机。另外，各种基于多媒体技术的演示查询系统和信息管理系统，如车票销售系统、气象咨询系统、病历库、新闻报刊音像库等也在人们的日常生活中扮演着重要的角色，发挥着重要的作用。

习　题

一、选择题

1. 一般来说，要求声音的质量越高，则_____。
   A. 量化级数越低和采样频率越低　　B. 量化级数越高和采样频率越高
   C. 量化级数越低和采样频率越高　　D. 量化级数越高和采样频率越低

2. MIDI 文件中记录的是_____。
   A. 乐谱　　　　　　　　　　　B. MIDI 量化等级和采样频率
   C. 波形采样　　　　　　　　　D. 声道

3. 下列声音文件格式中，_____是波形声音文件格式。
   A. WAV　　　　B. CMF　　　　C. VOC　　　　D. MID

4. 所谓媒体是指_____。
   A. 承载并传递信息的载体和工具　　B. 各种信息的编码
   C. 计算机输入与输出的信息　　　　D. 计算机屏幕显示的信息

5. 计算机多媒体技术是利用计算机对_____等多种信息综合处理建立逻辑关系和人机交互作用的技术。
   A. 中文、英文、日文和其他文字
   B. 硬盘、软件、键盘和鼠标
   C. 文本、图形、图像、声音、动画、视频
   D. 拼音码、五笔字型和全息码

6. 音频与视频信息在计算机内是以_____表示的。
   A. 模拟信息　　　　　　　　　B. 模拟信息或数字信息
   C. 数字信息　　　　　　　　　D. 某种转换公式

7. _____不是多媒体技术的特点。
   A. 集成性　　　B. 交互性　　　C. 多样性　　　D. 兼容性

8. _____不是图形图像文件的扩展名。
   A. MP3　　　　B. BMP　　　　C. GIF　　　　D. WMF

9. 下面硬件设备中，_____是多媒体硬件系统应包括的。
   （1）计算机最基本的硬件设备　　　（2）CD-ROM
   （3）音频输入、输出和处理设备　　（4）多媒体通信传输设备
   A.（1）　　　B.（1）、（2）　　C.（1）、（2）、（3）D. 全部

10. 下面的图形图像文件格式中，_____可实现动画。

A. WMF 格式　　B. GIF 格式　　C. BMP 格式　　D. JPG 格式

11. 下面_____不是多媒体计算机中常用的图像输入设备。

A. 数码照相机　B. 彩色扫描仪　C. 条码读写器　D. 彩色摄像机

12. 下面硬件设备中，_____不是多媒体硬件系统必须包括的设备。

A. 计算机最本的硬件设备　　　B. CD-ROM

C. 音频输入、输出和处理设备　D. 多媒体通信传输设备

13. 下列关于 Premiere 软件的描述中，_____是正确的。

（1）Premiere 是一个专业化的动画与数字视频处理软件。

（2）Premiere 可以将多种媒体数据综合成为一个视频文件。

（3）Premiere 具有多种活动图像的特技处理功能。

（4）Premiere 软件与 Photoshop 软件是一家公司的产品。

A.（1）（2）　　　　　　　B.（3）（4）

C.（2）（3）（4）　　　　　D. 全部

二、填空题

1. 多媒体是一种以交互方式将_____、图形、_____、_____、视频等多种媒体信息，经过计算机设备获取、操作、编辑、存储等综合处理后，以单独或合成的形态表现出来的技术和方法。

2. 计算机中多媒体信息技术具有多样性、_____、_____、数字化、_____、实时性、信息使用的方便性和信息结构的动态性等特性。

3. 目前常用的压缩编码方法分为两类：_____和_____。

4. 多媒体计算机系统与普通计算机系统一样，仍由_____系统和_____系统组成。

5. Windows 中最常用的图像文件格式是_____、_____、_____、_____。

6. 按声音的表达形式，可将声音分为_____、_____和_____ 3 类。

7. 常见的国际压缩标准为_____、_____。

三、名词解释

1. 媒体　2. 多媒体　3. 多媒体技术　4. 有损压缩　5. 无损压缩

四、简答题

1. 图形和图像有何区别？

2. 简述多媒体计算机的应用。

3. 简述多媒体系统的组成。

4. 简述多媒体信息处理的关键技术。

第9章
常用工具介绍

不论是在生活中还是在工作中，为了更方便、更有效地利用我们的多媒体计算机，掌握常用的工具软件的使用方法是非常必要的。熟悉这些工具软件的使用规律，还能够提高我们的计算机使用水平。本章就从最常用的工具软件的基础知识及其使用方法入手，分别介绍系统备份与优化工具、网络工具、安全防护工具、媒体播放软件，以及数据恢复等工具软件。

9.1　系统备份与优化工具

9.1.1　系统备份与还原工具

在系统维护中，备份是一项必不可少的日常工作，如今硬盘容量越来越大，传输的速度也越来越快，可安全性与可靠性却没有多大的改进，硬盘上经常会出现一些坏道，而保存在硬盘上的数据也就被破坏。因此，数据的备份与恢复对于保障系统稳定运行就显得尤为重要了。下面主要讲解如何使用 Ghost 进行系统的备份。

Ghost 软件是美国著名软件公司 SYMANTEC 推出的硬盘复制工具，它的备份和还原是以硬盘的扇区为单位进行的，也就是说，可以将一个硬盘上的物理信息完整复制，而不仅仅是数据的简单复制，Ghost 支持将分区或硬盘直接备份到一个扩展名为.gho 的文件里（SYMANTEC 把这种文件称为镜像文件），也支持直接备份到另一个分区或硬盘里。当还原数据时，原来分区会完全被覆盖，已恢复的文件与原硬盘上的文件地址不变，它同样可以将一块硬盘上的数据完全"克隆"到另外一块硬盘上。

1. Norton Ghost 简介

Norton Ghost 可以实现 FAT16、FAT32、NTFS、OS2 等多种硬盘分区格式的分区及硬盘的备份和还原。它的界面风格与旧版相比，提高了软件的易用性与方便性，采用了向导方式，让新手能迅速掌握及使用其功能，同时也简化了操作步骤，可以快速地进行相关操作。

Norton Ghost 的主要功能如下。

（1）定义备份向导。用户可以通过它来一步一步地进行备份设置，可以轻松地根据自己的需要来安排备份设置。

（2）文件和文件夹备份。用户可选择对指定的文件和文件夹进行备份，而不是备份整个分区，这对于备份空间有限的用户尤其有用。

（3）多版本还原。Norton Ghost 支持备份同一文件的不同版本，让用户可以轻易地恢复文件到之前的某个版本中。

（4）增量备份。在上一次备份之后，对所有发生过变化的文件进行备份。

（5）一次性备份。与常规备份任务不同的是，该任务运行后将自动在 Norton Ghost 备份任务列表中删除，并且不会重复运行，但依然会添加到 Norton Ghost 的备份情况状态表格图中。

（6）还原系统分区。用户可以根据"日期"、"文件名"及"系统"的分类方式来查看可还原的分区及该分区的可还原点，依据还原点进行分区的还原操作，Norton Ghost 还为用户提供了方便的还原向导功能，让新手也能根据提示一步一步地进行还原设置。

（7）整个系统还原。此功能需要进入"恢复环境"下才能进行，所谓地"恢复环境"，其实就是使用 Norton Ghost 的 Symantec Recovery Disk CD 引导的 Windows PE 系统环境。用户使用 Symantec Recovery Disk CD 引导启动，进入"恢复环境"后，只需要选择"HOME"→"RECOVER MY COMPUTER"，就可以进行分区或文件的还原操作。

启动 Norton Ghost 并进入到主界面，其主界面结构比较简单，如图 9-1 所示。

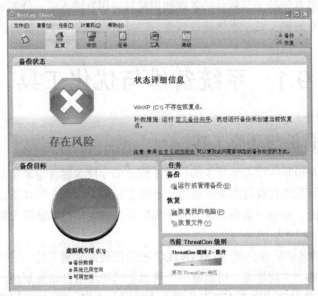

图 9-1　Norton Ghost 主界面

主界面中有以下几个功能单元。

（1）主页：我们可以快速地查看到当前备份状态（备份风险警报）、备份文件存储目标状况，快速进行备份与恢复，甚至还能查看实时的 SYMANTEC 的病毒安全风险级别。

（2）状态：备份情况状态表格图，用户可以在这里方便地查看到各个磁盘分区的备份情况与备份时间，还可以快速地进行恢复操作。

（3）任务：可以在该单元中进行备份或还原的相关操作。

（4）工具：包含了与备份还原有关的功能，如管理备份目的地，执行 Recovery Point Browser，复制还原点等功能。

（5）高级：包含与备份有关的信息。

2. 使用 Norton Ghost 对分区进行一次性备份

启动 Norton Ghost 之后，选择【任务】选项，然后单击【一次性备份】按钮，打开如图 9-2 所示的一次性备份向导，可以根据向导提示选择分区，选择备份的目的地等相关信息，进行备份操作。

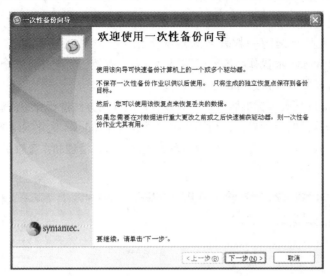

图 9-2　一次性备份向导界面

3．分区恢复

如果用户需要恢复的是正在使用的系统分区，Norton Ghost 会提示用户恢复需要在"恢复环境"中进行，需要使用 Symantec Recovery Disk CD 来引导系统启动，实际上这种情况的操作与整个系统还原的操作相同。

这里我们仅对非系统分区恢复的情况进行介绍，帮助用户重新获得以前备份过的文件。选择【任务】选项，然后选择【恢复】，再单击【恢复我的电脑】按钮，就会打开【恢复我的电脑】窗口，如图 9-3 所示。进入后可以根据"日期"、"文件名"及"系统"的分类方式来查看可还原的分区及该分区的可还原点，选择还原点后单击"立即恢复"按钮，就可以进行分区的还原操作。

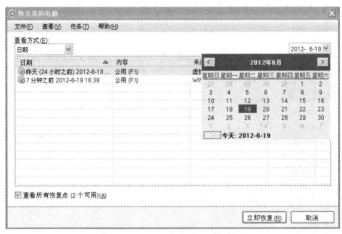

图 9-3　"恢复我的电脑"窗口

9.1.2　系统优化工具

系统优化可以使计算机系统运行的效率更高、性能更好，便于我们使用需要运行软硬件资源，充分发挥计算机提供服务的作用。

1．Windows 优化大师

Windows 优化大师是国内一款著名的系统优化工具软件，它适用于 Windows 2000/XP/2003/Vista/7 等多种 Windows 操作系统，能够提供全面、有效、简便并且安全的系统优化、清理和维护功能，使计算机始终保持最佳的工作状态。

下面以 Windows 优化大师标准版为例，对该软件的使用方法进行介绍。启动 Windows 优化大师后，便会弹出该软件的启动界面，稍等片刻即可进入 Windows 优化大师的主界面，如图 9-4 所示。窗口左侧是页式控件，分为系统检测、系统优化、系统清理和系统维护 4 种任务类型；窗口右侧是相应的任务窗格。

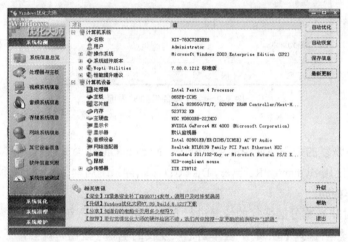

图 9-4　优化大师主界面

（1）优化磁盘缓存。磁盘缓存是影响计算机数据读取与存放的重要因素，利用 Windows 优化大师优化磁盘缓存的方法如下。

① 启动 Windows 优化大师，单击【系统优化】按钮，默认显示【磁盘缓存优化】选项卡，如图 9-5 所示。

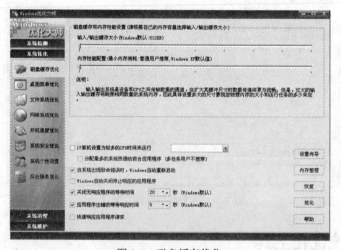

图 9-5　磁盘缓存优化

② 单击任务窗格内的【设置向导】按钮，弹出【磁盘缓存设置向导】对话框，单击【下一步】

按钮。

③ 在【请选择计算机类型】中选择计算机的类型，完成后单击【下一步】按钮，如图 9-6
所示。

④ 根据用户选择计算机经常执行任务的类型，Windows 优化大师会列出推荐的优化方案，
确认无误后单击【下一步】按钮，如图 9-7 所示。

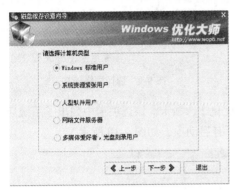

图 9-6　选择计算机类型

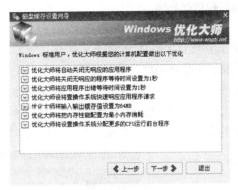

图 9-7　确定优化方案

⑤ 在弹出的对话框中单击【完成】按钮，返回【磁盘缓存优化】选项卡，单击【优化】按钮，
即可按照优化方案对系统进行调整。

（2）优化网络设置。网络已成为人们工作和学习中重要的部分，但在 Windows XP 中，如果
网络调协不当，轻则影响网络连接速度，重则无法连接网络。使用 Windows 优化大师优化网络设
置的具体操作步骤如下。

① 单击【网络系统优化】按钮，打开【网络系统优化】选项卡。该选项卡中列出了几种常用
的上网方式，以及对 IE 的设置选项，如图 9-8 所示。单击【设置向导】按钮，弹出【Wopti 网络
系统自动优化向导】对话框，单击【下一步】按钮。

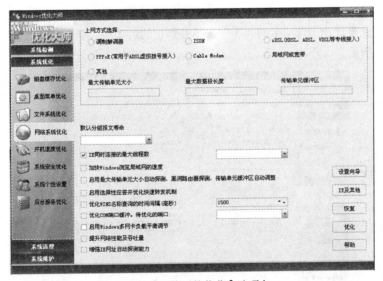

图 9-8　【网络系统优化】选项卡

② 在弹出的对话框中选择当前计算机的网络连接方式，单击【下一步】按钮，如图 9-9 所示。

③ 选择网络连接方式后，Windows 优化会提供一套适用于当前计算机的网络系统优化方案。确认后单击【下一步】按钮，即可按照该方案优化网络系统。

④ 按照优化方案重新设置网络系统后，单击【Wopti 网络系统自动优化向导】对话框中的【退出】按钮回到初始界面。

（3）优化系统启动速度。用户还可以使用 Windows 优化大师对 Windows 操作系统的启动项进行优化，以禁止系统启动不需要或不经常使用的程序及服务，加快系统的启动速度，具体操作方法如下。

图 9-9　选择网络连接方式

① 单击【开机速度优化】按钮，打开【开机速度优化】选项卡。该选项卡中列出了系统启动信息的停留时间、预读方法，以及系统启动时加载的所有启动项，如图 9-10 所示。

图 9-10　【开机速度优化】选项卡

② 在【开机速度优化】选项卡的列表中选择要禁止的启动项，单击【优化】按钮，保存优化设置，如图 9-11 所示。

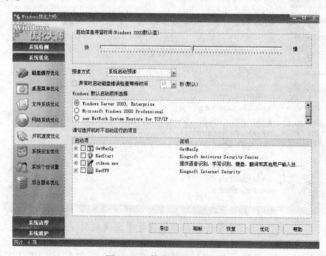

图 9-11　优化系统启动项

③ 单击【后台服务优化】按钮，打开【后台服务优化】选项卡。该选项卡中列出了操作系统内所有的系统服务，以及这些服务的运行情况和启动设置，如图 9-12 所示。

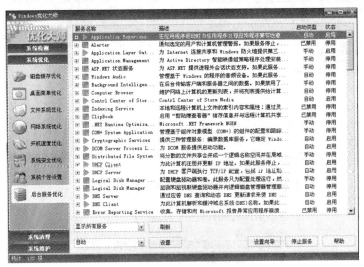

图 9-12　查看系统服务

④ 单击【后台服务优化】选项卡中的【设置向导】按钮，弹出【服务设置向导】对话框，单击【下一步】按钮。

⑤ 在弹出的对话框中选择设置系统服务的方式，单击【下一步】按钮，如图 9-13 所示。

⑥ 在【与网络相关的常用服务设置】中，根据当前计算机的网络连接情况对相关选项进行设置，完成后单击【下一步】按钮，如图 9-14 所示。

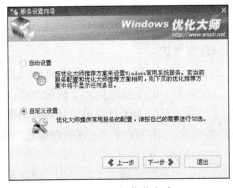

图 9-13　选择优化方式

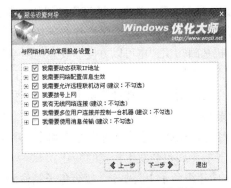

图 9-14　设置与网络相关的系统服务

⑦ 在【与外设相关的常用服务设置】中，根据当前计算机外部设备的使用情况设置相关服务后，单击【下一步】按钮，如图 9-15 所示。

⑧ 在【其他常用服务设置】中，对列出的系统服务进行设置后，单击【下一步】按钮，如图 9-16 所示。

⑨ 完成系统服务设置后，服务设置向导会在弹出的对话框中列出需要进行调整的系统服务选项，确认无误后单击【下一步】按钮，即可对其进行优化设置，如图 9-17 所示。

⑩ 稍等片刻，即可完成系统服务的优化设置，在弹出的对话框中单击【完成】按钮，即可退出服务设置向导，并返回【后台服务优化】选项卡。

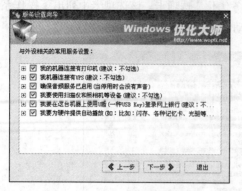

图 9-15　与外设相关的系统服务

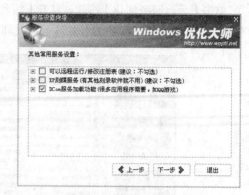

图 9-16　其他常用系统服务

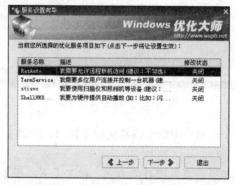

图 9-17　确认系统服务优化设置

2．"超级兔子"的魔法设置

"超级兔子"是一款专为计算机初级用户制作的系统清理与维护工具。软件内所有的功能都采用向导式的操作方式，每一个操作步骤均有详细的解释和功能介绍，这使得即便用户仅掌握少量的计算机基础知识，也可以方便、安全地对系统进行清理与维护。

下面以"超级兔子"十周年专业版（以下简称"超级兔子"）为例，介绍该软件在系统清理与维护方面的应用方法。在计算机上安装超级兔子后，双击桌面上的【超级兔子】快捷方式，即可启动该软件，默认显示【兔子软件】选项卡，如图 9-18 所示。超级兔子软件的主界面共分为【超级兔子】、【快乐影音】、【软件中心】和【选项】4 个功能模块，用户在打开不同的功能选项卡后，超级兔子的界面也会发生相应的变化。

（1）【超级兔子】选项卡。超级兔子制作的专业软件为用户提供了最强大的功能，优化系统加速运行，并解决用户各种各样的问题。

① 超级兔子专业软件。

- 最快地下载安装补丁。支持 Windows XP/2003/Vista/2008/7 以上操作系统，提供更快的检测升级补丁的途径，保证系统永远处于安全状态。
- 最方便安装硬件驱动。能够自动检测所需的硬件驱动，自动完成一系列驱动的下载、安装过程。
- 查看硬件，测试电脑速度。显示计算机当前的硬件信息、温度，测试系统速度。
- 清除垃圾，卸载软件。轻轻松松优化系统，清除硬盘与注册表的垃圾，卸载各种顽固软件和 IE 插件，其中专业卸载可以完美卸载常见的广告软件和其他软件。

图 9-18　"超级兔子"主界面

● 打造属于自己的系统。提供最多的系统隐藏参数，调整 Windows 使它更适合自己使用，例如启动程序的设置、桌面及图标的修改、网络参数设置等。

● 屏蔽各种窗口。系统中充斥着各种各样会弹出窗口的软件，只要用户不想看，"反弹天使"就会让用户看不到它。

● 安全上网，文件夹隐藏。提供 3D 化的全能保护，基础版只包括安全浏览器和隐藏文件/文件夹两大功能。

● 保护 IE，清除 IE 广告。可以禁止 IE 广告，保护 IE 不被恶意网站修改，还有禁止色情网站、上网时间控制等一系列强大的 IE 控制功能。

● 修复 IE，检测危险程式。检测系统存在的风险软件及 IE 问题，并采用自动、人工等多种方式解决 IE 被风险软件修改。

② 其他实用工具。

● 备份还原注册表、驱动程序。真正完整地备份注册表，还能每天自动备份，即使启动失败也可恢复。

● 查看、终止当前程序。查看系统运行中的窗口、进程、模块、端口，并且通常在线查询，还能得到常见进程的详细信息及危险级别。

● 简易的文件夹解密。保护计算机、硬盘、文件夹及文件不让别人使用，还可以删除顽固文件。

● 利用大内存加快系统运行。将多余的内存模拟成磁盘，存放 IE 及系统的临时文件，加快读写速度，减少硬盘碎片。

● 提供更多物理内存。为应用软件提供更多的可用物理内存。

● 提供快速关机和定时关机。提供快速关机、定时关机、关机清除垃圾功能。

（2）【快乐影音】选项卡。快乐影音是可以播放绝大多数音乐、电影、视频格式的播放器，还能给音乐提供歌词，自动加载电影字幕、修改视频亮度、连续剧自动续播等众多的功能，如图 9-19 所示。

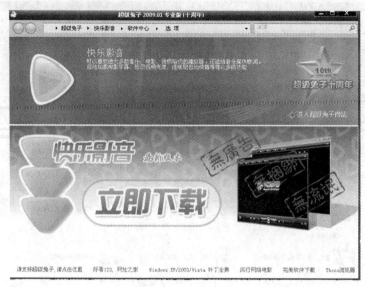

图 9-19　快乐影音

（3）【软件中心】选项卡。提供各类常用软件的下载资源，如图 9-20 所示。

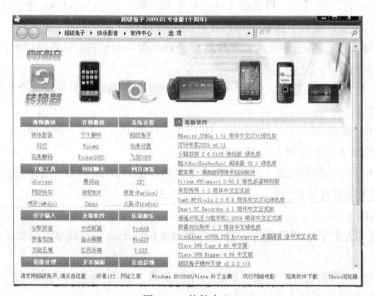

图 9-20　软件中心

（4）【选项】选项卡。对超级兔子进行一些常规设置，并可以设置软件密码或者检查有无新版本，提供升级。

9.2　网络工具

除了网页这种最大众化的资源以外，网络中还有很多东西是用户能够利用的，例如软件下载、电子邮件、即时通信等。下面就对这些常用的内容一一进行介绍。

9.2.1　浏览工具的使用

网络上绝大多数的资源都是以网页的形式出现的，用来浏览网页的工具软件叫做浏览器。Windows 类的操作系统内置了一个浏览器叫 Internet Explorer，简称 IE，如图 9-21 所示。

图 9-21　IE 顶端界面

这里要注意的是，图中的 ⟨⟩ 分别用来刷新和停止当前网页；标签用来切换已经打开的多个网页；星星用来把喜欢的网页保存起来。

有的读者可能已经注意到，每次打开 IE 时都会打开一个网页，这是微软公司的网页，用户一般会把它设置成自己想要访问的网页或者设置成空白页。设置的方法是：选择【工具】→【Internet 选项】命令，在出现的【Internet 选项】对话框中单击【使用空白页】或【使用当前页】按钮，如图 9-22 所示。

另外，要安全地使用 IE 还有一个地方需要注意，就是【内容】标签中的【自动完成】功能，位置如图 9-23 所示。单击【设置】按钮，打开【自动完成设置】对话框。可以看到 IE 会为用户记录每次访问网站时使用的用户名和密码，如图 9-24 所示。这本来是一个很方便的功能，但容易被黑客利用盗取用户的个人信息，所以这里还是将这些记录的对勾去掉，只留着自动完成 Web 地址一项即可。

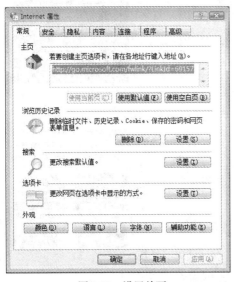

图 9-22　设置首页

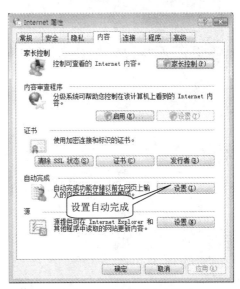

图 9-23　设置自动完成位置

IE 还有很多设置内容，需要用户慢慢体会。一个经过自定义设置的 IE 会更好、更安全地帮助我们浏览网络资源。常用的浏览器还有傲游浏览器、火狐浏览器、360 浏览器、腾讯 TT、世界之窗等。

用 IE 找到自己需要的资源后，有一部分是我们希望保留在自己的电脑上的。这就需要掌握下载网络资源的方法。下面就介绍下载工具的使用。

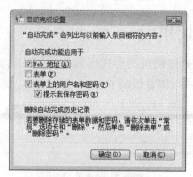

图 9-24　设置自动完成内容

9.2.2　下载工具的使用

网络上的资源非常丰富，利用浏览器和搜索引擎找到后，怎么把它保留在自己的计算机中就是接下来要讨论的问题——下载。下载的工具很多，目前用得最多的是迅雷。迅雷程序的界面如图 9-25 所示。正中间的大部分区域用于显示下载进度，其他区域用于新闻、登录、分类等。

图 9-25　迅雷程序界面

迅雷的使用也非常简单。使用浏览器找到资源后，直接在资源上单击就会出现迅雷的下载界面，如图 9-26 所示。当然，前提是已经安装了迅雷，界面中唯一需要选择的就是【存储目录】项。然后单击【确定】按钮，剩下的就是等着完成下载任务。

目前除了迅雷这样非常有效的下载工具外，还有快车 FlashGet、电驴、BitTorrent 等常用的下载工具。

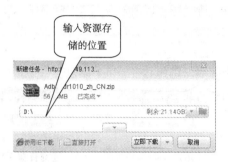

图 9-26　迅雷下载界面

9.2.3　邮件工具的使用

专门的邮件工具很多，这里着重介绍网页形式邮件的接收。目前提供网页服务的网站也很多，如新浪、搜狐、Hotmail 等，使用方法都大同小异。这里介绍 126 网站提供的邮件服务。它的名称易记、容量大、功能全、使用简便，已经赢得了很多用户的好评，其网址是 www.126.com，首页如图 9-27 所示。

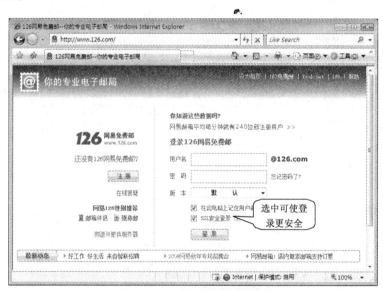

图 9-27　126 邮箱登录界面

输入用户名和密码以后，单击【登录】按钮会进入邮箱界面，如图 9-28 所示。左上角有两个按钮——写信和收信。单击【收信】按钮，会看到如图 9-29 所示的页面，屏幕中间的大部分区域列出邮箱中所有的邮件，其中还没有看过的用粗体表示。单击右边的标题或者邮件的发送者都可以打开邮件进行查看，如图 9-30 所示。

单击【写信】按钮，会看到如图 9-31 所示的写信页面。用户需要在【收件人】位置输入收件人地址。主题是这封邮件的简单摘要，可以让收件人一目了然地了解邮件的内容。剩下的就是在下面撰写邮件的内容了。写好后，单击下面的【发送】按钮，一封邮件就发送出去了。

126 邮箱还为用户提供了百宝箱功能，如图 9-32 所示。126 邮箱会自动过滤广告邮件、垃圾邮件，并对邮件进行杀毒，确保用户收到的邮件都是安全有用的。还有很多有趣的功能，就靠用户自己仔细研究了。抓紧给身边的朋友写封信问候一下吧！

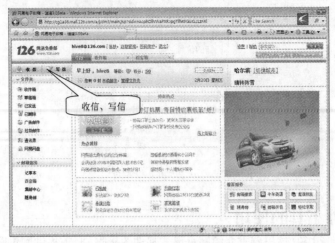

图 9-28　126 邮箱主界面

图 9-29　信件梗概

图 9-30　收信界面

图 9-31 写信界面

图 9-32 百宝箱界面

9.2.4 通信工具的使用

通过网络可以方便地跟身边的朋友进行沟通。如果说邮件是一种含蓄和正式的联系方式,那即时通信就显得更直接、通俗了。目前即时通信软件很多,如 QQ、MSN、旺旺、泡泡、UT 等,用的最多的可以说是 QQ 了。

QQ 软件和注册账号都可以在 QQ 网站上完成。QQ 网站是 www.qq.com,首先要在网站上下载 QQ 程序,并把它安装到计算机上,安装好后运行的 QQ 登录界面如图 9-33 所示。

输入在网站上申请的账号和密码,单击【登录】按钮,如果账号密码正确,就会出现如图 9-34 所示的主面板,从这里可以看到我们的好友。当然,新申请的号码是没有好友的,需要我们自己添加。有了好友以后,在想要聊天的好友上双击,就会出现如图 9-35 所示的聊天界面。在下面的文本框中输入文字,上面会显示聊天内容。

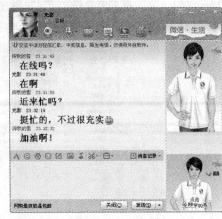

图 9-33　QQ 登录界面　　　　图 9-34　QQ 主界面　　　　图 9-35　QQ 聊天界面

QQ 之所以很普及，除了历史悠久以外，更主要的是功能强大。它的功能包括文本聊天、视频聊天、群聊、听音乐、玩游戏、养宠物、买卖东西、个人空间、天气预报、写邮件，几乎日常用到的功能都能在 QQ 上找到。

9.3　安全防护工具

如今的网络已经将世界连接到了一起，网络的威力是非常强大的，计算机的作用也越来越突出。正因如此，一些人就想到在网络中利用非法方式谋取利益，使用病毒或攻击手段入侵他人计算机。我们只有合理地使用好安全防护工具，才能够有效地阻止他人非法入侵。本节我们将依据对病毒或攻击的防、查、杀 3 方面来介绍常用的安防工具。

9.3.1　防火墙

随着网络安全问题日益严重，网络安全技术和产品也被人们日益重视起来。防火墙作为最早出现的网络安全技术和使用量最大的网络安全产品，受到用户和研发机构的青睐。

1. 防火墙的概念

以前，人们在建造房屋时，为防止火灾的发生和蔓延，将石块堆砌在房屋周围作为屏障，这种防护结构被称为防火墙。在当今的计算机领域，人们借助这个概念，使用由先进的计算机软硬件系统组建的"防火墙"来保护敏感的数据信息不被窃取和篡改，保护计算机网络免受非授权人员的骚扰和黑客的入侵。

"防火墙"可以作如下定义：防火墙是指设置在不同的网络（如可信任的企业内部和不可信的公共网）或网络安全域之间的一系列部件（包括计算机和路由器）的组合，它执行预先制定的访问控制策略，决定网络外部与网络内部的访问方式。

2. 防火墙的功能

防火墙对流经它的网络通信进行扫描，这样能够过滤掉一些攻击，以免其在目标计算机上被执行；防火墙还可以关闭不使用的端口；而且它还能禁止特定端口的流出通信，封锁特洛伊木马；它也可以禁止来自特殊站点的访问，从而防止来历不明入侵者的所有通信。

（1）防火墙是网络安全的屏障。一个防火墙（作为阻塞点、控制点）能极大地提高一个内部网络的安全性，并通过过滤不安全的服务而降低风险。由于只有经过精心选择的应用协议才能通过防火墙，所以网络环境变得更加安全。防火墙同时可以保护网络免受基于路由的攻击，拒绝所有以上类型攻击的数据，并通知防火墙管理员。

（2）防火墙可以强化网络安全策略。通过以防火墙为中心的安全方案配置，能将所有安全软件（如口令、加密、身份认证、审计等）配置在防火墙上。与将网络安全问题分散到各个主机上相比，防火墙的集中安全管理更经济。例如在网络访问时，一次一密口令系统和其他的身份认证系统完全可以不必分散在各个主机上，而集中在防火墙身上。

（3）对网络存取和访问进行监控审计。防火墙可以记录下所有的访问并做出日志记录，同时也能提供网络使用情况的统计数据。当发生可疑现象时，防火墙能进行适当的预警，并提供网络是否收到监测和攻击的详细信息。另外，收集一个网络的使用和误用情况也是非常重要的，首要理由是可以清楚防火墙是否能够抵挡攻击者的探测和攻击，并且清楚防火墙的控制是否充足，而网络使用统计对网络需求分析和威胁分析等而言也是非常重要的。

（4）防止内部信息的外泄。通过利用防火墙对内部网络的划分，可实现内部网重点网段的隔离，从而限制了局部重点或敏感网络安全问题对全局网络造成的影响。再者，隐私是内部网络非常关心的问题，一个内部网络中不引人注意的细节可能包含了有关安全的线索而引起外部攻击者的兴趣，甚至因此而暴露了内部网络的某些安全漏洞。使用防火墙就可以隐蔽那些透漏内部细节的服务。同样，防火墙可以阻塞有关内部网络中的 DNS 信息，这样，一台主机的域名和 IP 地址就不会被外界所了解。

3. 瑞星个人防火墙

瑞星个人防火墙是一款保护用户上网安全的产品，在你看网页、玩网络游戏、聊天时阻截各类网络风险。该软件界面设计简洁，便于用户操作。瑞星"智能云安全"针对互联网上大量出现的恶意病毒、挂马网站和钓鱼网站等，可自动收集、分析、处理、阻截木马攻击、黑客入侵及网络诈骗，为用户上网提供智能化的整体上网安全解决方案。"智能反钓鱼"功能可以利用网址识别和网页行为分析的手段有效拦截恶意钓鱼网站，保护用户个人隐私信息、网上银行账号密码和网络支付账号密码安全。

启动瑞星个人防火墙后，可以看到其主界面中包括 4 个单元，即首页、网络防护、联网程序和安全资讯，如图 9-36 所示。首页中显示了网络防护的统计信息和联网状态信息；网络防护中包含网络防护的各种功能；联网程序用于显示当前连接网络的应用程序；安全资讯中发布了与瑞星有关的信息。

图 9-36 瑞星个人防火墙主界面

对于我们来说，网络防护单元是最主要的，其中包含的功能如下。

（1）程序联网控制：控制程序对网络的访问。

（2）网络攻击拦截：阻止黑客攻击系统对用户造成的危险。

（3）恶意网址拦截：保护用户在访问网页时，不被病毒及钓鱼网页侵害。

（4）ARP 欺骗防御：防止计算机受到 ARP 欺骗攻击，并帮助用户找到局域网中的攻击源。

（5）对外攻击拦截：防止计算机被黑客控制，变为攻击互联网的"肉鸡"，保护带宽和系统资源不被恶意占用，避免成为"僵尸网络"成员。"僵尸网络"是指采用一种或多种传播手段，将大量主机感染 bot 程序（僵尸程序）病毒，从而在控制者和被感染主机之间所形成的一个可一对多控制的网络。攻击者通过各种途径传播僵尸程序感染互联网上的大量主机，而被感染的主机将通过一个控制信道接收攻击者的指令，组成一个僵尸网络。

（6）网络数据保护：通过智能分析技术发现威胁，保护数据在网络中的传输安全。

（7）IP 规则设置：根据相关规则，对进出计算机的 IP 数据包进行过滤。

在实际应用中，防火墙软件的种类很多，比如 ARP 防火墙、天网防火墙、金山 ARP 防火墙等常用的防火墙软件。

9.3.2　杀毒工具

计算机病毒的破坏力越来越强，危害越来越大，几乎所有的软硬件故障都可能是由于病毒的影响和破坏造成的。当用户发现计算机的运行有异常情况时，首先应怀疑是否是病毒在作怪。最佳的解决方法就是利用杀毒软件对计算机进行清查，以确保系统的安全。下面介绍瑞星杀毒软件2012 的使用方法。

1. 瑞星杀毒软件

瑞星杀毒软件 2012 以瑞星最新研发的变频杀毒引擎为核心，通过变频技术使电脑得到安全保证的同时，又大大降低资源占用，让电脑更加轻便。同时，瑞星 2012 版应用"瑞星云安全"技术、"云查杀"、"网购保护"、"智能、安全上网"和智能反钓鱼等技术，保护网购、网游、微博、办公等常见应用面临的各种安全问题，通过友善易用的界面和更小的资源占用为用户提供全新安全软件体验，其全方位的服务体系为用户提供全天候技术支持与救援服务。

瑞星杀毒软件 2012 具体功能如下。

（1）瑞星变频杀毒技术：智能检测电脑资源占用，自动分配杀毒时占用的系统资源，既保障电脑正常使用，又保证电脑安全。

（2）瑞星"云查杀"：大大降低用户电脑资源占用，杀毒速度快速提升，无需升级即可查杀最新病毒。

（3）网购保护：在用户进行网上购物、支付、访问网银等操作时自动进行保护，防止黑客、木马病毒等问题对用户网上银行财产产生威胁，确保网购安全。

（4）智能、安全上网：通过"智能反钓鱼"、"安全搜索"、"木马下载拦截"、"家长控制"、"ADSL带宽管家"等大量新增功能，保证用户安全上网、绿色上网、智能上网。

（5）体积小、资源小、高效升级：安装包体积小，杀毒速度快速提升，对系统影响小，升级时只下载几 KB 的文件，减小带宽占用。

安装瑞星杀毒软件 2012 后，选择【开始】→【所有程序】→【瑞星杀毒软件】命令或者双击快捷方式图标，均可打开该软件，如图 9-37 所示。窗口中有病毒查杀、电脑防护、软件升级、实用工具、安全资讯 5 个功能单元。

图 9-37　瑞星杀毒软件主界面

下面介绍一下杀毒功能的使用。在窗口中单击【病毒查杀】选项卡，可以在该选项卡中选择快速查杀、全盘查杀或自定义查杀，即可对计算机按照选择的方式进行病毒查杀。若选择快速查杀，则是对系统分区的系统文件进行查杀；若选择全盘查杀，就会对整个磁盘上的所有分区进行病毒查杀；自定义查杀是对用户指定的目录或分区进行病毒查杀。

单击窗口右上角的【设置】按钮，可以打开设置窗口，用户可以进行查杀设置，如设置查杀引擎，变频杀毒，发现病毒时的处理方法等，如图 9-38 所示。

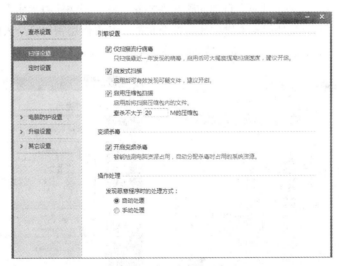

图 9-38　瑞星杀毒设置窗口

2. 其他杀毒软件简介

常用的其他杀毒软件有金山毒霸、诺顿杀毒软件、McAfee VirusScan 等。

（1）金山毒霸。金山毒霸（Kingsoft Anti-Virus）是金山软件股份有限公司研制开发的高智能反病毒软件，融合了启发式搜索、代码分析、虚拟机查毒等经业界证明成熟可靠的反病毒技术，使其在查杀病毒种类、查杀病毒速度、未知病毒防治等多方面达到世界先进水平。同时，金山毒霸具有病毒防火墙实时监控、压缩文件查毒、查杀电子邮件病毒等多项先进的功能，紧随世界反病毒技术的发展，为个人用户和企事业单位提供完善的反病毒解决方案。金山毒霸界面如图 9-39 所示。

图 9-39　金山毒霸界面

（2）诺顿杀毒软件。诺顿杀毒软件一向包括杀毒软件和防黑客软件两部分，这是因为早期病毒的危害要远远大于黑客、恶意程序等的危害，光盘、软盘、网络都可能成为病毒感染的途径，网友对病毒的重视程度也大大重于对黑客攻击的重视程度，但又要照顾到网络攻击及恶意程序的存在。诺顿杀毒软件的主界面如图 9-40 所示。

（3）McAfee 防毒软件。McAfee 防毒软件将 WebScanX 功能合在一起，增加了许多新功能，除了侦测和清除病毒外，它还有 VShield 自动监视系统，会常驻在 System Tray 中，当用户从磁盘、网络、E-mail 文件中开启文件时便会自动侦测文件的安全性。若文件内含病毒，便会立即警告，并进行适当的处理，而且支持鼠标右键的快速选单功能，并可使用密码将个人的设定锁住，让别人无法乱改该设定。McAfee VirusScan 主界面如图 9-41 所示。

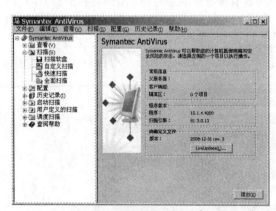

图 9-40　诺顿杀毒软件界面

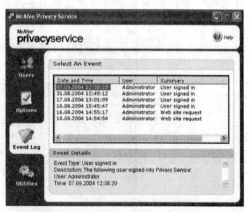

图 9-41　McAfee VirusScan 主界面

9.3.3　系统安全工具

系统的安全威胁不仅来自于病毒的入侵，同样也会来自于黑客利用木马或系统漏洞的攻击。由于系统本身并不总是无懈可击，所以常常会防不胜防，单纯依靠防火墙和杀毒软件是不够的，还需要使用系统安全工具来帮助我们保护系统的安全。下面重点介绍常用的系统安全工具。

1. 鲁大师

鲁大师（原名：Z 武器）是新一代的系统工具。它是能轻松辨别电脑硬件真伪，保护电脑稳定运行，优化清理系统，提升电脑运行速度的免费软件。鲁大师能够快速升级系统补丁，安全修复漏洞，远离黑屏困扰。

鲁大师首页给您一个您的系统的简介，在这里可以看到鲁大师首页主体分为 4 大部分：电脑各部件的对应按钮、综合评分、电脑概览和传感器信息。鲁大师每次启动都会扫描您的计算机，将电脑的综合信息在首页呈现，如图 9-42 所示。

图 9-42　鲁大师主界面

不仅如此，鲁大师的首页还简明直观地提供了电脑的实时传感器信息，例如，处理器温度、显卡温度、主硬盘温度、主板温度、处理器风扇转速等。这些信息将会随着电脑的运行实时发生变化。

在首页的上方分布着鲁大师的主要功能按钮：硬件检测、温度监测、性能测试、节能降温、一键优化和高级工具。单击这些功能按钮可以切换到对应功能模块。在其他页面中，随时可以单击首页按钮回到首页。下面一一说明这些功能。

（1）硬件概览。鲁大师显示您的计算机的硬件配置的简洁报告，报告包含的内容有计算机生产厂商、操作系统、处理器型号、主板型号、芯片组、内存品牌及容量、主硬盘品牌及型号、显卡品牌及显存容量、显示器品牌及尺寸、声卡型号、网卡型号。

（2）温度检测。在温度监测内，鲁大师显示计算机各类硬件温度的变化曲线图表。温度监测包含的内容有 CPU 温度、显卡温度（GPU 温度）、主硬盘温度、主板温度。勾选设备图标左上方的选择框，可以在曲线图表中显示该设备的温度，温度曲线与该设备图标中心区域颜色一致。单击右侧快捷操作中的"保存监测结果"，可以将监测结果保存到文件。

（3）性能测试。

① 电脑综合性能评分：鲁大师电脑综合性能评分是通过模拟电脑计算获得的 CPU 速度测评分数和模拟 3D 游戏场景获得的游戏性能测评分数综合计算所得。该分数能表示您的电脑的综合性能。测试完毕后会输出测试结果和建议。

② 处理器（CPU）速度测试：通过鲁大师提供的电脑性能评估算法，对用户电脑的处理器（CPU）以及处理器（CPU）同内存、主板之间的配合性能进行评估。

③ 显卡 3D 游戏性能测试：3D 游戏性能是显卡好坏的重要指标。显卡的参数虽然重要，但实际的游戏性能更能说明问题。通过鲁大师提供的游戏模拟场景对显卡的 3D 性能进行性能评估。测试完毕后会输出测试结果和建议。

④ 内存性能：提供对内存的读写性能进行测试，得分越高，说明程序的运行速度越快。

⑤ 硬盘性能：可以对硬盘数据的读写性能进行测试，判断复制文件的速度和游戏的加载速度快慢。

⑥ 显示器测试：提供显示器质量测试和液晶屏坏点测试。

⑦ 硬盘坏道测试：通过扫描硬盘表面来判断是否存在坏道。

（4）节能降温。其功能主要应用在时下各种型号的台式机与笔记本上，其作用为智能检测电脑当下应用环境，智能控制当下硬部件的功耗，在不影响对电脑使用效率的前提下，降低电脑的不必要的功耗，从而减少电脑的电力消耗与发热量。特别是在笔记本的应用上，通过鲁大师的智能控制技术，使笔记本在无外接电源的情况下使用更长的时间。

（5）驱动管理。

① 驱动安装：当鲁大师检测到电脑硬件有新的驱动时，"驱动安装"栏目将会显示硬件名称、设备类型、驱动大小、已安装的驱动版本、可升级的驱动版本。可以使用鲁大师默认的"升级"以及"一键修复"功能，也可以手动设置驱动的下载目录。

② 驱动备份："驱动备份"可以备份所选的驱动程序，还可以通过"设置驱动备份目录"手动设置驱动备份的地址。

③ 驱动恢复：当电脑的驱动出现问题，或者您想将驱动恢复至上一个版本的时候，"驱动恢复"就派上用场了，当然前提是先前已经备份了该驱动程序。

（6）电脑优化。一键优化拥有全智能的一键优化和一键恢复功能，其中包括了对系统响应速度优化、用户界面速度优化、文件系统优化、网络优化等优化功能。

（7）高级工具。提供了多种实用工具，有针对性地帮助用户解决问题，提升计算机速度；还有如清理痕迹、清理垃圾等工具。

2．其他系统安全工具

与鲁大师类似的安全工具实际上还有 360 安全卫士、金山卫士、QQ 电脑管家等。

（1）360 安全卫士。360 安全卫士是一款由奇虎网推出的功能强、效果好、受用户欢迎的上网安全软件，其拥有查杀木马、清理插件、修复漏洞、电脑体检等多种功能，并独创了"木马防火墙"功能，依靠抢先侦测和云端鉴别，可全面、智能地拦截各类木马，保护用户的账号、隐私等重要信息。目前木马威胁之大已远超病毒，360 安全卫士运用云安全技术，在拦截和查杀木马的效果、速度以及专业性上表现出色，能有效防止个人数据和隐私被木马窃取，被誉为"防范木马的第一选择"。360 安全卫士自身非常轻巧，同时还具备开机加速、垃圾清理等多种系统优化功能，可大大加快电脑运行速度，内含的 360 软件管家还可帮助用户轻松下载、升级和强力卸载各种应用软件。

（2）金山卫士。金山卫士是一款由金山网络技术有限公司出品的查杀木马能力强、检测漏洞快、体积小巧的免费安全软件。它采用金山领先的云安全技术，不仅能查杀上亿已知木马，还能在 5 分钟内发现新木马；漏洞检测针对 Windows 7 优化，速度更快；更有实时保护、插件清理、修复 IE 等功能，全面保护电脑的系统安全。

（3）QQ 电脑管家。QQ 电脑管家是 QQ 医生 3.3 的升级版本，在功能上更全面、更智能、更贴心。主要功能包括安全体检、查杀木马、修复漏洞、系统优化、工具箱和软件管理，适合上网用户每天使用。

9.4 其他工具

掌握了计算机维护与使用的基本工具之后，现在我们来充分享受一下计算机多媒体的乐趣吧！在本小节的最后，我们再学习使用一种软件——数据恢复工具，它可是日后使用计算机过程中挽救数据的重要法宝。

9.4.1 视频播放工具

视频播放工具为我们的生活带来了真实、直观的世界，使我们更容易地理解我们未知的世界。视频播放工具经历了由播放本地视频到在线播放的转变，现在增添了可以对播放的视频进行简单处理的功能。对于在线播放视频，使用的是流媒体播放器。流媒体播放器是指能把视频文件通过流式传输的方式在 Internet 播放的播放器。现在比较流行的流媒体播放器有迅雷看看播放器、播放影音等。流媒体播放器也能够播放本地硬盘中大多数格式的视频文件。

目前比较常用的播放器是迅雷看看。作为中国最大的下载服务提供商，迅雷每天服务来自几十个国家，超过数千万次的下载。伴随着中国互联网宽带的普及，迅雷凭借"简单、高速"的下载体验，正在成为高速下载的代名词。

迅雷看看的功能有：

（1）支持网络视频点播，可以在下载视频的同时在线观看；

（2）直接播放 HTTP、FTP 的影音文件，越热门的影片播放越流畅；

（3）直接播放支持 BT 种子；

（4）支持 RM、RMVB、WMV、WMA、ASF、AVI、MP3、MP4、MPEG、MKV、MOV、TS 等格式的在线播放；

（5）对所有视频支持亮度、对比度、饱和度的调节；

（6）在 0～100%的范围调节音量；

（7）高清视频加速功能。

软件特点如下：

（1）具有丰富的影片库，可以在线流畅点播影片；

（2）兼容主流影视媒体格式文件的本地播放；

（3）自动在线下载影片字幕；

（4）影片播放完后，推荐其他影片；

（5）自动记录上次关闭播放器时的文件位置；

（6）自动提示影片更新；

（7）播放影片时，具有对于播放器显示在屏幕最前端的配置项；

（8）自动添加相似文件到播放列表设置；

（9）播放完毕后自动关机设置；

（10）对于播放记录支持多种记录、清除方式设置；

（11）支持功能快捷键设置。

如图 9-43 所示为迅雷看看主界面。

图 9-43　迅雷看看主界面

9.4.2　音乐播放工具

音乐可以调节人们的心情，可以改变我们的生活。有了音乐播放工具，才使得计算机的应用更容易地走向各个领域。各种音乐播放器中使用最多的是千千静听软件。该软件是一个集播放、音效、转换、歌词等多种功能于一身的专业音频播放软件。它支持采样频率转换（SSRC）和多种比特输出方式，支持回放增益，支持 10 波段均衡器、多级杜比环绕、淡入淡出音效，兼容并可同时激活多个 Winamp2 的音效插件，如图 9-44 所示为其主界面。

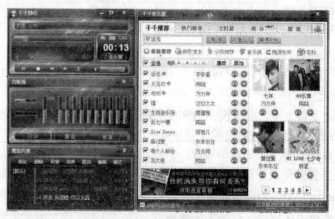

图 9-44　千千静听主界面

主界面中可以直接通过播放按钮播放音乐。通过均衡器窗口可以调节播放声音。播放列表中列出了可以播放的音乐。右侧的千千音乐窗可以在线选择乐曲。

9.4.3　电子书阅读工具

在我们的学习生活中，由于网络的便捷，我们可以下载到各种需要的电子资料。然而电子资料的保存格式却各不相同，阅读不同格式的资料需要选取相应的工具才能打开。接下来简单介绍两款常用的阅读工具，即 Adobe Reader 和 CAJ Viewer。

1. Adobe Reader

Adobe Reader（也被称为 Acrobat Reader）是美国 Adobe 公司开发的一款优秀的文件阅读软件。

该软件用于打开和使用在 Adobe Acrobat 中创建 Adobe PDF 的工具。虽然无法在 Adobe Reader 中创建 PDF，但是可以使用它查看、打印和管理 PDF 文件。在使用 Adobe Reader 打开 PDF 后，可以使用多种工具快速查找信息。如果收到审阅 PDF 的邀请，则可使用注释和标记工具为其添加批注。使用 Adobe Reader 的多媒体工具可以播放 PDF 中的视频和音乐。如果 PDF 包含敏感信息，则可利用数字身份证或数字签名对文档进行签名或验证，这样文档的撰写者可以向任何人分发自己制作的 PDF 文档而不用担心被恶意篡改。

如图 9-45 所示是 Adobe Reader 窗口，此时没有打开任何文件。我们可以选择【文件】→【打开】命令，打开想要阅读的 PDF 文件，当然也可以直接双击 PDF 文件来打开。

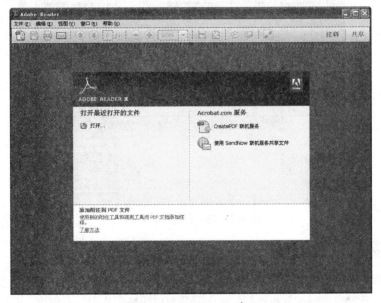

图 9-45　Adobe Reader 窗口

当需要对 Adobe Reader 的页面显示进行设置时，可以选择【编辑】→【首选项】命令，打开首选项窗口，如图 9-46 所示，然后根据需要进行设置。

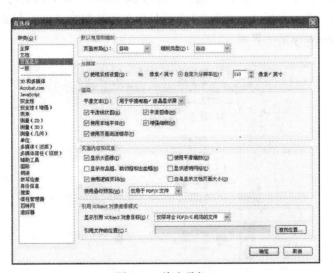

图 9-46　首选项窗口

2. CAJ Viewer

CAJ 全文浏览器是中国期刊网的专用全文格式阅读器，与超星阅读器类似，CAJ 浏览器也是一个电子图书阅读器，CAJ 浏览器支持中国期刊网的 CAJ、NH、KDH 和 PDF 格式文件阅读。CAJ 全文浏览器可配合网上原文的阅读，也可以阅读下载后的中国期刊网全文，并且它的打印效果与原版的效果一致。CAJ 阅读器是期刊网读者必不可少的阅读器。

如图 9-47 所示是 CAJ 全文浏览器窗口。在 CAJ 全文浏览器中，可以在菜单栏中选择【文件】→【打开】命令来打开文件，对于普通的文件能够实现文字复制、注释等操作。

图 9-47　CAJ 全文浏览器窗口

9.4.4　数据恢复工具

在我们日常使用计算机的过程中，难免会遇到大麻烦——数据丢失。只要是丢失数据的硬盘没有被损坏，并且没有复制过其他数据，这个问题可以用数据恢复工具解决。我们介绍一款比较常用的工具 EasyRecovery。

EasyRecovery 是世界著名数据恢复公司 Ontrack 的技术杰作。它是一个硬盘数据恢复工具，能够帮您恢复丢失的数据以及重建文件系统。其 Professional（专业）版更是囊括了磁盘诊断、数据恢复、文件修复、邮件修复 4 大类目 19 个项目的各种数据文件修复和磁盘诊断方案。如图 9-48 所示为 EasyRecovery 的主界面。

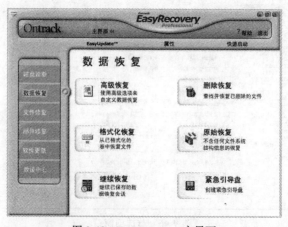

图 9-48　EasyRecovery 主界面

EasyRecovery 主要功能是数据恢复。它能够恢复的文件类型有图片（.bmp、.gif 等），应用程序（.exe），Office 文档文件（.doc、.xls、.ppt 等），网页文件（.htm、.asp 等），开发文档（.c、.cpp、.cxx、.h 等）、数据备份文档（bak.dat 等）。

具体功能简介如下：

（1）磁盘诊断可以检查磁盘健康，防止数据意外丢失；

（2）数据恢复可以恢复意外丢失的数据；

（3）文件修复可以恢复损坏的数据；

（4）数据恢复可以恢复意外丢失的数据，能够恢复的文件类型有：图片、应用程序、Office 文档文件、网页文件、开发文档等。

其支持的数据恢复方案如下。

（1）高级恢复：使用高级选项自定义数据恢复。

（2）删除恢复：查找并恢复已删除的文件。

（3）格式化恢复：从格式化过的卷中恢复文件。

（4）Raw 恢复：忽略任何文件系统信息进行恢复。

（5）继续恢复：继续一个保存的数据恢复进度。

（6）紧急启动盘：创建自引导紧急启动盘。

其支持的磁盘诊断模式如下。

（1）驱动器测试：测试驱动器以寻找潜在的硬件问题。

（2）SMART 测试：监视并报告潜在的磁盘驱动器问题。

（3）空间管理器：磁盘驱动器空间情况的详细信息。

（4）跳线查看：查找 IDE/ATA 磁盘驱动器的跳线设置。

（5）分区测试：分析现有的文件系统结构。

（6）数据顾问：创建自引导诊断工具。

习　题

一、填空题

1. 通常可以使用＿＿＿＿软件对系统进行备份和还原。

2. 常用的浏览器工具有＿＿＿、＿＿＿、＿＿＿、＿＿＿、＿＿＿、＿＿＿。

3. 常用的即时通信工具有＿＿＿、＿＿＿、＿＿＿、＿＿＿。

4. ＿＿＿＿播放器支持 RM、RMVB、WMV、WMA、ASF、AVI、MP3、MP4、MPEG、MKV、MOV、TS 等格式的在线播放。

5. Adobe Reader 软件是用于打开和使用在 Adobe Acrobat 中创建＿＿＿的工具。

二、选择题

1. 下列工具中，＿＿＿是系统优化工具。

A. Ghost　　　　B. 鲁大师　　　　C. Windows 优化大师　　　D. 金山卫士

2. 下列选项中，＿＿＿不是 Norton Ghost 软件的功能。

A. 文件和文件夹备份　　　　B. 多版本还原

C. 一次性备份　　　　D. 删除软件

3. 下列选项中，_____都是下载工具。

    A. 迅雷看看、电驴、BitTorrent   B. 快车 FlashGet、电驴、BitTorrent

    C. 迅雷、电驴、超级兔子   D. 快车 FlashGet、EasyRecovery、BitTorrent

4. 下列选项中，_____不是鲁大师具有的功能。

    A. 查杀病毒   B. 快速升级系统补丁

    C. 修复漏洞   D. 远离黑屏困扰

5. 下列工具中，_____是电子书阅读工具。

    A. Hotmail   B. 千千静听

    C. CAJ Viewer   D. BitTorrent

6. EasyRecovery 的数据恢复单元不包含_____。

    A. 删除恢复   B. 格式化恢复   C. 原始恢复   D. 回收站恢复

三、简答题

1. 系统优化工具有什么作用？举例说明一款系统优化工具有哪些功能。

2. 什么是防火墙？它具有哪些功能。

3. 可以使用哪些工具对系统进行安全防护？说明这些工具的作用。

附录 A
课后习题与参考答案

第 1 章

一、填空题

1. 硬件系统、软件系统

2. 运算器、控制器、存储器、输入设备、输出设备、总线

3. 巨型机、小巨型计算机、大型机、小型机、工作站、微型机

4. 电子管计算机、晶体管数字计算机、集成电路数字计算机、大规模集成电路计算机、人工智能计算机

5. 4 位或 8 位低档微处理器、8 位中档微处理器、16 位微处理器、32 位微处理器、32 位及高档微处理器

6. 巨型化、微型化、网络化、多媒体化、智能化

7. 数值计算、信息处理、实时控制、辅助设计、智能模拟

8. 2、8、16

9. 系统软件、应用软件

10. 运算器、控制器

二、选择题

1. A   2. C   3. D   4. B   5. B   6. D   7. B   8. D   9. B   10. C

11. D   12. A   13. A   14. C   15. A   16. A   17. C   18. B   19. A   20. A

21. D   22. A   23. A   24. A   25. C   26. C   27. A   28. D   29. B   30. C

三、计算题

1. （1）23   （2）98   （3）110   （4）7.125

2. （1）10010、22、12   （2）110100101、645、1A5

   （3）0.001、0.1、0.2   （4）1000001110.101、1016.5、20E. A

3. 1 024、1 048 576、1 073 741 824、8 589 934 592 或 2^{10}、2^{20}、2^{30}、$2^{30} \times 8$

四、名词解释

1. 电子计算机：一种能够自动、高速、精确地进行信息处理的现代化电子设备。

2. 微型计算机：是由大规模集成电路组成的、体积较小的电子计算机。

3. 信息：信息（Information）是关于客观事实的可通信的知识。

4. 数据：数据（Data）是对客观事物记录下来的，可以鉴别的符号。

5. 基数：基数指在某种进位计数制中数位上所能使用的数码的个数。

6. 位权：位权指在某种进位计数制中数位所代表的大小。

7. 计算机硬件：组成计算机的具有物理属性的部件统称为计算机硬件。

8. 计算机软件：计算机软件是指实现算法的程序及其文档。

9. 字长：字长是计算机的内存储器或寄存器存储一个字的位数。

10. 存取周期：存储器进行一次性读或写的操作所需的时间称为存取周期。

第 2 章

一、选择题

1. D 2. A 3. B 4. B 5. B 6. C 7. B 8. D 9. D 10. D

二、填空题

1. 控制面板   2. 边栏   3. 30、所有

4. 桌面、桌面背景、桌面图标、任务栏、快速启动栏   5. 个性化

6. Windows 徽标+Tab   7. 标准账户、管理员账户、来宾账户

8. regedit、gpedit.msc   9. msconfig、启用

第 3 章

一、填空题

1. 新建、Ctrl+n   2. Word 97-2003 文档   3. 插入、Insert   4. 鼠标、键盘

5. Shift   6. 剪贴板   7. 视图、显示/隐藏   8.【符号】/【更多】

9. 字符   10. 浮动工具栏   11. 缩放比例   12. 5

13. 段落   14. 对齐方式   15. 编号、项目符号

16. 样式   17. 分栏、分割线   18. 图片

19. 横排、竖排   20. 双击文档区域、Esc

二、选择题

1. B   2. C   3. A   4. D   5. B   6. A   7. C   8. C   9. B   10. A

11. D 12. D 13. B 14. A 15. B 16. A 17. C 18. D 19. C 20. B

第 4 章

一、填空题

1. pptx   2. 保存   3. 所有幻灯片、应用于所选幻灯片   4. 文本

5. 媒体剪辑、声音 6. 开始   7. 主题   8. 动画 9. 大纲 10. 格式

二、选择题

1. D   2. A   3. D   4. D   5. C   6. B   7. D   8. B   9. B   10. D

11. D   12. B   13. ABCD   14. ABC   15. ABCD

第 5 章

一、填空题

1. 名称框   2. C6   3. 合并后居中   4. 3、插入

5. 运算对象、运算符、=   6. 算术运算符、比较运算符

7. B1+B2+B3+B4 8. Average()、Max() 9. 绝对引用 10. 条件格式

11. 编辑、定位　12. 单引号、左对齐　13. Ctrl

二、选择题

1. B　2. D　3. A　4. D　5. A　6. A　7. A　8. A　9. C　10. B
11. A　12. A　13. B　14. D　15. A　16. B　17. D　18. C　19. D　20. A
21. ABCD　22. CD　23. BCD　24. ACD　25. AC

第 6 章

一、名词解释

1. 计算机网络：所谓计算机网络，就是把分布在不同地理区域的计算机与专门的外部设备用通信线路互连成一个规模大、功能强的网络系统。

2. 网络协议：从专业角度定义，网络协议是计算机在网络中实现通信时必须遵守的约定，也就是通信协议。

3. IP 地址：计算机在 Internet 上的作为唯一标识的编号。

二、填空题

1. 总线型、星型、环型、混合型拓扑结构

2. 应用层、表示层、会话层、传输层、网络层、数据链路层、物理层

3. A、B、C

4. 橙白、橙、绿白、蓝、蓝白、绿、棕白、棕

5. 数据通信、资源共享、分布式处理

6. 局域网（LAN）、城域网（MAN）、广域网（WAN）

第 7 章

一、填空题

1. 洁净度、湿度、温度、光线、静电、电磁干扰、接地系统和电网环境

2. 程序　3. 宏　4. 可执行　5. 引导　6. 良性病毒、恶性病毒　7. 杀毒

8. 服务端、控制端　9. 15℃～30℃、5℃～40℃　10. 硬件维护、软件维护

二、选择题

1. C　2. B　3. B　4. D　5. A　6. C　7. C　8. A　9. A　10. D

第 8 章

一、选择题

1. B　2. B　3. A　4. A　5. C　6. C　7. D　8. A　9. D　10. B　11. C　12. C　13. D

二、填空题

1. 文本、图像、音频　　2. 集成性、非线性、控制性、交互性
3. 有损压缩、无损压缩　　4. 硬件、软件
5. BMP、JPEG、PNG、GIF　　6. 解说、音乐、音效
7. JPEG 标准、MPEG 标准

三、名词解释

1. 媒体：是指信息在传递过程中，从信息源到受信者之间承载并传递信息的载体和工具。

2. 多媒体：是一种以交互方式将文本、图形、图像、音频、视频等多种媒体信息，经过计算

机设备获取、操作、编辑、存储等综合处理后，以单独或合成的形态表现出来的技术和方法。

3. 多媒体技术：多媒体技术（Multimedia Technology）是利用计算机对文本、图形、图像、声音、动画、视频等多种信息综合处理、建立逻辑关系和人机交互作用的技术。

4. 有损压缩：有损压缩方法利用了人的视觉对图像中的某些频率成分不敏感的特性，采用一些高效有限失真数据压缩算法，允许压缩过程中损失一定的信息。

5. 无损压缩：无损压缩利用数据的统计冗余进行压缩，可保证在数据压缩和还原过程中，多媒体信息没有任何的损耗和失真，可完全恢复原始数据，但其压缩效率较低。

第 9 章

一、填空题

1. Ghost

2. IE 浏览器、傲游浏览器、火狐浏览器、360 浏览器、腾讯 TT、世界之窗

3. 腾讯 QQ、微软 MSN、淘宝旺旺、新浪 UT

4. 迅雷看看

5. Adobe PDF

二、选择题

1. C 2. D 3. B 4. A 5. C 6. D

附录 B
实验内容及要求

实验 1　Windows 7 的基本操作与功能设置

一、实验目的

1. 掌握 Windows 7 的登录与退出操作。
2. 了解桌面各部位的名称，能够熟练更换 Windows 7 的桌面及桌面图标。
3. 掌握【任务栏和「开始」菜单属性】对话框的启动方法，并熟悉任务栏各个选项的功能。
4. 了解【开始】菜单中各部位的名称，熟练掌握两种自定义【开始】菜单的方法。
5. 掌握打开与关闭 Windows 边栏并向其中添加或删除小工具的操作方法。
6. 掌握文件及文件夹的基本概念及浏览方法与基本操作。
7. 掌握 Windows 7 外观的设置，并设置系统时间和日期与系统声音。
8. 掌握添加修改系统用户的方法。
9. 掌握使用 Windows Aero 界面特效的方法。

二、实验内容和要求

基础部分

（1）启动【个性化】窗口，将其分别进行最大化、还原及最小化操作，然后将【个性化】窗口调整为任意大小，最后将窗口关闭。

（2）更换 Windows 7 的桌面背景为光环样式中的任意图片。

（3）更换 Windows 7 的桌面图标，在系统桌面上仅显示【计算机】、【回收站】及【控制面板】图标。

（4）将任务栏设置为自动隐藏并取消显示缩略图。

（5）自定义【开始】菜单的样式。

（6）将 CPU 的仪表盘和便笺添加到 Windows 边栏中。

（7）体验带有缩略图的切换窗口、3D 立体切换窗口、Aero 晃动。

（8）重新启动计算机。

提高部分

（1）分别以超大图标、小图标、详细信息和平铺的显示方式查看 C 盘中的内容。

（2）分别以名称、文件夹和修改日期等方式对 C 盘进行堆叠操作。

（3）启用 Windows 7 中新的选择文件和文件夹方法，即在文件或文件夹旁边显示复选框，通过选中与文件对应的复选框可选择文件。

（4）首先，在桌面分别建立名为"个人文件.txt"和"公有文件.txt"的文本文件；然后，在 E 盘建立名为"我的文件夹"的文件夹，将"个人文件.txt"和"公有文件.txt"移动到"我的文件夹"中，将"个人文件.txt"隐藏不显示；最后，将"我的文件夹"删除并使用回收站将其恢复。

（5）在桌面上创建启动【画图】和【计算器】应用程序的快捷方式。

综合应用

（1）设置在恢复时显示登录界面的屏幕保护程序，等待时间为 3 分钟。

（2）附加一个名为"巴格达时间"的时钟，时区为"巴格达"。

（3）将系统的声音方案设置为无声。

（4）创建一个名为"A"用户的管理员账户，创建一个名为"B"用户的标准用户，然后以 A 用户登录，并删除 B 用户。

实验 2   操作系统的设置与管理

一、实验目的

1. 掌握构成 Windows 7 界面的基本元素。
2. 认识 Windows 7 全新的资源管理器、库和用户文件夹。
3. 掌握 Windows 7 系统的基本操作。
4. 学会使用控制面板进行系统资源的管理。

二、实验要求及内容

基础部分

（1）隐藏桌面上的图标。

（2）在桌面上新建一个名为"我的文稿"的文件夹。

（3）在桌面上创建一个名为"我的练习"的文本文档，并更名为："已做练习"。

（4）首先利用快捷菜单将桌面上的图标"自动排列"，然后再移动桌面上"计算机"图标到桌面图标最后位置。

（5）利用快捷菜单将桌面上的图标按"修改时间"排列。

（6）打开计算机，查看 Windows 7 的库文件。分别浏览每个库文件中所包含的文件。

（7）创建一个"我的最爱"库，添加学习、电影、游戏、图片 4 个文件夹，观察 C:盘下目录的变化。

（8）打开计算机窗口，了解"组织"和"系统属性"按钮功能。

（9）使用窗口，窗口的基本操作：最大化、缩小窗口、窗口贴向左侧、窗口贴向右侧、凸显当前窗口（Win+Home）、透明化全部窗口、快速查看桌面（Win+空格）、最小化全部窗口、查看桌面（Win+D）、新建窗口（Shift+左键单击）、按数字排序打开程序（Win+数字）。

（10）通过"计算机"窗口查看系统信息。

（11）在计算机窗口中，以"详细信息"方式查看图标，并且详细信息只显示类型和可用空间。

（12）在计算机窗口中，首先将图标按名称进行排列，然后再以"列表"形式进行查看。

提高部分

（1）调出语言栏，并利用开始菜单打开控制面板的分类视图，设置显示任务栏图标。

（2）将"计算机"建立在任务栏上，关闭链接栏，并显示桌面栏的文字。

（3）在任务栏属性中将任务栏设置为保持在其他窗口的前端，并进行锁定。

（4）设置任务栏显示不活动的图标。

（5）设置任务栏分组相似任务栏按钮，并显示时钟。

（6）显示自动隐藏的任务栏，以小图标方式查看。

（7）"托盘管理器"是 Windows 7 的亮点之一，能够帮助我们轻松隐藏不常用图标。不过每次都用窗口操作太麻烦。托盘图标也支持鼠标拖曳，如果我们不想看到某一图标，只需将它"拖动"至托盘区即可，反之也是。

（8）将已打开的多个窗口调节为层叠窗口显示。

（9）将已打开的多个窗口调节为纵向平铺窗口显示。

（10）删除进程中的 Word 应用程序。

（11）查看当前计算机的联网状态。

（12）使用快捷键，切换到 Word 应用程序的窗口。

（13）通过"运行"对话框上的"浏览"按钮，打开画图程序，应用程序的标识名为：C:\Windows\system32\mspaint.exe。

（14）桌面添加"小工具"。显示时钟和图片拼图板。

（15）设置系统的日期和时间。

（16）利用搜索对话框去查询要找的文件或文件夹。

（17）使用系统帮助和支持解决你的问题。

综合应用

（1）播放个人相片集作为屏幕保护。

（2）增加/更改桌面图标 。

（3）改变文件夹背景。

（4）新建一个能够直接打开实验室 FTP 服务器的快捷方式。

（5）文件操作：

① 选择某一个多文件（10 个以上）窗口中的全部文件；

② 依次取消对第一、三、四文件夹的选定；

③ 反向选择窗口中的文件夹。

（6）设置删除时不将文件移入回收站，而是彻底删除，并显示删除确认对话框。

（7）取消光盘自动播放功能。

（8）禁用 USB 设备。

（9）新建一个文件，把其设置为隐藏，设置系统显示文件扩展名，显示隐藏文件。

（10）开启/关闭本机防火墙，关闭自动更新功能。

（11）设置 Windows 文件夹背景、文档背景为保护眼睛的豆沙绿色。

① 色调为：85。

② 饱和度为：125。

③ 亮度为：205。

实验 3 操作系统的维护与优化

一、实验目的

1. 学会查看系统信息和性能。
2. 掌握 Windows 的账户管理。
3. 掌握优化和维护磁盘的方法。
4. 掌握优化 Windows 操作系统的整体性能。
5. 掌握内存诊断工具的使用方法。
6. 掌握组策略与注册表的基本使用。

二、实验要求及内容

基础部分

使用任务管理器和系统工具查看系统信息和性能以及磁盘的优化和维护。

（1）使用任务管理器。

① 查看系统正在运行的进程和应用程序。

② 分析 CPU 和内存使用情况，查看哪些进程占用内存资源较多。

③ 尝试结束几个暂时不用的进程。

④ 通过"任务管理器→文件→新任务"建立几个常用的应用程序任务，如 IE 浏览器（进程名为 IEXPLORE）、Excel 文档（进程名为 excel）等。

（2）使用附件中的"系统工具→系统信息"。

① 查看"系统摘要"中的操作系统信息。

② 展开"软件环境→正在运行任务"，查看正在运行的各应用程序所在路径。

（3）Windows 7 账户管理。

① 为管理员账户创建管理密码。

② 启用来宾账户；并创建一个新的账户。切换新账户登录操作系统。

（4）使用系统工具"磁盘碎片整理程序"，对实验电脑的最后一个分区进行碎片分析，查看分析报告，进行碎片整理。

（5）清理磁盘垃圾文件，对实验电脑的最后一个分区进行磁盘清理。

（6）格式化磁盘：对实验电脑的最后一个分区进行快速格式化。

提高部分

优化 Windows 操作系统的整体性能。

（1）查看硬件信息，利用设备管理器更新硬件驱动程序。

（2）设置虚拟内存（参考大小可设置为物理内存容量的 1.5 倍）。

（3）调整视觉效果。

（4）优化开机启动程序。

（5）删除操作系统不必要的程序和组件。

（6）清理临时文件和 IE 缓存文件。

（7）Windows 7 操作系统的备份和还原。

综合应用

组策略与注册表的基本使用。

组策略（Group Policy）是管理员为用户和计算机定义并控制程序、网络资源及操作系统行为的主要工具。使用"组策略"可以设置各种软件、计算机和用户策略。组策略将系统重要的配置功能汇集成各种配置模块，供用户直接使用，从而达到方便管理计算机的目的。

Windows 注册表是帮助 Windows 控制硬件、软件、用户环境和 Windows 界面的一套数据文件。通过 Windows 目录下的 regedit.exe 程序可以存取注册表数据库。注册表有六大根键，通过六大根键展开后的子键可以完成对 Windows 系统硬件、软件的设置信息进行查看和维护。

（1）启动组策略。

（2）不显示欢迎屏幕界面。Windows XP 系统登录时，默认情况下都有欢迎屏幕，虽然看起来漂亮但也麻烦，因为这相应地延长了登录时间，为了加快计算机启动的速度，我们完全可以通过组策略设置在每次用户登录时将 Windows XP 欢迎屏幕隐藏。

（3）清除最近打开文档的记录。Windows XP 可以记录用户曾经访问过的文件。这个功能为用户再次打开该文件提供了方便，但有时出于安全和性能方面的目的可以屏蔽此功能。

（4）禁止访问"控制面板"。对于多用户电脑，如果想禁止其他用户访问计算机上的"控制面板"，可通过组策略编辑器实现。

（5）禁止访问注册表编辑器。为了防止他人修改你的注册表，我们可以在组策略中禁止访问注册表编辑器。

（6）允许访问注册表编辑器。为了进行下面的实验，需要访问注册表编辑器。方法与要求 5 操作方法基本相同。

（7）打开注册表。

（8）导出注册表。对注册表的操作有一定风险，错误的改动很可能给系统带来诸多问题，所以在对注册表做任何改动前，用户应首先导出备份，这样若有意外发生，用户可以导入备份文件，重置相关注册表项，以化解风险。

（9）导入注册表。可直接双击已导出的注册表文件，也可以通过"文件"菜单来完成。

实验 4　Word 的基本操作

一、实验目的

1. 熟练 Word 2007 窗口的组成和操作。
2. 熟悉掌握 Word 2007 中文档的编辑、管理、排版和打印操作。

二、实验内容和要求

基础部分

（1）启动 Word 2007，熟悉启动后的初始界面，认识【开始工作】任务窗格，熟悉任务窗格的用途和使用方法。

（2）使用多种不同的方法退出 Word 2007，熟悉退出 Word 2007 时要确保文档已保存。

（3）输入信息（外框线除外），命名为"新建文档.doc"，保存在"我的文档"文件夹中，并为文件设置密码为自己的学号。

（4）依次单击每一个视图按钮，查看不同视图模式下屏幕上的显示情况。

（5）建立新文档，练习输入下列字符：

✍ 📖 ☺ ☺ ⊗ ☾ ✉ ☎ ✄ $ ¥ ℃ cm m² kg

≈ ≌ ÷ × ≤ ∵ ① 4. Ⅷ 饕 餮 餍

（6）打开"新建文档"文件，输入你设置的密码。接着输入指定文字内容，将文字内容中的题目设为小初号、黑体、深蓝色，字符间距加宽 3 磅，效果为阴影、空心、居中。正文部分设为小二号、华文新魏、加粗、深蓝色、居中。

提高部分

（1）理解 Word 2007 中段落的概念，在已输入的文字内容中更改相应的段落设置。

（2）使用"查找和替换"功能将文档中的指定字句全部改为所需字句。

（3）熟悉撤销与恢复功能的使用。

（4）统计该篇文档的总字数。

（5）将第 1 段与第 2 段内容对调。

（6）先将文中一处文字符设置为倾斜并加上红色的双波浪线，再利用格式刷对其他所有文字符进行以上设置。

（7）将第 2 段分为两栏，栏间加分隔线；将第 3 段分 3 栏，栏间不加分隔线。

（8）在每一句话后面添加一个分页符，使每一句自成一页。

（9）为每一页加页码，页码格式为"-1-，-2-…"。

（10）在文档中输入公式：

$$P = \sqrt{\frac{x-y}{x+y}} + \left[\int_{\frac{\pi}{4}}^{\frac{3\pi}{4}} (1+\sin^2 x)\mathrm{d}x + \cos 30° \right] \times \sum_{i=1}^{100} (x_i + y_i)$$

综合应用

请使用 Word 公式编辑器，编辑至少 3 个公式，每个公式中的不同符号数目不少于 3 种。

实验 5 Word 文档的美化与表格处理

一、实验目的

1. 进一步掌握 Word 文档的编辑和排版操作。
2. 熟练掌握 Word 文档美化的概念。
3. 熟练掌握 Word 文档中艺术字的制作。
4. 熟练掌握 Word 文档中公式的输入。
5. 熟练掌握 Word 文档的图文混排操作。
6. 熟练掌握在 Word 中制作各种不同风格的表格。

7. 熟练掌握 Word 表格的美化操作。

二、实验内容和要求

基础部分

（1）在桌面上新建一个文件夹，并在其中创建一个 Word 文档，取名为"论读书"，按以下要求完成该作品的排版并保存为 Word 97-2003 文档。具体要排版的内容见给定的文档。

（2）将文章的前 6 段设置为 5 号宋体，首行缩进 2 字符。

（3）将文章的第 7、第 8 段设置为 5 号楷体-GB 2312，首行缩进 2 字符；分为两栏，加分隔线。

（4）将分栏的每段设为首字下沉，下沉字数为两行。

（5）插入剪贴画，要求：图片大小高度和宽度均为 4 厘米，版式为"四周型"。

（6）在第一段中间插入艺术字"论读书"，艺术字样式为 11，字符间距：很松，字体：隶书，字号：40 磅，文字环绕为"四周型环绕"。

提高部分

（1）为艺术字"论读书"加阴影效果，样式为：阴影样式 1。

（2）自定义加入文字水印"保密"。

（3）插入空白页眉并输入：哈尔滨华德学院，字体设置为华文行楷、5 号、红色。

（4）页面颜色选择填充效果中的纹理的花束。

（5）为文章添加页面边框：选择艺术型的心形。

（6）操作完成后将该文档以原来的文件名"论读书.doc"保存。

（7）启动 Word 2007，新建一个名为"Word 表格与美化"的 Word 文档。

（8）用多种方法建立表格，理解不同方法的特点。

（9）选定其中一个表格，设置表格的属性。

① 表格的列宽为 2cm，行高固定为最小值。

② 表格居中对齐，单元格中的内容居中对齐。

③ 表格的外框线为 2.25 磅的实线，内框线为 1 磅的实线。

（10）分别选择【表格】→【绘制表格】命令，对以上 3 个表格绘制斜线表头。另外，试用【绘图】工具栏中的【直线】按钮及【文本框】按钮来绘制斜线表头。

（11）在文档中插入一个表格。其中，表格的标题居中、隶书、四号；表内文字水平居中、垂直居中、宋体、五号；平均分及总分使用【表格】→【公式】命令进行计算，并保留两位小数；表格外框线为 1.5 磅实线，内框为 0.5 磅实线；"总分"及"平均分"单元格以 20%的灰度填充。

（12）选定图中的一个表格，在保持原表格行列数目不变的情况下，对表格中的部分单元格进行合并与拆分。

综合应用

请自行撰写一篇关于寝室文化文章，按如下要求完成各种文字处理，使之成为具有观赏性的美文。

（1）字体段落格式设计：字数不少于 200 字；字体不少于 3 种（不包括艺术字、首字下沉等特殊格式），文章整体应以一种字体为主；段落不少于 3 段，要有对段落缩进的设置。

（2）图文混排设计：要求有图片并设计图文混排效果；有艺术字或分栏。

实验 6　PowerPoint 2007 使用（一）

一、实验目的

1. 掌握创建和保存演示文稿的过程。
2. 掌握幻灯片的文本编辑和文本格式化。
3. 熟悉幻灯片的插入、复制、移动和删除操作。
4. 熟练使用幻灯片内多种对象。

二、实验内容和要求

基础部分

创建演示文稿，添加幻灯片，编辑文本。

① 建立新演示文稿：第 1 张幻灯片版式选取"标题幻灯片"，在标题处输入"计算机实用基础作业"，字体为楷体、60 磅、蓝色（注意用【自定义】选项卡中的红色 0，绿色 0，蓝色 255）；在副标题处输入班级、学号和姓名，字体为宋体、40 磅、倾斜。

② 插入第 2 张幻灯片，版式选取"项目清单"，在标题处输入"目录如下："，文本左对齐；在下面输入目录：

- 计算机实用基础知识
- Microsoft Vista 操作系统
- Word 2007 文字处理软件
- Excel 2007 电子表格软件
- PowerPoint 2007 演示文稿制作
- 因特网的基本技术

根据自己的喜好设定字体字号和颜色。

③ 插入第 3 张幻灯片，版式选取"文本与剪贴画"，在标题占位符处输入"操作系统简介"，隶书、48 磅、颜色（自定义中的红色 153，绿色 51，蓝色 0）；在文本占位符处输入：

- Microsoft Vista 基本操作
- 信息资源管理
- 多媒体应用

在剪贴画处从系统剪贴库中任意选择一张图片插入。

④ 插入第 4 张幻灯片，版式选取"垂直排列标题与文本"，在标题占位符处输入"文字处理软件简介"；在文本占位符处输入：

- 文档的基本操作
- 文本输入和基本编辑
- 表格制作
- 图文混排
- 打印预览及打印

在文本处插入图形形状"星与旗帜"中的"横卷形"，调整大小为整张幻灯片大小，选定图形，右键单击鼠标，在快捷菜单中选择【叠放次序】→【置于底层】命令。

提高部分

（1）在前面的演示文稿中插入第 5 张幻灯片，版式选取"组织结构图"类，在标题处输入"电子表格软件简介"，在下面建立如图 B-1 所示的组织结构图。

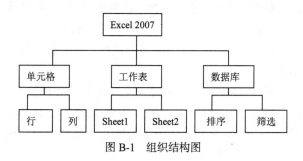

图 B-1　组织结构图

（2）插入第 6 张幻灯片，版式选取"表格"，在标题处输入"因特网基本技术"，在表格处添加 3 行 3 列的表格，具体见表 B-1。

表 B-1　　　　　　　　　　　　　　　表格示例

内容＼章节	第一节	第二节
第 8.1	因特网概述	万维网
第 8.2	浏览器 IE	电子邮件

（3）转到第 2 张幻灯片，按目录中的 6 行文字分别建立超链接，链接到对应的各类幻灯片。

（4）使用 PowerPoint 2007 中的 Smart 图形来修饰幻灯片，使用 Smart 图形对每张幻灯片的标题及正文重新组织。比较修饰前后的效果，写出心得体会。

综合应用

使用 PowerPoint 2007 中的图形和图片等对象绘制具有个性化的杂志封面，要求用到矩形、圆形、艺术字、图片等元素。最终使封面达到抽象、典雅、美观大方的效果。

实验 7　PowerPoint 2007 使用（二）

一、实验目的

1. 掌握幻灯片外观修饰及背景、主题的使用。
2. 掌握幻灯片的动画设计。
3. 熟练修改幻灯片母版。
4. 掌握将演示文稿保存为 Web 文件的方法与文件的打包。

二、实验内容及要求

基础部分

（1）背景、主题设置：分别设置各张幻灯片的背景或主题。

① 第 1 张幻灯片：设置背景填充效果为"过渡"，颜色双色，颜色 1 为【自定义】选项卡中的红色 255，绿色 100，蓝色 0；颜色 2 为【自定义】选项卡中的红色 150，绿色 100，蓝色 255；底纹式样同标题。

② 第 2 张幻灯片：设置背景填充效果"纹理"为"编织物"。

③ 第 3 张幻灯片：设置背景填充效果"过渡"颜色预设为"心如止水"，底纹样式为斜上。

④ 第 4 张幻灯片：设置背景填充效果"图案"为"横向砖形"。

⑤ 第 5 张幻灯片：设置背景为图片，进入背景对话框，在背景填充效果的【图片】选项卡中选择在文件夹下的图片文件。

⑥ 第 6 张幻灯片：应用内置主题样式，在【快速样式】列表中选择"跋涉"主题样式。

⑦ 通过【快速样式】列表右边的【颜色】按钮更改"跋涉"主题的配色方案，通过【字体】按钮更改"跋涉"主题的字体方案，通过【效果】按钮更改主题的效果方案。

⑧ 新建主题配色方案及字体方案。

（2）幻灯片间的切换设置：分别设置各个幻灯片的切换效果（每张幻灯片使用不同的切换效果）。

提高部分

（1）母版的编辑和使用：通过单击【视图】选项卡中【演示文稿视图】组的【母版】按钮打开幻灯片母版视图，在其中进行设置，其中标题设为隶书、50 磅、加粗；在幻灯片下部的日期区添加日期，在页脚区添加文字"PowerPoint 2007 实验"，隶书、32 磅、加粗，设置数字区为宋体、32 磅、加粗。

（2）为整体演示文稿添加背景音乐，在自动播放时背景音乐持续播放。

（3）设置幻灯片的排练计时，每页 5 秒，观察播放效果。

（4）保存演示文稿并打包：以"姓名+学号"命名，保存在桌面。

综合应用

（1）使用 PowerPoint 2007 "自定义动画"退出效果中的"擦除"制作一个倒计时一分钟的条形图（计时条），要求条形图的开始 20 秒为蓝色，中间 20 秒为黄色，最后 20 秒为红色，走完一分钟响铃提示。

（2）结合学过的知识，以"我的军训生活"为题，制作演示文稿，要求在背景、文字（包括艺术字）、图片、音乐、动画等方面均有体现。

实验 8　Excel 工作表的编辑与管理

一、实验目的

1. 熟练掌握 Excel 2007 的启动和退出。
2. 熟悉 Excel 2007 窗口的组成和基本操作。
3. 熟练掌握 Excel 2007 表格中数据录入和数据编辑。
4. 熟练掌握 Excel 2007 中工作表的概念、建立、编辑和格式化。
5. 熟悉 Excel 表格中的简单计算与公式计算。

二、实验内容及要求

基础部分

（1）启动 Excel 2007，熟悉启动后的窗口界面，了解各选项卡下包含的组。

（2）使用多种不同的方法退出 Excel 2007，熟悉退出 Excel 2007 时要确保工作簿已保存及保存时的文件扩展名。

（3）将工作表 Sheet1 重命名为"计算机 1001 班成绩单"，将工作表 Sheet2 重命名为"计算机 1002 班成绩单"，并在名为"计算机 1001 班成绩单"工作表的 B1 单元格开始建立如图 B-2 所示的表格，基本要求如下。

姓名	高等数学	数据结构	软件工程	程序设计	总分
李奕鹏	89	78	76	98	
刘天一	50	68	57	76	
马成	76	56	75	67	
张高	76	78	67	58	
毛冬	56	67	56	78	
高健	86	75	92	46	

图 B-2　示例表

① 表的标题设置为隶书、24 号字、居中；表格中的其他内容设置为宋体、12 号字。

② 表格边框如样表。

③ 调整各行的行高为 16，各列的列宽为最适合的列宽。

④ 在表格中"姓名"一列前插入一列，标题为"编号"。调整标题所在行，使其居中；假设编号是从 1 开始的自然数序列，在 A3 单元格中输入初始序号 100101，其他序号采用自动填充功能填充；修改新插入列的边框格式，使整个表格保持原有格式不变。

⑤ 将"高等数学"一列与"程序设计"一列对调。

⑥ 将表格中不及格的成绩（小于 60 分）使用条件格式"浅红填充色深红色文本"标注。

⑦ 表格中的信息水平居中、垂直居中。

⑧ 将工作表"计算机 1001 班成绩单"中的表格格式复制到工作表"计算机 1002 班成绩单"中，为以后的数据输入做准备。

⑨ 将表格的背景色填充为"浅灰色"。

⑩ 保存并关闭工作簿文件，命名为"计算机系 10 级成绩单.xlsx"。

提高部分

（1）启动 Excel 2007，打开实验 9 中建立的工作簿文件"计算机 10 级成绩单.xlsx"。

（2）将工作簿中的所有工作表复制到本工作簿的最后，其命名分别在原名末添加"备份"二字。

（3）以下操作都针对工作表"计算机 1001 班成绩单"进行。

（4）单击单元格 H3，在该单元格中输入"= D3+E3+F3+G3"后按回车键，观察单元格中的数据及编辑栏中的表达式，并进行总结；然后再将指针移动到单元格 H3 的右下角，向下拖动指针至单元格 H8，观察结果及编辑栏中的表达式，并进行总结。

① 将备份工作表中的上述表格复制到当前工作表中上述表格的下方，两表格间空两行。

② 单击单元格 H13，然后单击工具栏中的【求和】按钮 Σ ，再单击编辑栏中的对号按钮 ✓，

观察单元格中的数据及编辑栏中的表达式，并进行总结；然后将指针移动到单元格 H13 的右下角，向下拖动指针至单元格 H18，观察结果及编辑栏中的表达式，并进行总结。

③ 重复上面第（2）步的操作，再复制一份表格。

④ 单击单元格 H23，然后单击编辑栏中的【插入函数】按钮，在弹出的【插入函数】对话框中选择函数 SUM，再在【函数参数】对话框中选择计算区域 D23:G23，最后单击【确定】按钮，观察单元格中的数据及编辑栏中的表达式，进行总结；然后将指针移动到单元格 H23 的右下角，向下拖动指针至单元格 H28，观察结果及编辑栏中的表达式，进行总结。

⑤ 分析总结以上 3 种计算方法。

⑥ 在"总分"前面插入一列，设置标题为"平均分"，使用公式计算每名同学的平均分。

综合应用

新建一个工作簿文件，命名为"家庭理财表"，在工作表 Sheet1 中创建如图 B-3 所示的表格。要求"家庭理财表"中的"支出小计"、"收入小计"和"当月结余"使用公式计算。

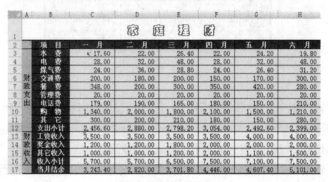

图 B-3　家庭理财表

实验 9　数据分析与图表

一、实验目的

1. 熟练掌握 Excel 中图表的生成。
2. 熟练掌握 Excel 中数据表的排序操作。
3. 熟练掌握 Excel 中数据的筛选操作。
4. 熟练掌握 Excel 中数据的分类汇总操作。

二、实验内容

基础部分

（1）启动 Excel 2007，打开实验 9 中建立的工作簿文件"计算机系 10 级成绩单.xlsx"。

（2）根据工作表"计算机 1001 班成绩单"，生成如图 B-4 和图 B-5 所示的图表。

（3）保存以上操作结果，将文件命名为"成绩分析表.xlsx"。

（4）在工作表"计算机 1001 班成绩单"中选择表格中的列标题及所有数据，并复制到原表格的下方，确保与原表格间至少空一行。

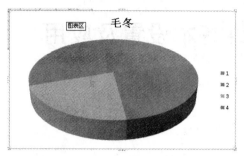

图 B-4　毛冬的成绩组成图

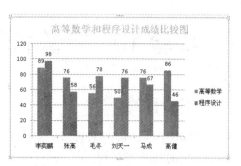

图 B-5　高等数学和程序设计成绩比较图

（5）根据总分对成绩单进行降序排序，如果总分相同，按照高等数学的升序排序。

（6）进行自动筛选操作，并筛选出有不及格科目的学生，最后撤销数据筛选。

提高部分

（1）在工作表"计算机 1001 班成绩单"中进行高级筛选操作，在数据表中插入性别一列，筛选出性别为"男"并且程序设计大于 70 分的学生。

（2）在总分后插入一列，设置标题为"排名"，根据总分大小进行排名，最后按照编号升序排序显示 1001 班最终成绩单，如图 B-6 所示。

计算机1001班

编号	性别	姓名	高等数学	数据结构	软件工程	程序设计	平均分	总分	排名
100101	男	李奕鹏	89	78	76	98	85.25	341	1
100102	女	刘天一	50	68	57	76	62.75	251	6
100103	女	马成	76	56	75	67	68.5	274	4
100104	男	张高	76	78	67	58	69.75	279	3
100105	男	毛冬	56	67	56	78	64.25	257	5
100106	女	高健	86	75	92	46	74.75	299	2

图 B-6　排名结果

（3）分类汇总根据性别统计不同性别学生各门功课的平均成绩，如图 B-7 所示。

计算机1001班

编号	性别	姓名	高等数学	数据结构	软件工程	程序设计	平均分	总分	排名
100101	男	李奕鹏	89	78	76	98	85.25	341	1
100104	男	张高	76	78	67	58	69.75	279	3
100105	男	毛冬	56	67	56	78	64.25	257	5
	男 平均值		73.666667	74.33333	66.33333	78			
100102	女	刘天一	50	68	57	76	62.75	251	6
100103	女	马成	76	56	75	67	68.5	274	4
100106	女	高健	86	75	92	46	74.75	299	2
	女 平均值		70.666667	66.33333	74.66667	63			
	总计平均值		72.166667	70.33333	70.5	70.5			

图 B-7　分类汇总结果

（4）保存以上操作结果，将文件命名为"成绩分类汇总表.xlsx"。

综合应用

参照教材 5.1.3 小节的工资表，自行设计一个"软件公司的工资表"，要求对该工资表进行格式化设计，表格中数据清晰美观；对其中一名职工的工资进行分析，生成饼图；按照实发工资进行排序，查看工资最高的前 10 名员工；筛选查看各部门的职工工资情况；根据部门分类汇总查看各部门的工资总额。

实验 10　计算机网络基本设置及应用

一、实验目的

1. 了解访问互联网的两种方式：宽带连接和局域网接入。
2. 掌握 ADSL 配置过程。
3. 掌握基本 TCP/IP 网络协议的查看方法。
4. 熟练掌握局域网网络 IP 地址的查看和配置过程。
5. 掌握利用命令方式查看网络的 IP 地址。
6. 掌握网络连通性的测试方法。
7. 掌握 Net send 的命令的使用。

二、实验要求及内容

基本部分

家庭用户最常用的一种上网方式就是宽带连接，利用宽带连接想要访问 Internet，首先要向 ISP 提供商申请账号和密码，然后我们就可以在自己家的电脑通过 ADSL 拨号上网了。

提高部分

（1）查看网络协议的安装。

我们在上网过程中所要运用的 TCP/IP 协议簇，默认情况下在我们安装操作系统的时候就已经安装在我们的电脑里。要查看协议的安装状态，可以在网络连接窗口中右键单击"本地连接"选择属性。

（2）IP 地址是网络中的所有终端想要在互联网通信过程中必须要配置的逻辑地址。如何在我们的电脑里查看本机的 IP 地址，可以双击"网络连接"后查看"支持"选项卡。

综合应用

（1）利用命令去查看本机的 IP 地址、物理 MAC 地址、子网掩码、网关及 DNS 服务等相关信息。

（2）用 Ping 命令查看网络的连通性。一般情况下，用户可以通过使用一系列 Ping 命令来查找问题出在什么地方，或检验网络运行的情况。典型的检测次序及对应的可能故障如下：

① 在【开始】→【运行】中输入"cmd"，输入"ping 127.0.0.1"：如果测试成功，表明网卡、TCP/IP 协议的安装、IP 地址、子网掩码的设置正常；如果测试不成功，就表示 TCP/IP 的安装或运行存在某些最基本的问题。

② ping 本机 IP：如果测试不成功，则表示本地配置或安装存在问题，应当对网络设备和通信介质进行测试、检查并排除。

③ ping 局域网内其他 IP：如果测试成功，表明本地网络中的网卡和载体运行正确。但如果收到 0 个回送应答，那么表示子网掩码不正确或网卡配置错误或电缆系统有问题。

④ ping 网关 IP：这个命令如果应答正确，表示局域网中的网关或路由器正在运行并能够做出应答。

⑤ ping 远程 IP：如果收到正确应答，表示成功地使用了缺省网关。对于拨号上网用户则表示

能够成功地访问 Internet。

⑥ ping localhost：localhost 是系统的网络保留名，它是 127.0.0.1 的别名，每台计算机都应该能够将该名字转换成该地址。如果没有做到这点，则表示主机文件（/Windows/host）存在问题。

⑦ Ping www.163.com（一个著名网站域名）：对此域名执行 Ping 命令，计算机必须先将域名转换成 IP 地址，通常是通过 DNS 服务器。如果这里出现故障，则表示本机 DNS 服务器的 IP 地址配置不正确，或 DNS 服务器有故障。

如果上面所列出的所有 Ping 命令都能正常运行，那么计算机进行本地和远程通信基本上就没有问题了。但是，这些命令的成功并不表示所有的网络配置都没有问题，例如，某些子网掩码错误就可能无法用这些方法检测到。

（3）Net send 命令的使用。Windows XP/2000 中提供了一条发送网络消息的命令 net send，使用该命令也可以向局域网/广域网发送一条消息，注意不能跨网段！

例如：要给 IP 地址为 192.168.11.1 的电脑发送"还有 5 分钟就下班，关闭服务器了"这条消息，可以这样操作：net send 192.168.11.1 "还有 5 分种就下班，关闭服务器了"。

小提示：假如对方关闭了 Messenger 服务，这条消息就不会显示了。如果你不想收到该类消息，也可以单击菜单"开始/设置/控制面板/管理工具/服务"，在服务中关闭"Messenger 服务"；如果想启动 Messenger 服务，你可以在服务中操作。

net send 用法

命令格式：Net send｛name｜*｜/domain［:name］｜/users｝message

有关参数说明：

① name 要接收发送消息的用户名、计算机名或通信名。

② * 将消息发送到组中所有名称。

③ /domain［:name］将消息发送到计算机域中的所有名称。

④ /users 将消息发送到与服务器连接的所有用户。

⑤ message 作为消息发送的文本。

⑥ net send 机器名 内容。

⑦ net send ip 地址 内容。

要使用 net send 命令有个前提，就是本机与你要发送信息电脑的 Messenger 服务启用（一般默认是关闭的）。

实验 11　网络安全设置以及因特网信息检索与发布

一、实验目的

1. 熟悉有关网络安全的设置。
2. 掌握 IE 浏览器的安全设置方法。
3. 理解远程桌面服务中对账户设置的必要性。
4. 掌握 Windows XP 系统中有关共享文件、账户的安全设置。
5. 掌握网络检索工具的特点以及搜索引擎的使用方法。
6. 掌握因特网信息发布的几种途径。

二、实验要求及内容

基本部分

（1）熟悉 IE 浏览器的安全设置：清除现有的"浏览历史记录"，并将保存网页浏览历史记录的时间设置为 1 天。禁用或限制使用 Java 程序及 ActiveX 控件。打开弹出窗口阻止程序。设置保存 cookie 的安全级别为高级。

（2）在 Windows server 2003 系统中创建一个新的账户，账户名自拟，并将该用户设置成管理员级别。

（3）在 Windows XP 中启动远程桌面连接，并设置可以用来进行远程桌面连接登录的安全用户及相应密码。

提高部分

（1）在 Windows XP 系统的本地安全设置中调整账户密码策略。

（2）在 Windows XP 系统中设置共享文件夹的用户访问权限，使任何本地用户都可以在远程计算机上对该文件夹进行访问。

综合应用

（1）使用 Google 或百度检索"网络信息检索与发布"，理解其含义。

（2）使用 Google 搜索一篇关于最新加密技术的 Word 论文，要求搜索后得到的结果信息均为 Word 文档。

（3）使用迅雷工具下载飞信，并将其保存到桌面。

（4）邮箱的使用：使用自己的邮箱（若没有邮箱，可以在 www.126.com 网站注册一个邮箱），向你的好友发一封问候的邮件，要求分别以正常方式、抄送方式发送。使用邮箱发送附件。设置自己的邮箱可以自动回复邮件。熟悉邮箱的其他功能。

① 注册邮箱步骤略，邮箱网站有提示。

② 登录邮箱。

③ 进入邮箱后，单击"写信"按钮，然后分别以正常方式、抄送方式将邮件发送给你的朋友。

④ 发送带附件的邮件。

⑤ 设置自动回复邮件，选择邮箱页面右上角的设置，然后单击自动回复，根据提示设置。

⑥ 熟悉邮箱的其他功能，单击邮箱页面右上角的设置后，在打开的设置窗口中进行练习。

（5）申请一个搜狐微博，在微博中发布一条信息（信息内容自拟）；熟悉微博的功能。

（6）使用飞信添加好友，并向好友发送信息问候。

实验 12　多媒体练习

一、实验目的

1. 了解光影魔术手的基本使用方法。
2. 掌握 Photoshop 的基本使用方法。
3. 能够利用 CoolEdit 软件实现音频文件的剪辑和合成。
4. 能够利用威力导演软件实现对视频文件的剪辑操作。

5.　能够独立完成一些多媒体图片或音频视频文件的制作。

二、实验要求及内容

基本部分

光影魔术手练习

（1）制作"大头贴"，实现如图 B-8 所示效果。

图 B-8　最终效果图

（2）"美容"练习。

① 在软件中打开素材图片，如图 B-9 所示。

② 调节"磨皮力度"、"亮白"、"范围"，得到最终图片，如图 B-10 所示。

图 B-9　素材图片

图 B-10　"美容练习"效果图

（3）"边框"练习，实现如图 B-11 所示效果。

图 B-11 "边框练习"效果图

提高部分

（1）Photoshop 基本练习。

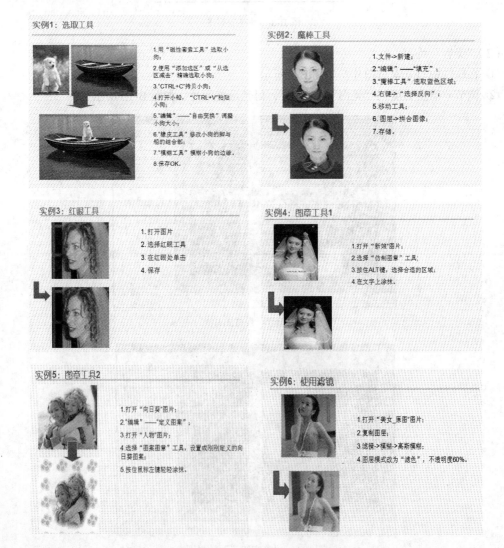

（2）Cool Edit 音频文件操作练习。

① 音频文件的合成。

② 音频文件的剪辑。

③ 威力导演视频文件处理练习。

综合应用

请在第一部分"Photoshop 基本练习"的基础上，利用附件中的"荷花"和"日出"两幅图实现图片拼接，拼接结果如图 B-12 所示。

图 B-12　图片拼接效果

请写出操作过程，并将操作结果上交。

实验 13　常用软件的安装和使用

一、实验目的

1. 掌握常用软件的安装方法。
2. 掌握常用软件的使用方法。
3. 掌握电子邮箱的使用。
4. 了解信息安全技术的概念。
5. 掌握常用杀毒软件和安全工具的使用。

二、实验内容和要求

基本部分

（1）正确安装搜狗拼音输入法软件和 360 浏览器，打开浏览器，输入 http://www.baidu.com，在搜索框里用中文输入"新浪网"，搜索到新浪网的网址，并单击进行浏览。（注：如有同学会使用五笔输入法，可安装 QQ 五笔输入法。）

（2）正确安装 QQ 聊天软件与同学进行交流。

（3）使用自己的邮箱（若没有邮箱，可以在 www.126.com 网站注册一个邮箱）向你的好友发一封问候的邮件，同时该邮件中要添加一个附件，要求分别以正常方式、抄送方式发送。然后设置自己的邮箱可以自动回复邮件，并熟悉邮箱的其他功能。

提高部分

（1）安装音频软件千千静听，并学会使用。

（2）正确安装 Windows 优化大师软件，并使用它对系统信息进行浏览，对系统进行优化，使你的系统能够处于较好的运行状态。

（3）正确安装 360 杀毒软件，并按照自己的使用习惯对其进行设置，然后使用它对系统进行一次快速杀毒。

综合应用

（1）正确安装 360 安全卫士，并使用其对系统进行安全检查和优化。

（2）单独安装一个 360 保险箱，并使用其对自己电脑上的账号进行保护。

（3）练习使用几个小的安全软件，如木马克星、U 盘电脑锁、文件密码箱。

（4）使用数据恢复软件 EasyRecovery 新建一个文档，然后删除它，再用此软件进行数据恢复。

附录 C
模拟试卷

模拟试卷（一）

一、单项选择题（每题 1 分，共 40 分）

1. 世界上首先实现存储程序的电子数字计算机是_____。
   A. ENIAC   B. UNIVAC   C. EDVAC   D. EDSAC

2. 1946 年世界上有了第一台电子数字计算机，奠定了至今仍然在使用的计算机_____。
   A. 外型结构   B. 总线结构   C. 存取结构   D. 体系结构

3. 1946 年第一台计算机问世以来，计算机的发展经历了 4 个时代，它们是_____。
   A. 低档计算机、中档计算机、高档计算机、手提计算机
   B. 微型计算机、小型计算机、中型计算机、大型计算机
   C. 组装机、兼容机、品牌机、原装机
   D. 电子管计算机、晶体管计算机、小规模集成电路计算机、大规模及超大规模集成
电路计算机

4. 计算机能够自动、准确、快速地按照人们的意图进行运行的最基本思想是_____。
   A. 采用超大规模集成电路   B. 采用 CPU 作为中央核心部件
   C. 采用操作系统   D. 存储程序和程序控制

5. 第四媒体是指_____。
   A. 报纸媒体   B. 网络媒体   C. 电视媒体   D. 广播媒体

6. 结构化程序设计的 3 种基本控制结构是_____。
   A. 顺序、选择和转向   B. 层次、网状和循环
   C. 模块、选择和循环   D. 顺序、循环和选择

7. 下面是有关计算机病毒的说法，其中_____不正确。
   A. 计算机病毒有引导型病毒、文件型病毒、复合型病毒等
   B. 计算机病毒中也有良性病毒
   C. 计算机病毒实际上是一种计算机程序
   D. 计算机病毒是由于程序的错误编制而产生的

8. 不同的计算机，其指令系统也不相同，这主要取决于_____。

A. 所用的操作系统 B. 系统的总体结构

C. 所用的 CPU D. 所用的程序设计语言

9. _____的特点是处理的信息数据量比较大而数值计算并不十分复杂。

A. 工程计算 B. 数据处理 C. 自动控制 D. 实时控制

10. 在计算机内，多媒体数据最终是以_____形式存在的。

A. 二进制代码 B. 特殊的压缩码 C. 模拟数据 D. 图形

11. 在微机中，bit 的中文含义是_____。

A. 二进制位 B. 双字 C. 字节 D. 字

12. 在描述信息传输中，bps 表示的是_____。

A. 每秒传输的字节数 B. 每秒传输的指令数

C. 每秒传输的字数 D. 每秒传输的位数

13. 若一台计算机的字长为 4 个字节，这意味着它_____。

A. 能处理的数值最大为 4 位十进制数 9999

B. 能处理的字符串最多由 4 个英文字母组成

C. 在 CPU 中作为一个整体加以传送处理的代码为 32 位

D. 在 CPU 中运行的结果最大为 2 的 32 次方

14. "冯·诺依曼计算机"的体系结构主要分为_____5 大组成部分。

A. 外部存储器、内部存储器、CPU、显示、打印

B. 输入、输出、运算器、控制器、存储器

C. 输入、输出、控制、存储、外设

D. 都不是

15. 连到局域网上的节点计算机必须要安装_____硬件。

A. 调制解调器 B. 交换机 C. 集线器 D. 网络适配卡

16. 计算机的 3 类总线中不包括_____。

A. 控制总线 B. 地址总线 C. 传输总线 D. 数据总线

17. 关于计算机总线的说法中，不正确的是_____。

A. 计算机的 5 大部件通过总线连接形成一个整体

B. 总线是计算机各个部件之间进行信息传递的一组公共通道

C. 根据总线中流动的信息不同分为地址总线、数据总线、控制总线

D. 数据总线是单向的，地址总线是双向的

18. 启动 Windows 系统时，要想直接进入最小系统配置的安全模式，按_____。

A. F7 键 B. F8 键 C. F9 键 D. F10 键

19. 在"记事本"或"写字板"窗口中对当前编辑的文档进行存储，可以用_____快捷键。

A. Alt+F B. Alt+S C. Ctrl+S D. Ctrl+F

20. Windows 的目录结构采用的是_____。

A. 树形结构 B. 线形结构 C. 层次结构 D. 网状结构

21. 对于 Windows，下面以_____为扩展名的文件是不能运行的。

A. .com B. .exe C. .bat D. .txt

22. 在 Windows 中有两个管理系统资源的程序组，它们是_____。

A. "我的电脑"和"控制面板" B. "资源管理器"和"控制面板"

C. "我的电脑"和"资源管理器"　　　D. "控制面板"和"开始"菜单

23. 通常把计算机网络定义为_____。
 A. 以共享资源为目标的计算机系统
 B. 能按网络协议实现通信的计算机系统
 C. 把分布在不同地点的多台计算机互连起来构成的计算机系统
 D. 把分布在不同地点的多台计算机在物理上实现互连，按照网络协议实现相互间的通信，共享硬件、软件和数据资源为目标的计算机系统

24. 计算机网络中，可以共享的资源是_____。
 A. 硬件和软件　　　　　　　　　B. 软件和数据
 C. 外设和数据　　　　　　　　　D. 硬件、软件和数据

25. 万维网 WWW 以_____方式提供世界范围的多媒体信息服务。
 A. 文本　　　　B. 信息　　　　C. 超文本　　　　D. 声音

26. 因特网上每台计算机有一个规定的"地址"，这个地址被称为_____地址。
 A. TCP　　　　B. IP　　　　C. Web　　　　D. HTML

27. 在计算机网络系统中，WAN 指的是_____。
 A. 城域网　　　　B. 局域网　　　　C. 广域网　　　　D. 以太网

28. 域名中的后缀.edu 表示机构所属类型为_____。
 A. 军事机构　　　　B. 政府机构　　　　C. 教育机构　　　　D. 商业公司

29. 在 Word 的表格中，要计算一列数据的总和，应该使用哪个公式_____。
 A. SUM　　　　　　　　　　B. AVERAGE
 C. MIN　　　　　　　　　　D. COUNT

30. 用 Word 编辑一个文档后，要想知道其打印效果，可使用_____功能。
 A. 打印预览　　　B. 模拟打印　　　C. 打印设置　　　D. 屏幕打印

31. 在使用 Word 文本编辑软件时，要将光标直接定位到文件末尾，可用_____键。
 A. Ctrl+PageUp　　　　　　　B. Ctrl+PageDown
 C. Ctrl+Home　　　　　　　　D. Ctrl+End

32. 在使用 Word 文本编辑软件时，为了把不相邻的两段文字互换位置，最少用_____次"剪切＋粘贴"操作。
 A. 1　　　　　　　　　　B. 2
 C. 3　　　　　　　　　　D. 4

33. 在 Word 中查找的快捷键是_____。
 A. CTRL+F　　　B. CTRL+H　　　C. CTRL+S　　　D. CTRL+P

34. Excel 2007 文档的扩展名是_____。
 A. .ppt　　　　B. .xsl　　　　C. .xlsx　　　　D. .doc

35. 用 Excel 可以创建各类图表，如条形图、柱形图等。为了描述特定时间内各个项之间的差别情况，用于对各项进行比较，应该选择哪一种图表___。
 A. 条形图　　　B. 折线图　　　C. 饼图　　　D. 面积图

36. 在 PowerPoint 中，幻灯片_____是一张特殊的幻灯片，包含已设定格式的占位符，这些占位符是为标题、主要文本和所有幻灯片中出现的背景项目而设置的。
 A. 模板　　　B. 母版　　　C. 版式　　　D. 样式

37. HTTP 协议是_____。
    A. 文件传输协议　　　　　　　　　　B. 网络互连协议
    C. 传输控制协议　　　　　　　　　　D. 超文本传输协议

38. Windows 窗口右上角的×按钮是_____。
    A. 最小化按钮　　　　　　　　　　　B. 最大化按钮
    C. 关闭按钮　　　　　　　　　　　　D. 选择按钮

39. Windows 的文件层次结构被称为_____。
    A. 环型结构　　　　　　　　　　　　B. 树型结构
    C. 网状结构　　　　　　　　　　　　D. 线型结构

40. Windows 将某一应用程序最小化后，该应用程序_____。
    A. 将被关闭　　　　　　　　　　　　B. 将放在系统前台
    C. 将放在后台　　　　　　　　　　　D. 将被强制退出

二、判断题（每题1分，共30分）

1. 冯•诺依曼原理是计算机的唯一工作原理。 （　　）
2. 计算机能直接执行高级语言源程序。 （　　）
3. 计算机掉电后，ROM 中的信息会丢失。 （　　）
4. 操作系统的功能之一是提高计算机的运行速度。 （　　）
5. 一个完整的计算机系统通常是由硬件系统和软件系统两大部分组成的。 （　　）
6. 第三代计算机的逻辑部件采用的是小规模集成电路。 （　　）
7. 字节是计算机中常用的数据单位之一，它的英文名字是 byte。 （　　）
8. Shift 是上挡键，主要用于辅助输入字母。 （　　）
9. 以 CPU 为核心组成的微机属于第四代计算机。 （　　）
10. 操作系统是一种系统软件。 （　　）
11. 存储器可分为 RAM 和内存两类。 （　　）
12. 一台完整的计算机硬件是由控制器、存储器、输入设备和输出设备组成的。 （　　）
13. 机器语言是由一串用 0、1 代码构成指令的高级语言。 （　　）
14. USB 接口只能连接 U 盘。 （　　）
15. Windows 中，文件夹的命名不能带扩展名。 （　　）
16. 将 Windows 应用程序窗口最小化后，该程序将立即关闭。 （　　）
17. 菜单后面如果带有组合键的提示，比如 "Ctrl+P"，表明直接按组合键也可执行相应的菜单命令。 （　　）
18. 在以字符特征名为代表的域名地址中，教育机构一般用 gov 作为网络分类名。 （　　）
19. 因特网一词源于英文单词 Internet。 （　　）
20. 为客户提供接入因特网服务的代理商的简称是 PSP。 （　　）
21. WWW 浏览器所使用的应用协议是 http。 （　　）
22. Internet 采用 TCP/IP 实现网络互连。 （　　）
23. 使用 IE 浏览器，可通过收藏按钮访问最近去过的站点。 （　　）
24. FTP 的含义是文件传输协议。 （　　）
25. 要连接到局域网的用户，个人计算机上要增加的硬件设备是调制解调器。 （　　）

26. URL 的含义是统一资源定位器。　　　　　　　　　　　　（　　）
27. 操作系统的设计漏洞是导致计算机频繁中毒的重要原因之一。（　　）
28. 应用软件的设计漏洞也会导致计算机中毒。　　　　　　　　（　　）
29. 通过 USB 接口插入染毒的 U 盘设备，即使不打开 U 盘浏览文件也会导致计算机中毒。
　　　　　　　　　　　　　　　　　　　　　　　　　　　　（　　）
30. 计算机重新启动的方法有两种：冷启动和热启动。　　　　　（　　）

三、名词解释题（每题 2 分，共 10 分）

1. 电子计算机
2. 硬件
3. 计算机病毒
4. 防火墙
5. 数据库

四、简答题（每题 4 分，共 20 分）

1. 微型计算机有哪些主要组成部分？
2. 常用的网络连接设备有哪些？
3. 什么是计算机病毒？它有哪些特点？
4. 什么是防火墙？它的功能是什么？
5. 为了更好地发挥计算机的性能，在日常操作中应注意哪些问题？

模拟试卷（二）

一、单项选择题（每题 1 分，共 40 分）

1. 在 Windows 中，当桌面上已经打开多个窗口时，_____。
   A. 可以有多个活动窗口　　　　　　B. 只有一个活动窗口
   C. 没有确定的活动窗口　　　　　　D. 没有一个是活动窗口
2. 在 Windows 中关于查找文件，下列说法中不正确的是_____。
   A. 可以按作者查找文件　　　　　　B. 可以按日期查找文件
   C. 可以按大小查找文件　　　　　　D. 可以按文件名中包含的字符查找文件
3. 在 Windows 中设置屏幕保护程序是在控制面版的_____项目中进行的。
   A. 键盘　　　　B. 打印机　　　　C. 鼠标　　　　D. 显示
4. 在 Windows 中欲关闭应用程序，下列操作中不正确的是_____。
   A. 使用文件菜单中的退出　　　　　B. 单击窗口的关闭按钮
   C. 单击窗口的最小化按钮　　　　　D. 在窗口中使用【Alt+F4】键
5. 在 Windows 资源管理器中，欲将所选定的文件或文件夹直接删除（不放到回收站中）的方法是_____。
   A. 右键单击，选用快捷菜单中的删除　B. 按 Del 键

C. 按【Shift+Del】组合键　　　　　　D. 按【Ctrl+Del】组合键

6. 在资源管理器中，使用鼠标选取不连续的文件的配合按键是＿＿＿＿。

　　A. Shift　　　　　　B. Ctrl　　　　　　C. Alt　　　　　　D. Caps Lock

7. Windows 的特点包括＿＿＿＿。

　　A. 图形界面　　　　B. 多任务　　　　　C. 即插即用　　　　D. 以上都对

8. 拍电报时的嘀表示短声，嗒表示长声；一组嘀嗒嗒嘀嘀所表示的二进制编码可能是＿＿＿＿。

　　A. 1001　　　　　　B. 1010　　　　　　C. 1011　　　　　　D. 1100

9. 十进制数 13 转换成二进制数是＿＿＿＿。

　　A. (1001)$_2$　　　B. (1011)$_2$　　　C. (1100)$_2$　　　D. (1101)$_2$

10. 下列软件中主要用于制作演示文稿的是＿＿＿＿。

　　A. Word　　　　　　B. Excel　　　　　　C. Windows　　　　D. PowerPoint

11. 要表示 7 种不同的状态，至少需要的比特数是＿＿＿＿。

　　A. 1　　　　　　　　B. 3　　　　　　　　C. 5　　　　　　　　D. 7

12. 计算机系统资源管理中，主要负责对内存分配与回收管理的是＿＿＿＿。

　　A. 处理器管理　　　B. 存储器管理　　　C. I/O 设备管理　　D. 文件系统管理

13. 在 Windows 中需要查找近一个月内建立的所有文件，可以采用＿＿＿＿。

　　A. 按名称查找　　　B. 按位置查找　　　C. 按日期查找　　　D. 按高级查找

14. 磁盘碎片整理程序的主要作用是＿＿＿＿。

　　A. 延长磁盘的使用寿命

　　B. 使磁盘中的坏区可以重新使用

　　C. 使磁盘可以获得双倍的存储空间

　　D. 使磁盘中的文件成连续的状态，提高系统的性能

15. 1965 年，科学家提出超文本概念，超文本的核心是＿＿＿＿。

　　A. 链接　　　　　　B. 网络　　　　　　C. 图像　　　　　　D. 声音

16. 4 位二进制数能表示的状态数为＿＿＿＿。

　　A. 4　　　　　　　　B. 8　　　　　　　　C. 16　　　　　　　D. 32

17. E-mail 地址的格式是＿＿＿＿。

　　A. www.zjschool.cn　　　　　　　　　　B. 网址•用户名

　　C. 账号@邮件服务器名称　　　　　　　　D. 用户名•邮件服务器名称

18. FTP 的中文含义是＿＿＿＿。

　　A. 邮件发送协议　　　　　　　　　　　　B. 文件传输协议

　　C. 邮件接收协议　　　　　　　　　　　　D. 新闻讨论组协议

19. Windows 中的回收站存放的是＿＿＿＿。

　　A. 硬盘上被删除的文件或文件夹

　　B. 软盘上被删除的文件或文件夹

　　C. 网上邻居中被删除的文件或文件夹

　　D. 所有外存储器中被删除的文件或文件夹

20. WWW 即 World Wide Web，其中文规范译名为＿＿＿＿。

　　A. 因特网　　　　　B. 万维网　　　　　C. 世界网　　　　　D. 超级网

21. 操作系统的主要功能是针对计算机系统的 4 类资源进行有效的管理，该 4 类资源

是_____。

    A. 处理器、存储器、打印机和扫描仪

    B. 处理器、硬盘、键盘和显示器

    C. 处理器、网络设备、存储器和硬盘

    D. 处理器、存储器、I/O 设备和文件系统

22. 当越来越多的文件在磁盘的物理空间上呈不连续状态时，对磁盘进行整理一般可以用_____。

    A. 磁盘格式化程序　　　　　　　　B. 系统资源监视程序

    C. 磁盘文件备份程序　　　　　　　D. 磁盘碎片整理程序

23. 地址栏中输入的 http://zjhk.school.com 中 zjhk.school.com 是一个_____。

    A. 域名　　　　　B. 文件　　　　　C. 邮箱　　　　　D. 国家

24. 电子邮件地址 student@zjhk.net.cn 中 zjhk.net.cn 是_____。

    A. 学校代号　　　B. 学生别名　　　C. 邮件服务器名称　　　D. 邮件账号

25. 调制解调器的主要作用是实现_____。

    A. 图形与图像之间的转换　　　　　B. 广播信号与电视信号的转换

    C. 音频信号与视频信号的转换　　　D. 模拟信号与数字信号的转换

26. 具有管理计算机全部硬件资源、软件资源功能的软件系统是_____。

    A. 编译系统　　　B. 操作系统　　　C. 资源管理器　　　D. 网页浏览器

27. 利用 Windows 附件中的记事本软件保存的文件，其扩展名一般是_____。

    A. txt　　　　　　B. doc　　　　　　C. xls　　　　　　D. bmp

28. 浏览器中的"收藏夹"主要用于收藏_____。

    A. 看过的图片　　B. 听过的音乐　　C. 网页的内容　　D. 网页的地址

29. 目前校园网一般采用的拓扑结构为_____。

    A. 总线型　　　　B. 星型　　　　　C. 环型　　　　　D. 树型

30. 设置屏幕显示属性时，与屏幕分辨率及颜色质量有关的设备是_____。

    A. CPU 和硬盘　　　　　　　　　　B. 显卡和显示器

    C. 网卡和服务器　　　　　　　　　D. CPU 和操作系统

31. 使用浏览器访问网站时，一般将该网站的 URL 直接输入到_____。

    A. 状态栏中　　　B. 菜单栏中　　　C. 地址栏中　　　D. 常用工具栏中

32. 文件的存取控制属性中，只读的含义是指该文件只能读而不能_____。

    A. 修改　　　　　B. 删除　　　　　C. 复制　　　　　D. 移动

33. 下列关于回收站的叙述中，正确的是_____。

    A. 回收站中的文件不能恢复

    B. 回收站中的文件可以被打开

    C. 回收站中的文件不占有硬盘空间

    D. 回收站用来存放被删除的文件或文件夹

34. 下列关于操作系统的叙述中，正确的是_____。

    A. 操作系统是可有可无的　　　　　B. 应用软件是操作系统的基础

    C. 操作系统只能控制软件　　　　　D. 操作系统是一种系统软件

35. CPU 表示_____。

    A. 计算机的中央处理器   B. 计算器

    C. 控制器   D. ALU

36. DNS 是一个域名服务的协议，提供_____服务。

    A. 域名到 IP 地址的转换   B. IP 地址到域名的转换

    C. 域名到物理地址的转换   D. 物理地址到域名的转换

37. E-mail 是指_____。

    A. 电子邮件   B. 电子公告系统

    C. 文件传输   D. 远程登录系统

38. Internet 上早期的 3 项主要应用是远程登录、文件传递和_____。

    A. 电子签名   B. 电子商务   C. 电子购物   D. 电子邮件

39. Internet 比较确切的一种含义是_____。

    A. 网络中的网络，即互连各个网络

    B. 美国军方的非机密军事情报网络

    C. 一种计算机的品牌

    D. 一个网络的顶级域名

40. IT 是指_____。

    A. Internet   B. Information Technology

    C. Inter Teacher   D. In Technology

二、判断题（每题1分，共30分）

1. Windows 中的文件夹实际代表的是外存储介质上的一个存储区域。   （   ）

2. 记事本与写字板都可以进行文字编辑。   （   ）

3. 文件夹中只能包含文件。   （   ）

4. 任何情况下，使用鼠标总比键盘方便。   （   ）

5. 窗口的大小可以通过鼠标拖动来改变。   （   ）

6. 程序、文档、文件夹、驱动器都有其对应的图标。   （   ）

7. 在 Windows 下，当前窗口仅有一个。   （   ）

8. 灰色命令项表示当前条件下该命令不能被执行。   （   ）

9. 在剪切、复制时，必须要启动剪贴板查看程序。   （   ）

10. 快捷方式就是原对象，删除它，就删除了原文件。   （   ）

11. 快捷方式只是指向对象的指针，其图标左下角有一个小箭头。   （   ）

12. "资源管理器"中某些文件夹左端有一个"+"，表示该文件夹包含子文件夹。   （   ）

13. 微型计算机的核心部件英语简称是 ALU。   （   ）

14. 在内存中，有一小部分用于永久存放特殊的专用数据，对它们只取不存，这部分内存中文全称为只读存储器，英文简称为 ROM。   （   ）

15. 鼠标是一种输入设备。   （   ）

16. 在多媒体环境下工作的用户，除基本配置外，至少还需配置光驱、声卡和音箱。（   ）

17. 计算机中的存储容量以二进制位为单位。   （   ）

18. 操作系统是硬件与用户之间的接口。   （   ）

19. 一个完整的计算机系统包括硬件系统和软件系统。（　　）
20. 计算机中数据的表示形式是二进制。（　　）
21. 微机中 1k 字节表示的二进制位数是 1 024。（　　）
22. Internet 是全球最大的计算机网络，它的基础协议是 TCP/IP。（　　）
23. DNS 是域名系统的英文缩写，与 IP 地址等同。（　　）
24. 一台计算机远程连接到另一台计算机上，并可以运行远程计算机上的各种程序，这种服务称为 Telnet 或远程登录。（　　）
25. Homepage 是指个人或机构的基本信息页面，我们通常称之为主页。（　　）
26. 通用顶级域名是由 3 个字母组成，gov 表示机构政府。（　　）
27. 利用文件传输服务（FTP）将文件从远程主机复制到你的计算机中，这个过程叫下载。（　　）
28. 利用文件传输服务（FTP）将文件从你的计算机传送给远程主机，这叫做上传。（　　）
29. Word、Excel 属于应用软件。（　　）
30. 硬件是计算机系统中物理装置的总称。（　　）

三、名词解释题（每题 2 分，共 10 分）

1. 操作系统
2. 软件
3. 计算机网络
4. 多媒体
5. 文件

四、简答题（每题 4 分，共 20 分）

1. 计算机有哪些用途？
2. 什么是操作系统？它有哪些功能和特征？
3. 计算机网络常见的拓扑结构有哪些？
4. 计算机病毒分为哪几类？其传播途径和危害有哪些？
5. 简述环境因素对计算机硬件系统的影响。

模拟试卷（三）

一、单项选择题（每题 2 分，共 40 分）

1. 在多媒体计算机系统中，不能存储多媒体信息的是＿＿＿＿。
   A. 光盘　　　B. 磁盘　　　C. 磁带　　　D. 光缆
2. 通常所说的主机主要包括＿＿＿＿。
   A. CPU　　　　　　　B. CPU 和内存
   C. CPU、内存与外存　D. CPU、内存与硬盘

3. 在微型计算机中，ROM 是_____。

    A. 顺序读写存储器   B. 随机读写存储器

    C. 只读存储器   D. 高速缓冲存储器

4. 世界上第一台电子计算机是_____。

    A. ENIAC   B. EDSAC   C. EDVAC   D. UNIVAC

5. 在 Word 2007 中，文件的扩展名是_____。

    A. .doc   B. .docx   C. .dotx   D. .xml

6. 在 Word 中，用户可以为段落设置多种对齐方式，其中_____方式是系统默认的对齐方式。

    A. 左对齐   B. 两端对齐   C. 分散对齐   D. 右对齐

7. 在 Word 2007 中使用表格时，单元格内可以填写的信息为_____。

    A. 文字、符号、图像均可   B. 只能是文字

    C. 只能是图像   D. 只能是符号

8. 在编辑文本时，为了使文字环绕图片排列，可以进行以下_____操作。

    A. 插入图片，设置环绕方式   B. 建立文本框，插入图片，设置文本框位置

    C. 插入图片，调整图片比例   D. 插入图片，设置叠放次序

9. 关于幻灯片切换，以下说法正确的是_____。

    A. 可以设置进入效果撤销   B. 可以设置切换效果

    C. 可以用鼠标单击   D. 以上全正确

10. 幻灯片页面设置不能设置_____。

    A. 幻灯片大小   B. 幻灯片页脚   C. 幻灯片起始编号   D. 幻灯片方向

11. 在 PowerPoint 2007 中，【视图】选项卡中_____与幻灯片当前窗口大小有关。

    A. 标尺   B. 显示比例   C. 网格线   D. 宏

12. 在 PowerPoint 2007 中，在【开始】选项卡的【字体】中无法实现_____设置。

    A. 更改字体   B. 更改字号   C. 更改字符间距   D. 更改字体背景颜色

13. 关于 Excel 与 Word 的区别，以下描述不正确的是_____。

    A. Excel 是一个数据处理软件   B. Excel 与 Word 功能相同

    C. Word 是一个文档处理软件   D. 两者同属于 Office

14. 在 Excel 中直接处理的对象称为工作表，若干工作表的集合称为_____。

    A. 工作簿   B. 文件   C. 字段   D. 活动工作簿

15. 在 Excel 保存的工作簿默认文件扩展名是_____。

    A. .xlsx   B. .doc   C. .dbf   D. .txt

16. 在 Excel 中，系统默认的图表类型是_____。

    A. 柱形图   B. 圆饼图   C. 面积图   D. 折线图

17. 计算机病毒是一种_____。

    A. 微生物感染   B. 化学感染   C. 程序   D. 幻觉

18. 发现计算机病毒后，较为彻底的清除方法是_____。

    A. 删除磁盘文件   B. 格式化磁盘

    C. 用查毒软件处理   D. 用杀毒软件处理

19. 计算机病毒的主要特点是_____。

    A. 传染性、潜伏性、安全性   B. 传染性、潜伏性、破坏性

C. 传染性、潜伏性、易读性　　　　D. 传染性、安全性、易读性

20. 以下哪项不是 Windows 7 中的游戏分级？_____

    A. 一般观众（G）　　　　　　　　B. 所有人（E）

    C. 青少年（T）　　　　　　　　　D. 成人（M）

    E. 仅成人（AO）

二、填空题（每空 1 分，共 10 分）

1. 使用 Word 的_____和_____功能，可以使文档条理清楚，内容层次分明，突出重点。

2. 在 Word 2007 中，要利用已经打开的 Word 组件创建新文档，可以通过单击 Office 按钮之后选择_____命令，也可以按_____快捷键来完成。

3. 在 PowerPoint 2007 中，插入声音的操作应选择【插入】选项卡中_____组下的_____。

4. 单元格在工作表中的位置用地址标识，位于第 7 行和第 B 列的单元格的地址是_____。

5. 计算机网络按地理范围分类分为_____、_____和_____。

三、名词解释（每题 3 分，共 15 分）

1. 电子计算机

2. 操作系统

3. 网络协议

4. 多媒体

5. 计算机病毒

四、简答题（本大题共 7 小题，每小题 5 分，共 35 分）

1. 计算机有哪些用途？

2. 演示文稿的制作过程一般要经历哪几个阶段？

3. Word 2007 提供了哪几种视图方式？

4. 多媒体系统的特征是什么？

5. 计算机网络常见的拓扑结构有哪些？

6. 防火墙的功能有哪些？

7. 计算机病毒的主要特征有哪些？

模拟试卷（四）

一、单项选择题（每题 2 分，共 40 分）

1. 计算机中运算器的作用是_____。

    A. 控制数据的输入/输出　　　　　B. 控制主存与辅存间的数据交换

    C. 完成各种算术运算和逻辑运算　D. 协调和指挥整个计算机系统的操作

2. bit 的意思是_____。

    A. 字　　　　　B. 字长　　　　　C. 字节　　　　　D. 二进制位

3. 在微型计算机系统中，最基本的输入/输出模块 BIOS 存放在_____中。

    A. RAM   B. ROM   C. 硬盘   D. 寄存器

4. 为解决某一特定问题而设计的指令序列称为_____。

    A. 文档   B. 语言   C. 程序   D. 系统

5. 世界上首次提出存储程序计算机体系结构的是_____。

    A. 莫奇来   B. 艾伦·图灵   C. 乔治·布尔   D. 冯·诺依曼

6. 在 Word 2007 文档中输入文本内容时，用户可以通过（   ）查看统计的页数和字数。

    A. 标题栏   B. 编辑区   C. 状态栏   D. 选项卡

7. 微型计算机中，控制器的基本功能是（   ）。

    A. 进行算术运算和逻辑运算   B. 存储各种控制信息

    C. 保持各种控制状态   D. 控制机器各个部件协调一致地工作

8. 利用 Word 2007 中提供的_____功能，可以帮助用户快速转至文档中的任何位置。

    A. 查找   B. 替换   C. 定位   D. 改写

9. 如果用户在 Word 文档中操作错误，可单击_____按钮纠正错误。

    A. 撤销   B. 恢复   C. 剪切   D. 重复

10. 在 Excel 2007 下保存的工作簿默认文件扩展名是_____。

    A. .xlsx   B. .doc   C. .dbf   D. .txt

11. 衬于 Word 文档内容下方的一种文本或图片形式，并通常用于增加趣味或标识文档状态，例如将一篇文档标记为草稿或机密，这种特殊的文本效果被称为_____。

    A. 图形   B. 插入图形   C. 艺术字   D. 水印

12. 下列关于 PowerPoint 2007 的特点，叙述正确的是_____。

    A. 其制作的幻灯片不可包含声音和视频

    B. PowerPoint 2007 不可以插入 Microsoft Office Word 对象

    C. 幻灯片上的对象、文本、形状、声音和图像均可以设置动画

    D. PowerPoint 2007 不可以将演示文稿保存为 html 格式

13. 关于幻灯片切换，以下说法正确的是_____。

    A. 可以设置进入效果   B. 可以设置切换效果

    C. 可以用鼠标单击   D. 以上全正确

14. 在 PowerPoint 2007 中，_____视图以缩略图的形式显示演示文稿中的所有幻灯片，用于组织调整幻灯片的顺序。

    A. 幻灯片视图   B. 幻灯片放映视图

    C. 幻灯片浏览视图   D. 备注页视图

15. 在 Word 中要改变段落的格式，首先要将光标定位于段落中的（   ）位置。

    A. 段首   B. 段尾   C. 行首   D. 任意

16. 计算机病毒是一种_____。

    A. 微生物感染   B. 化学感染   C. 程序   D. 幻觉

17. 发现计算机病毒后，较为彻底的清除方法是_____。

    A. 删除磁盘文件   B. 格式化磁盘

    C. 用查毒软件处理   D. 用杀毒软件处理

18. 下面列出的计算机病毒传播途径，不正确的是_____。
    A. 使用来路不明的软件   B. 通过借用他人的 U 盘
    C. 机器使用时间过长   D. 通过网络传播

19. 在 Windows 7 中，你可以控制什么时间允许孩子的账户登录，以下哪项最准确地描述在哪儿配置这些选项_____。
    A. 无法选择这个功能，除非连接到域
    B. 从开始菜单→选择控制面板→用户账户和家庭安全，设置家长控制，并选择时间控制
    C. 在开始菜单→控制面板→用户配置文件，然后设置时间控制
    D. 设置一个家庭组并选择离线时间

20. 计算机病毒的主要特点是 _____。
    A. 传染性、潜伏性、安全性   B. 传染性、潜伏性、破坏性
    C. 传染性、潜伏性、易读性   D. 传染性、安全性、易读性

二、填空题（每空 1 分，共 10 分）

1. 计算机系统一般由_____和_____两大系统组成。
2. 在微型计算机中，_____和_____合称中央处理单元（CPU）。
3. 利用 PowerPoint 2007 制作的多媒体演示文稿的扩展名为_____。
4. 在 Excel 中，如果把数字作为文本输入，在输入时需要在第一个数字前面加_____，单元格中的数字将以_____的方式显示。
5. 计算机病毒防治要从_____、_____和_____3 方面来进行。

三、名词解释（每题 3 分，共 15 分）

1. 计算机硬件
2. 计算机网络
3. 演示文稿
4. IP 地址
5. 防火墙

四、简答题（每题 5 分，共 35 分）

1. 微型计算机硬件由哪些主要部件组成？它们各自的功能是什么？
2. 简述打开 Word 文档的具体方法。
3. PowerPoint 2007 有哪几种视图方式？
4. 常用的网络连接设备有哪些？
5. 什么是计算机木马？计算机木马与计算机病毒有哪些区别？
6. 计算机病毒的特征是什么？
7. 简述如何设置 Windows 7 开机密码。

模拟试卷（一）答案

一、单项选择题

1. A	2. D	3. D	4. D	5. B
6. D	7. D	8. C	9. B	10. A
11. A	12. D	13. C	14. B	15. D
16. C	17. D	18. B	19. C	20. A
21. D	22. C	23. D	24. D	25. C
26. B	27. C	28. C	29. A	30. A
31. D	32. B	33. A	34. B	35. A
36. B	37. D	38. C	39. B	40. C

二、判断题

1. ×	2. ×	3. ×	4. ×	5. √	6. √	7. √	8. √	9. √	10. √
11. ×	12. ×	13. ×	14. ×	15. ×	16. ×	17. √	18. ×	19. √	20. ×
21. √	22. √	23. ×	24. √	25. ×	26. √	27. √	28. √	29. √	30. √

模拟试卷（二）答案

一、单项选择题

1. B	2. A	3. D	4. C	5. C
6. B	7. D	8. C	9. D	10. D
11. B	12. B	13. C	14. D	15. A
16. C	17. C	18. B	19. A	20. B
21. D	22. D	23. A	24. C	25. D
26. B	27. A	28. D	29. B	30. B
31. C	32. A	33. D	34. D	35. A
36. A	37. A	38. D	39. A	40. B

二、判断题

1. √	2. √	3. ×	4. ×	5. √	6. √	7. √	8. √	9. ×	10. ×
11. √	12. √	13. √	14. √	15. √	16. √	17. √	18. ×	19. √	20. √
21. ×	22. √	23. ×	24. √	25. √	26. √	27. √	28. √	29. √	30. √

模拟试卷（三）答案

一、单项选择题

1. D　　2. B　　3. C　　4. A　　5. B
6. B　　7. A　　8. A　　9. D　　10. B
11. B　　12. D　　13. B　　14. A　　15. A
16. A　　17. C　　18. B　　19. B　　20. A

二、填空题

1. 项目符号、编号
2. 新建、Ctrl+N
3. 媒体编辑、声音
4. B7
5. 局域网、城域网、广域网

模拟试卷（四）答案

一、单项选择题

1. C　　2. D　　3. B　　4. C　　5. D
6. C　　7. D　　8. C　　9. A　　10. A
11. D　　12. C　　13. D　　14. C　　15. D
16. C　　17. B　　18. C　　19. B　　20. B

二、填空题

1. 硬件系统、软件系统
2. 运算器、控制器
3. pptx
4. 单引号、文本
5. 防毒、查毒、杀毒